人体、

余分な骨、
なんで
使えない遺伝子、
そうなった？
あえて危険を冒す脳

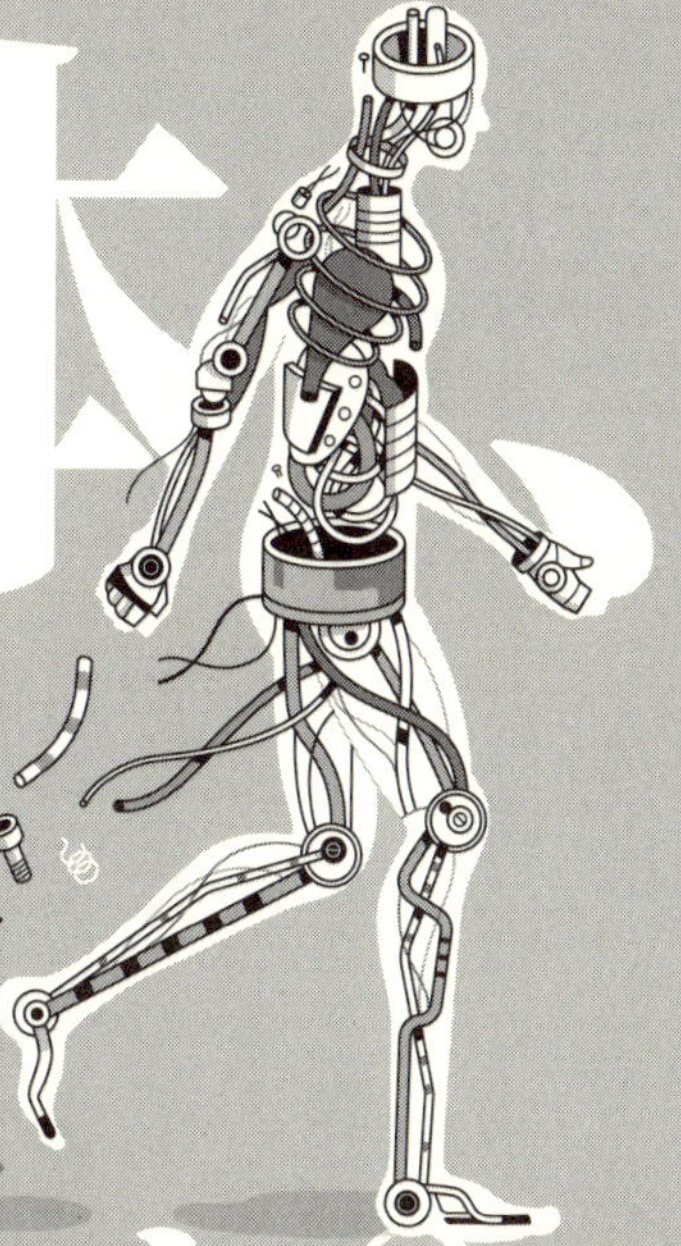

HUMAN ERRORS

A PANORAMA OF OUR GLITCHES, FROM POINTLESS BONES TO BROKEN GENES

ネイサン・レンツ＝著　久保美代子＝訳

化学同人

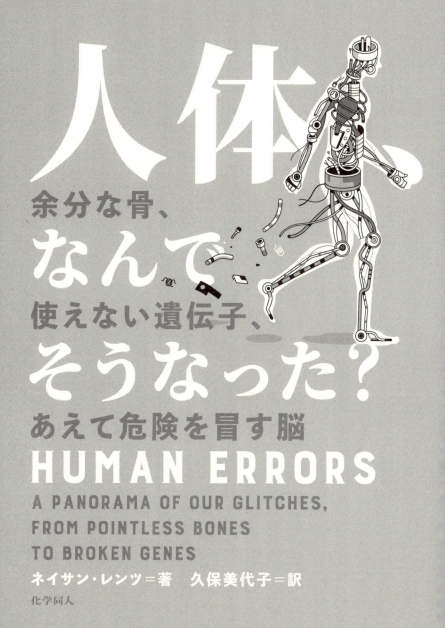

HUMAN ERRORS

A Panorama of Our Glitches, from Pointless Bones to Broken Genes

Nathan H. Lents

本文挿絵：Donald Ganley/©Houghton Mifflin Harcourt
章扉装画：きたむらイラストレーション

そのテーマ、おまえならネタに事欠かないだろうね！

――僕がヒトの欠陥に関する本を書いていると知ったときの母の言葉

目次

はじめに

みよ、母なる自然の大失態を

こういう言葉は、耳にタコができるほど聞いたことがあるはずだ——ほらごらん、人体やその内側の系や器官や組織は、なんと美しく精巧なことか！　身体のなかを深く探れば探るほど、美しいものがみつかる。タマネギの皮をむくみたいにして、人体を構成している細胞や分子までいきついても、その複雑さは果てしなく奥深い。人間は豊かな精神世界に浸りながら、ひどく込み入った肉体労働をこなし、食べ物を噛んで分泌物と混ぜあわせエネルギーに換え、難なく遺伝子のスイッチを入れたり切ったりして、〝無限に、きわめて美しい〟まったく新しい個体を作りだす。

それらのプロセスは、さまざまに組み合わされて、驚くほど繊細な人間の営みが行われているのだが、僕たちはその根底にあるメカニズムのことを気にせずに日常を過ごすことができる。たとえば、誰かがすわって〈ピアノマン〉を演奏しているとき、手の細胞や筋肉、腕の神経のこと、あるいはこの曲を弾《ひ》くための情報が大脳中枢のどのあたりに収まっているかなどを普通は考えたりしない。腰をおろしてその曲を聴いている別の人も、（うろ覚えの）曲のサビを口ずさんでいるときに、鼓膜の振動が神経インパルスとなって脳の聴覚処理センターに伝わり、記憶を呼び起こしていることなどには頓着していない。そして、その曲は僕たちと同じ人間（特別な人間ではあるが）によって作曲されたのだが、その人物も作曲しているときに、「懸命に働いてくれた」と自分の遺伝子やタンパク質や神経をねぎらうことなど、おそらくなかっただろう。

誰もがそういうのはあたり前のことだとみなしているかもしれないけれど、人体の能力は目を見張るほど優れていて、奇跡のようだ。じゃあ、なぜその奇跡についての本を書かないのか？

それは、その類《たぐい》の話はそこらじゅうに転がっているからだ。その手の本はすでにいくつも書かれている。精巧な人体のすばらしさを描いた本がほしければ、ご安心を。医学系の図書館に行けば、何万冊もの本がみつかるだろう。生物医学関係の雑誌を数に入れるなら（そういう雑誌では新たな発見が毎日のように発表されている）、人体の偉大さを称賛している本の数は何千万冊にもなる。人体がいかにうまく機能しているかを褒めたたえる言葉やページは尽きることがない。

でも、これは、そういう類の本じゃない。僕たちの身体中にある多くの欠陥にまつわる物語の本なのだ。

結果から言うと、僕たちの欠陥はとても興味深く、知ってためになるものだった。ヒトの欠陥を探ることで、過去をのぞき見することができる。この本で話題にしているそれぞれの欠陥は、僕たちの進化の歴史を物語っている。どの細胞も、どのタンパク質も、ＤＮＡの暗号に含まれているどの文字も、進化という長いタイムスパンを通して、過酷な自然選択の標的になってきた。そのすべての時間とすべての選択の結果として形づくられた人体は、すばらしく堅牢《けんろう》で力強く、しなやかで賢く、生物界の激しい競争をほぼうまく勝ちぬいている。だけど、**人体は完璧じゃない。**

僕たちの網膜は後ろを向いているし、尻尾の名残はあるし、手首の骨は多すぎる。ほかの動物なら体内で簡単に作りだせるビタミンやほかの栄養素を、僕らは食事から摂らねばならない。いま生きている世界の気候に適した機能が十分に備わっていない。意味不明な経路の神経や、どこにもつながらない筋肉や、悪さばかりするリンパ節がある。ゲノムは、機能しない遺伝子や、壊れやすい染色体や、過去の感染で入り込んだウイルスの残骸に満ちている。脳には、僕たちをだまそうとしたり、認知バイアスや偏見の影響を受けたり、集団で互いに殺しあったりする傾向がある。それに、数百万もの人々は、現代科学の助けをおおいに借りなければ、子どもを作ることができない。

僕たちの欠陥は、進化の過去の歴史だけでなく、現在と未来をも浮き彫りにする。たとえば、ある国でいま起こっている出来事を理解するには、その国の歴史や現代の状況を理解しなければならないことは、誰だって知っている。僕らの身体や遺伝子や精神についても同じことが言える。人間が経験してきたさまざまなことを理解するためには、どんなふうにしてヒトが形づくられてきたかを理解しなければならない。なぜ現在の僕たちがあるのかを理解するには、以前はどうだったのかをまず知らねばならない。「僕たちはどこから来たのか？　それがわからなければ、いまいる場所もわからない」というわけだ。

この本で説明しているヒトのデザイン上の欠点の大半は、三つのカテゴリに分けられる。一つめは、僕らがいま生きているのとは異なる世界で進化したデザインが残っている例。**進化はごたついているしモ**

タモタと時間がかかる。たとえば、僕たちの体重は簡単に増えるのに、なかなか減らない。この特性は一〇〇万年以上前の更新世時代に、中央アフリカのサバンナで暮らしているときは、とても重要な意味があったけれど、二一世紀の先進国ではたいして意味がない。

二つめのカテゴリは、適応が十分にできていない例だ。たとえばヒトの膝は、四足歩行の樹上生活から徐々に二足歩行になり、地上での生活に移行していくにつれ、デザインしなおされた部分だ。膝のさまざまな部品のほとんどは、この関節に課せられた新たな役割にとてもうまく適応したけれど、すべての不備が改善されたわけじゃない。僕らは立って歩くスタイルにほぼ適応しているけど、完璧じゃないんだ。

三つめのカテゴリは、進化の限界を示している。すべての生物種は、自らの身体から離れられず、ランダムに、しかもたまにしか起こらない、ほんのわずかな変化を通じてでないと進化できない。僕たちはすさまじく効率が悪いけれど簡単には変えられない構造を受け継いでいる。だからこそ、僕らの喉は、食べ物と空気を同じ細い管を通して体内に運んでいるし、足首には意味のない骨がゴチャゴチャ並んでいる。こういうダメなデザインを修正するには、一度に一つずつしか起こらない「変異」ではとてもじゃないが追いつかない。

進化にかかわる大きな出来事が起こったとしても、そこには厳しい制約があるという好例が、脊椎動物の翼だ。翼は枝分かれしたいくつかのグループで生みだされてきた。コウモリ、鳥類、翼竜の翼はどれも、別々に進化したので構造的に大きな違いがある。とはいえ、それらはすべて、前脚から進化した。トリやコウモリや翼竜は翼を手に入れるためにそれまで前脚でしていた多くのことを諦めた。だから、トリもコウモリも物をうまく掴《つか》めない。何かを扱うときはまどろっこしいが、足か口を使わねばならない。これらの動物にとっては、前脚は残しておいて、飛ぶための翼が新たに伸びるほうがずっと良かっただろう。けれども進化はめったにそんなふうに進まない。複雑な身体の設計図を持つ動物にとって、新たに翼が生えてくるという選択肢はなくて、いまある前脚の形をゆっくり変えていくほかなかった。**進化は絶え間なく続く交換ゲームだ。進化の大半には犠牲が伴う。**

進化上の変化は多種多様で、支払う代価もさまざまだ。各細胞内の設計図のミスコピーから、骨や組織や器官を組み立てるときに起こったと思われる、まぎれもないデザインの欠陥まで幅広い。本書ではこれらのエラーをカテゴリ別に取りあげて、次のポイントに着目して掘りさげていく。「同じテーマに属するひとまとまりの欠陥、いかにして進化が進んだかという壮大な物語を示す欠陥、その進化がなければどうなっていたか、そして、千年にわたって適応してきた代わりに僕らが支払った高い代償」について。

人体の解剖学的構造は、適応と不適応が不格好に入り混じっている。役に立たない骨や筋肉があり、ショボい感覚器官があって、しかも関節はまっすぐ身体を支えていられないときている。それに、食習慣だ。大多数の動物は年がら年中同じものを食べていてもまったく問題ないのに、僕たち人間は、必要な栄養素をすべて取り入れるためには、やたら変化に富んだ食事を摂らねばならない。さらに、僕らのゲノムの大半はちっとも役に立たないし、むしろ害を及ぼすことさえある。（僕らの細胞の一つ一つにあるＤＮＡには、数千ものウイルスの亡骸《なきがら》がしまい込まれていて、それらの死骸を忠実に複製することに僕らは生涯を費やしている。）まだほかにも、仰天するような欠陥がある。自分たちの仲間を増やすという究極の目的を実現するには恐ろしく効率が悪いし、免疫系は自分の身体を攻撃する。これはデザインにまつわる多くの病気の一例にすぎない。また、進化の賜物《たまもの》であるパワフルなヒトの脳ですら不備に満ちており、まちがった選択をするのは日常茶飯事で、ときには僕たち自身を危険にさらすこともある。

とはいえ、奇妙に聞こえるかもしれないが、僕たちの不完全さのなかにも美しさはある。僕らがそれぞれ、ただただ合理的で完璧な人だったら、僕たちの人生はどれほど退屈なものになるだろう？　**欠点があるからこそ、人間には人間らしさが表れる。**個性は、先天的な遺伝コードや後天的な遺伝子スイッチの小さなばらつきで形づくられ、それらのばらつきの多くは偶然起きた変異によって生じる。変異は落雷みたいなもので、デタラメで破壊的なものが多い。けれども、どういうわけか、人体のすばらしい部分すべての源でもある。本書で述べている欠点は、僕たちが生き延びるために懸命に戦ってきた名誉の傷痕なのだ。僕らは、この無限に続く進化の争いのなかでは、生き抜ける見込みの薄い〝ダークホース〟で、巨大なハンディキャップを背負いながら、不屈の忍耐力で四〇億年かけて発達してきた。**僕たちの欠点の歴史は、僕たちの戦いの物語なのだ。**

さあ、みんな、聞いてくれ。

1章

余分な骨と、その他もろもろ

網膜が後ろを向いているわけ。粘液の排出口が副鼻腔《びくう》の一番上にあるわけ。膝が悪くなるわけ。椎間板のあいだの軟骨がときおり「ずれる」わけ、などなど。

ほれぼれするようなすばらしい肉体を眺めてうっとり、なんてことは誰にだってあるだろう。筋肉隆々のボディビルダーや優美なバレリーナ、オリンピックの短距離選手、スタイル抜群の水着モデル、屈強な十種競技選手といった人々の身体は、いくらみていても飽きないものだ。先天的な美しさもあるが、人体はつねに変化しつづけていて、回復力もある。心臓や肺、内分泌腺や消化管など、綿密に組織化された機能はとても印象的だし、めまぐるしく変わる環境からの激しい攻撃を受けてもなお、健康を維持しつづけるその仕組みは、複雑で精緻《せいち》だ。身体の（形状の）欠点についてどんな話をするにせよ、人体の美しさと能力は、あちこちにある奇妙でいびつな欠点よりずっと光り輝いていることを、まずは称賛すべきだろう。

とはいえ、いびつな部分はたしかに存在する。解剖学的な構造をよくみてみると、その奥には、奇妙な配置や効率の悪いデザインがみつかるし、それだけじゃなく、まぎれもない欠陥も潜んでいる。大半のいびつな欠点は良くも悪くも影響がない中立的な存在で、生存や繁栄の妨げになるものではない。もし悪影響を及ぼすものなら、これまでの進化を経てそのいびつさは調整されていただろう。けれども、なかには中立とは言えないものもあり、それらの不格好なひずみには、思わず誰かに語りたくなるような興味深い話の種が詰まっている。

数百万もの世代を越えるうちに、人体の形は大きく変化した。僕らの種のさまざまな解剖学的構造の多くは変貌（メタモルフォシス）を遂げたが、なかには取り残され、いまでは単なる時代遅れの遺物か、過ぎ去った日々の名残でしかない構造もある。たとえば、ヒトの腕とトリの翼はまったく異なる機能を果たしているが、骨の根本的な構造は驚くほどよく似ている。これは偶然の一致なんかじゃない。四本足の脊椎動物は、それぞれの動物特有の生息様式や生息地に合わせて、できるかぎり改良が加えられているものの、基本的な骨格は同じなのだ。

ランダムな変異と自然選択による刈り込みを経て、人体は形づくられた。だが、それは完璧なプロセスだったわけじゃない。人間の身体は、ため息が出そうなほど美しいけれど、じっくり調べてみると、進化の盲点を突いたミス（たとえば、文字どおりの盲点など）がみえてくる。

はっきりみえない

ヒトの目は、デザインこそ不細工だが、結果的には能力の高い解剖学的な産物が進化によって、いかにして作りだされるかを示す好例だ。**ヒトの目はたしかに優れているが、もし一から作りなおせるなら、いまのような構造は想像すらされなかっただろう。**ヒトの目は、動物の系譜のなかで、光を感知する器官がどのようにして徐々に発展していったかを示す、古い時代の遺産なのだ。

不可思議な目の〝物理的な〟デザインをじっくりみる前に、一点明らかにしておきたいことがある。それは、ヒトの目は〝機能的〟な問題も多く抱えているということだ。たとえば、いまこの本を読んでいるみなさんの多くは、現代の技術の助けを借りなければ、文字を読めないのではないだろうか？　欧米では、人口の三〇～四〇パーセントの人が近視（近眼）で、眼鏡やコンタクトレンズなどの助けを必要としている。それらがなければ、近視の目は光の焦点を正しく結ぶことができず、一、二メートルさきのものさえ見分けられない。近視率はアジア諸国の集団では七〇パーセント以上にも及ぶ。**近眼は傷害によって起こるのではなく、デザイン上の不具合だ。眼球の前後の長さが単に長すぎるのだ。**画像が目の奥に届く手前で焦点を結んでしまい、ようやく網膜に映しだされるころには焦点が再びぼやけてしまう。

　一方、遠いほうがよくみえる人もいる。これを引き起こす状態は二つあるが、それぞれ別のデザインの不備からきている。一つめは遠視。近視と正反対の構造で、眼球の前後の長さが短すぎるために、光が焦点を結ぶ前に網膜に届いてしまう。二つめは老視。文字どおり加齢とともに進む遠視で、目のレンズの柔軟性がだんだんと失われたり、筋力が衰えレンズを引っ張って適切に焦点を合わせられなくなったり、あるいはその両方のせいで起こる。老視は老眼とも言い、四〇代くらいから始まる。六〇代になるころには、誰もが近くのものを判別しにくくなる。僕は三九歳だが、年々、本や新聞を目から遠く離して読むようになっている。二焦点眼鏡を手にする日もそう遠くないだろう。

　このような、よくある目の問題に、（ここで挙げているのはほんのわずかな例だが）緑内障や白内障、網膜剥離《はくり》などその他の問題を加えると、あるパターンがみえてくる。僕らホモ・サピエンスは、この地球上でもっとも進化した動物とされているが、目にはむしろ進化がみられない。大多数の人々が人生のなかで視覚機能の著しい悪化に悩まされ、その悪化の多くが、思春期にもならないうちに始まるのだ。

　僕は小学二年生のときに初めて視力検査を受け、眼鏡をかけるようになった。本当はいつから眼鏡が必要だったのかは、もはや誰にもわからない。僕の目は少しぼやけるという程度ではなく、ひどい近眼で、視力は〇・〇五くらいしかない。ずっと昔、たとえば一七世紀に生まれていたら、腕の長さよりさきをみなければならないことはなにもできずに生涯を過ごしただろう。先史時代だったら、狩猟者としてはとんでもなく役立たずだったろうし、ついでに言うと、採集者としてもヘボい仕事ぶりだったにちがいない。視力の悪さが祖先の繁殖に影響を及ぼしたのか、影響があったとすればどの程度のものだったかは明らかではない。ただ低い視力が現代人に広く蔓延《まんえん》しているという自然の状況からすると、少なくとも最近は、繁栄には必ずしも高い視力が必要でなかったことが明らかだ。目が悪い現生人類でも成功できる道があったということだろう。

ヒトの視力は、大多数のトリに備わった卓越した視力、とくにワシやコンドルなどの猛禽《もうきん》類と比べると、哀れなほどお粗末だ。はるか彼方まで見通すことのできる彼らの優れた視力を前にすれば、どれほど目がいい人でもそれを自慢する気にはなれないだろう。多くのトリは、紫外線など、人間より広い波長の光もみることができる。じつを言うと、渡り鳥は目で南北の極点を検知している。なかには文字どおり、地球の磁場を〝みて〟いるトリもいる。また多くのトリは通常の瞼《まぶた》に加えて半透明の瞼をもう一つ持っていて、それを通せば、網膜を損傷することなく太陽も直接みられる。人間がまねをしたら、永遠に目がみえなくなる可能性が高い。

さて、いままでの話は、日中に限った話だ。ヒトの夜間の視力は、ひいき目にみて「まあまあ」と言ったところで、なかにはひどくみえにくくなる人もいる。それに比べて、たとえばネコの夜間視力は信じられないほど優れている。ネコの目はとても感受性が高いので、完全に真っ暗な場所でもたった一つの光子《こうし》（光の粒子一個）を感じることができる。（参考までに言っておくと、明るい電灯のついた小さな部屋のなかで、ある瞬間にあちこち跳ねまわっている光子の数は、約一千億個だ。）ヒトの網膜細胞の光受容器のなかには、単独の光子に反応できるものもありそうだが、たとえ一部の受容器が反応したとしても、反応した数が少なすぎてエラーとみなされ、そのさきのシグナル伝達まで進まない。このおかげで、ヒトは機能的に単独の光子を感知できず、ネコに比べると光に対する感受性がかなり落ちる。ヒトがごく弱い光のひらめきを意識的に知覚するには、五〜一〇個の光子がすばやく連続的に光受容器に送達されなければならない。つまり、薄暗い場所では、ネコの視力はヒトより相当良いのだ。さらに言えば、薄暗い光のもとでは、ヒトの視力と画像解像度は、ネコやイヌ、トリ、その他多くの動物よりかなり悪い。僕らはイヌより多くの色を識別できるかもしれないが、夜間はイヌのほうが、はっきりとものがみえているのかもしれない。

色覚と言えば、すべてのヒトが完全な色覚を持っているとは限らない。男性の約六パーセントがなんらかの色覚異常を持っている。（女性ではほぼみられない。色覚異常を引き起こす遺伝子の異常は、ほぼつねに潜性（劣性）で、その遺伝子はX染色体上にある。女性はX染色体を二つもっているため、異常なコピーを一つ受け継いだとしても、もう一つがバックアップとして働くからだ。）この惑星には約七〇億の人がいる。つまり、少なくとも二億五千万人は、残りの人が見分けられる色彩を見分けられない。これは米国の人口に近い数だ。

いま話したのは、単にヒトの目の〝機能的〟な問題である。物理的なデザインは、また別のさまざまな種類の欠点を抱えている。それらの一部は目の機能的な問題を引き起こしているけれど、ほかの不備は、混乱を生むことはあっても害はない。

いびつな自然のデザインとしてもっとも有名な例は、魚類から哺乳類にいたるまで全脊椎動物が持っている網膜だ。**脊椎動物の網膜の光受容細胞は後ろ向きになっている。**つまり、ワイヤ部分が光のほうに向いていて、集光器たる光受容器は光に背を向け、内側に向いているのだ。光受容細胞は、マイクのような形をしている。つまり、この細胞の一方のさきにはマイクの集音器に相当する光受容器がついていて、もういっぽうの端はアンプに信号を送るケーブルにつながっている。眼球の奥に位置しているヒトの網膜では、この小さな「マイク」がすべて、光と逆の方向に向くようにデザインされている。そしてケーブルの出ている側が前、つまり光のほうに向いていて、マイクのさきはなにもない組織の壁のほうに向いているのだ。

これは明らかに、最適なデザインとは言えない。光子は後ろ向きになった光受容器にたどり着くために、光受容細胞の隙間を進まねばならない。マイクを反対方向に向けて話しているとしたら、マイクの感度を上げるか、大声で話さないかぎり、マイクは機能しないだろう。視覚でも同じ原理があてはまる。

さらに、このすでに十分無駄で複雑なシステムに、別の無駄な複雑さが加わる。つまり、光は細胞の薄い膜や血管さえも通り抜けて光受容器にたどり着かねばならない。**いまのところ、なぜ脊椎動物の網膜が後ろ向きに配置されたのかという理由を説明する有効な仮説はまだない。**僕には、ランダムに進んだ変貌の結果、にっちもさっちもいかなくなっただけのように思える。ときどき起きる変異——進化がその道具箱に入れている唯一の道具——でこれを正すのは非常に難しい。

この話をするたび僕は、自宅の壁にチェア・レイルという板を取り付けたときのことを思いだす。チェア・レイルというのは、椅子の背が当たって壁に傷が付くのを防ぐために壁に一直線にぐるりと貼り付ける帯状の板だ。そのとき、僕は初めて大工仕事をしてみようと思い立ったのだけれど、思ったようにはいかなかった。チェア・レイル用の長い木の板は上下対称になっておらず、どちらが上か下かを決めてから作業を始めなければならなかった。だが、その板は、天井と壁の継ぎ目に取り付けるクラウン・モールディングや、床と壁の継ぎ目に取り付ける幅木とは違って、上下がはっきりわからなかった。だから、僕はそれらしく思えるほうを上と決め、取り付ける準備にかかった。長さを測り、板を切り、ステインを塗り、クギを打って壁に取り付け、継ぎ目とクギの穴を埋めるために木材用のパテを塗り、もういちどステインで色を付けて、ようやく完成した。完成後に初めて、手作業の成果をみせた客に、上下が逆だと指摘された。その板には上下がちゃんとあって、僕は取りちがえてしまったのだ。

これはわれながら、網膜が後ろ向きになっていることについての、わかりやすい例だと思う。将来的に網膜へと進化する、光を検知する組織の一部は、生命体のちょっとした機能の違いによって、どちらの方向へも向かう可能性があった。ところが、目が進化していくにつれ、光のセンサーは眼球へと進化するくぼみの内側へと移動し、一番奥まった位置になることが決定的になった。だが、もうそのときには手遅れだったのだ。その時点でなにができるだろう？　全体の構造を反転させるには、そこここでいくつか変異が起きるくらいではけっして間に合わない。チェア・レイルをただひっくり返すことなどできないのと同じだ。切った木材や継ぎ目がすべて反転するのだから。僕の間違いを正すには、一からやりなおすしか方法はないし、脊椎動物の網膜の位置を正すには、最初からやりなおすしかない。だから、我が家のチェア・レイルは逆さまのままだし、僕らの祖先は網膜を後ろ向きに備えたままで過ごしてきた。

面白いことに、**タコやイカなどの頭足類の網膜は反転していない**。頭足類の目と脊椎動物の目は驚くほどよく似ているが、それぞれ独立して進化を遂げた。自然はカメラのような目を少なくとも二回「発明した」ことになる。一回は脊椎動物で、もう一回は頭足類で。（昆虫、クモ形類動物と甲殻類の目は、僕たちとはまったく異なる仕組みを持っている。）頭足類の目が進化したとき、網膜はもっと合理的に形づくられ、光受容器は光のほうに向いた。脊椎動物はそれほど幸運ではなく、僕らはいまだにこの後戻りできない進化のめぐり合わせに悩まされている。**網膜剥離が頭足類より脊椎動物でより多くみられるのは、後ろ向きになっている網膜のせい**だと、大半の眼科医が同意してくれるだろう。

ヒトの目には、語るに値するいびつなデザインがもう一つある。網膜のちょうど真ん中にある視神経乳頭（視神経円板）という構造だ。そこでは、何百万もの光受容細胞のすべての軸索（光シグナルを脳へ伝えるための神経ケーブル）が束になって視神経を形づくっている。何百万ものごく小さいマイクから出ている小さなケーブルがまとまって一つの束になり、それがすべての信号を脳に送っている様子をイメージしてみるといい。（脳の視覚中枢はまさにその後方、目から一番遠く離れた位置にある！）視神経乳頭は網膜の表面に位置し、光受容細胞がない小さな円を作っている。これによって、目にはそれぞれ「盲点」ができる。ふだんは誰もこの盲点に気づかない。二つの目が互いの盲点を補い合っているからだ。脳が盲点の部分も画像で埋めてくれるのだが、たしかに盲点はある。「視神経乳頭　盲点」と打ち込んでインター

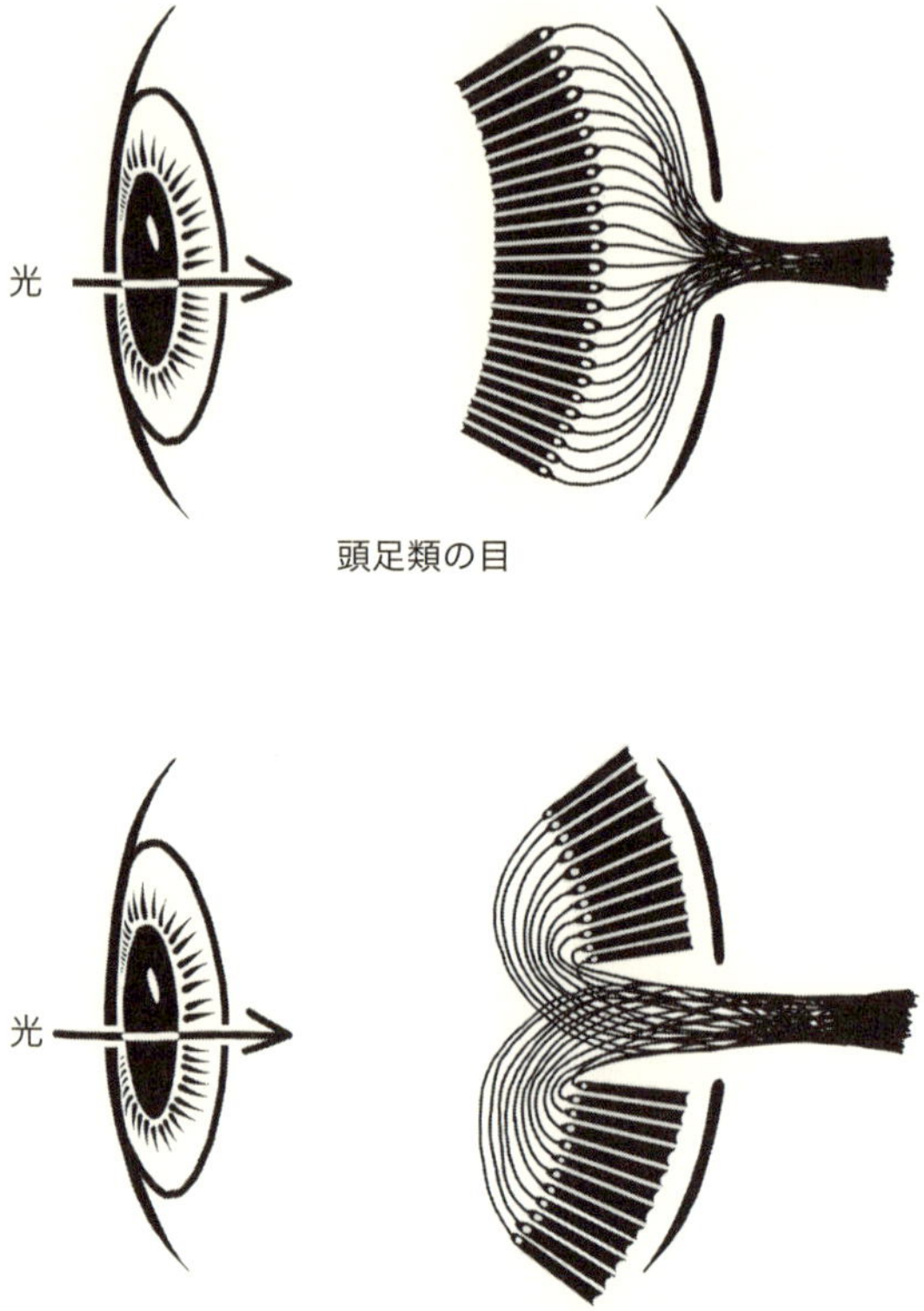

頭足類の網膜の光受容器（上）は光のはいってくるほうに向いているが、脊椎動物の網膜の光受容器（下）は、逆を向いている。このデザインが脊椎動物にとって不利なものになるとわかったころには、もはや進化では修正できなくなっていた。

ネットで検索すれば、盲点をみつけるための簡単なデモンストレーションがヒットするはずだ。網膜の軸索はどこかのポイントで束にならねばならないのだから、視神経乳頭は必要な構造だ。もっといいデザインなら、そのポイントは目の一番奥にあり、網膜のど真ん中ではなく、網膜の裏側に押し込まれていただろう。けれども、網膜が後ろ向きになっているせいで盲点はどうしてもなくならず、脊椎動物にはもれなく存在する。だが、頭足類にはない。正しい方向に向いた網膜は、そこに穴を開ける必要がなく、無理なく網膜の後ろでケーブルを束ねることができるからだ。

タカの目がほしいというのはあまりに欲張りな願いかもしれないが、せめてタコの目を望んだっていいじゃないか。

副鼻腔の〝上向き〟の排出路

目のすぐ下に、進化のエラーがもう一つある。副鼻腔は空気と液体の詰まった空洞の曲がりくねった集まりで、その一部は頭部の奥深くにある。

多くの人は、頭蓋骨のなかにどれほど多くの空間があるかなど、気にもしていないだろう。小さな鼻の穴から空気を吸いこんだとき、空気の流れは、顔の骨の奥にある四組の大きな空洞に枝分かれする。ここで空気は粘膜と接触する。粘膜は、塵や細菌やウイルスやその他の粒子が肺へ到達しないよう捕らえるためにデザインされたジメジメ、ベタベタした組織で、それが複雑に折り畳まれていくつかの区域に分かれている。副鼻腔は粒子を捕らえるだけでなく、吸いこんだ空気を暖めて湿気を加える役割も果たす。

副鼻腔内の粘膜はネバネバした粘液（つまり鼻水）のゆっくりと安定した流れも生みだす。この粘液は線毛という、規則正しく波打つ小さな毛状の構造物によって運ばれる。（腕の毛のミニバージョンが、粘ついた液を皮膚に沿って運ぶために、つねにゆらゆら揺れている様子を思い描いてみてほしい。）頭部では、粘液はいくつかのスポットに排出され、最終的には飲み込まれて、胃に送られる。粘液に含まれる細菌やウイルスは胃酸で溶かされ、消化されるため、胃は粘液の捨て場所としてはもっとも安全だ。鼻腔管は、適切に働いているときは粘液の流れを作って、細菌やウイルスが炎症を引き起こす前にそれらを一掃し、粘液が溜まってこの系全体がベトベトになりすぎないようにする。

そうは言っても、もちろん、この系全体がときどき粘液で過剰にベトベトになり、鼻炎が起こることもある。細菌の流される速度が遅くてその菌がキャンプ（感染性のコロニー）を設営し、それが副鼻腔全体やその奥にまで広がることがある。粘液は、通常は水分が多く、たいていは透明なのだけれど、感染症を引き起こしているときは、どろりと粘っこくなり、暗緑色になる。大半の感染症は重篤なものではないけれど、楽しいものでもない。

イヌやネコなどほかの動物は、人間ほど頻繁には風邪を引かないと思ったことはないだろうか？　大半の人間は年に二〜五回は風邪（上気道炎とも言う）を引き、なかには重度の鼻炎を併発する人もいる。ところが、僕はイヌを六年間飼っているけれど、飼いイヌが鼻水をたらしたり、鼻づまりを起こしたり、涙目になったり、咳をしたり、くしゃみを繰り返しているのを一度もみたことがないし、僕の知るかぎりでは、熱を出したこともない。たしかにイヌだって鼻炎になる。鼻水は簡単に気づけるし、もっともよくみられる症状だけれど、鼻水を垂らしているイヌはめったにいない。たいていのイヌは副鼻腔の重大な感染症を生じることなく一生を終える（＊1）。

野生動物も同じように、鼻の不快な症状とは無縁だ。人間以外の動物が鼻炎を患う可能性はあるし、霊

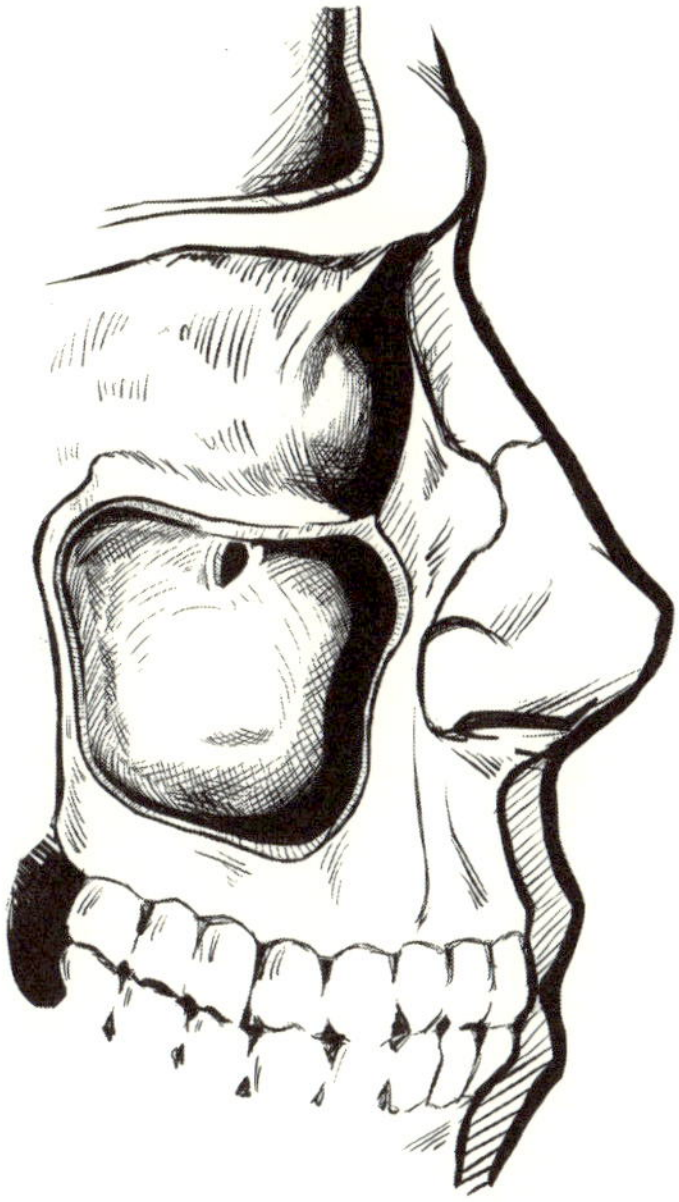

ヒトの上顎洞《じょうがくどう》：粘液の貯留管の入り口が空洞のてっぺんに位置しているため、粘液の排出は重力に逆らって行わなければならない。これが、ヒトが風邪や鼻炎にかかりやすい理由の一つだ。

長類ではほかの哺乳類より少しだけ多くみられるものの、全体的に珍しい。ではなぜ、人間はこれほど鼻炎に悩まされるのだろうか？

僕らが鼻炎にかかりやすい理由はさまざまだが、そのうちの一つは**粘液の排出システムがあまりうまくデザインされていない**点にある。具体的に言うと、排液を集める重大なパイプの一つが、上顎の内側にある最大の空洞（つまり上顎洞《じょうがくどう》）のてっぺん近くに組み込まれているせいだ。排液を貯める場所を副鼻腔の高い位置に設定するのは、重力というやっかいな現象に反していることになるから、いいアイデアとは言えない。額の奥や目の周りの副鼻腔は粘液を下方に排出できるが、下にある最大の二つの副鼻腔は粘液を上方に排出しなければならない。たしかに線毛は、粘液を上に向けて押し流す助けになってはいるが、副鼻腔の上より下の方へ排出するほうがずっと簡単ではないだろ

＊1　この見解には、ペキニーズやパグなどの短頭種のイヌはあてはまらない。この犬種は自然選択ではなく、人間の手によるブリーディングで人工的に選別されて作られた。じつを言うと、イヌが抱えている、たいていの健康の問題は、一般的に近年の選別的な同種交配の結果で、祖先のオオカミにはみられないものだ。

うか？　どんな配管工であれ、排水管は部屋の底辺に設置するのでは？

このお粗末な配管による影響はもちろんある。粘液がドロドロしてくると、ものがくっつきやすくなる。粘液がドロドロと濃くなるのは、塵や花粉、その他の微粒子や抗原などを大量に含むとき、つまり、寒いときや空気が乾燥しているとき、または細菌性感染症が起ころうとしているときである。このようなとき、線毛はドロドロの粘液を貯留ポイントに運ぶため、いつも以上に懸命に働かねばならない。

ほかの動物たちと同じく、僕たちも重力の助けを借りて粘液を排出できればいいのに！　だが僕たちの線毛は、重力とドロドロ粘液のますます高まる粘性に負けじと働くしかない。けれども、風邪のときには、そうしたところで追いつかず、鼻の不快症状が現れる。これは、風邪やアレルギーがときどき二次的な細菌性の鼻炎を引き起こす理由にもなっている。粘液がたまると、そこで細菌が炎症を引き起こすことがあるのだ。

上顎洞の排液パイプのお粗末な配置は、風邪や鼻炎になったとき、横になると呼吸が楽になることで実感できる。重力に逆らう必要がなくなれば、上顎洞の線毛はドロドロ粘液の一部を貯蔵ダクトのほうへ容易に進ませることができ、これによって圧迫がいくらか軽減されるからだ。とはいえ、これは治癒ではなく、いっときの休息にすぎない。いったん細菌感染が生じると、粘液の排出だけではもはや太刀打ちできず、免疫系による細菌への攻撃が必要だ。構造的に粘液の排出があまりうまくできない人のなかには、鼻の手術をするだけで、いつも悩まされていた鼻炎から解放される人もいる。

ところでそもそも、ヒトの排液システムはなぜ上顎洞の下ではなく、てっぺんにあるのだろう？　その答えは、顔面の進化の歴史にある。霊長類が早期の哺乳類から進化するにつれ、鼻の特性が構造と機能という面で大幅に変化した。多くの哺乳類にとって、嗅覚は単一のもっとも重要な感覚で、全体的な鼻口部の構造はこの感覚を最適にするためにデザインされた。だから、多くの哺乳類の鼻口部は長く伸びている。それは、匂いの受容体がたっぷり張りめぐらされた、空気の充満している巨大な空洞を備えるためだ。ところが、僕たちの霊長類の祖先は、進化するにつれ、嗅覚より視覚や触覚、認知能力に頼るようになった。それにしたがって、鼻口部は後退し、副鼻腔はコンパクトになった顔の奥に押しこまれた。

進化による顔の再編成はサルから類人猿への進化に合わせてさらに続いた。アジア類人猿であるテナガザルとオランウータンでは、単純に上方に位置する空洞がなくなり、下方の副鼻腔がより小さくなって粘液は重力に沿って排出されるようになった。アフリカ類人猿――つまり、チンパンジーとゴリラとヒト――は同じタイプの副鼻腔をみな共有している。けれども、ヒト以外のアフリカ類人猿では、副鼻腔はより大きく広くなり、また広い開口部によって互いがつながっている。そのため、空気と粘液の流れがどこまでも促される。だが、人間の副鼻腔はこうなっていない。

顔の骨と頭蓋骨ほど、ヒトとほかの霊長類との違いが大きい部分はない。ヒトの眼窩の隆起は彼らよりずっと小さく、歯も小さくて、平面的でコンパクトな顔をしている。さらに、僕らの副鼻腔は小さくて、それぞれが直接つながっていないし、排液管はずっと細い。進化の面で言えば、細い管に押しこまれた排液経路を手にすることで、僕たちはなにも得ていない。だからこれは単に、大きな脳のために空間を広く取られたことによる、ありがたくない副産物らしい。

この再編成によって、できの悪いデザインが生まれ、そのせいで僕たちはほかの動物より風邪やつらい鼻炎にかかりやすくなったのかもしれない。とはいえ、できそこないのデザインに関して言えば、この進化上の不運は、身体のもう少し下のほうに潜んでいる不運と比べれば、たいしたことではない。その部分では、脳から首にまっすぐつながるべき神経が、いくつかの危険な迂《う》回路を進んでいる。

遠回りする神経

ヒトの神経系は驚くほど複雑だ。僕たちの脳は高度に発達しているが、その脳を機能させているのは神経なのだ。

神経は、それぞれが鞘《さや》に収められた軸索と言われる小さなケーブルの束で、脳から身体へ（あるいは、感覚神経の場合は身体から脳へ）インパルス（活動電位）という電気信号を伝達している。たとえば、脳のてっぺん近くにある運動ニューロンは長い軸索を脳の外へと伸ばし、脊髄を下り、腰椎領域を越え、足に沿って進み、最終目的地である拇《おやゆび》に達する。長い道のりにはちがいないけれど、直通経路ではある。脳神経や脊髄神経は脳から身体じゅうのあらゆる筋肉や腺や器官に軸索を伸ばしている。

進化は神経系に数々のとても奇妙な欠陥を残している。一つだけ例を挙げてみよう。反回神経という、いかにも不細工な名前を付けられた神経だ。（本当のことを言うと、この神経はペアになっていて、人体のたいていの神経と同じく、一方は左側、他方は右側にあるのだが、話をシンプルにするために、ここでは左側だけについて話す。）

反回神経の軸索は脳の頂点付近から始まり、喉頭（のどぼとけがあるあたり）の筋肉につながっている。この筋肉と、神経の指示によって、僕らは話したり、ハミングしたり、歌ったりするときに声を出したり、調節したりすることができる。

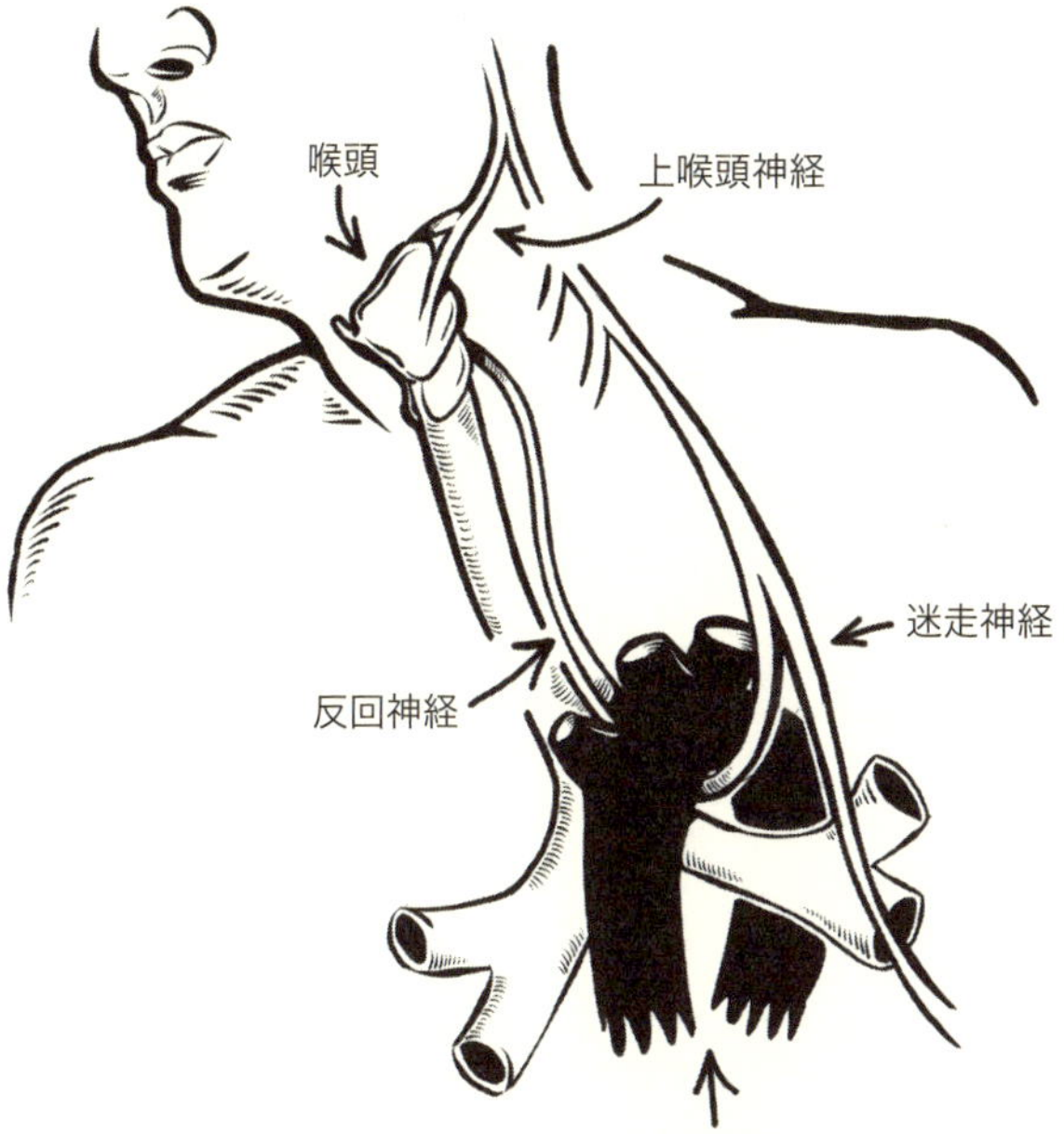

左側迷走神経と、そこから枝分かれする反回神経などのいくつかの神経。首から胸部を通る遠回りの経路は早期脊椎動物の祖先に由来するもので、進化上の逆行である。祖先たちの場合、脳からエラまでの直線路は心臓にとても近かったのだ。

脳から始まって喉の上のほうで終わる軸索ならば、その距離は短いはずだ。脊髄を通って喉に向かい、喉頭にたどり着くというように。全体でも十数センチの長さだろう。

ところがどっこい。反回神経の軸索は、迷走神経という脳神経のなかに収まって、脊髄をずっと下り胸の上まで伸びている。そして、肩甲骨の少し下あたりで脊髄を離れ、大動脈の下をくぐり、首に向かって上向きに逆戻りし、喉頭に達する。

反回神経はそうなるべき長さの三倍はあり、無駄に筋肉と組織のあいだを走っている。心臓とつながる大血管とからまるように交差しているため、心臓外科医が非常に気を使う神経の一つだ。

この解剖学的に風変わりな構造は、なんと古代ギリシャの医師ガレノスの時代から認識されていたらしい。この迂回路に機能的な理由があるのだろうか？　ほぼ確実に、それはない。じつのところ、もう一つの神経、上喉頭神経も脳から喉頭に伸びているのだが、これはまさに僕らが予想したルートをたどっている。この神経束も大きな迷走神経の束から分岐するが、脳幹のすぐ下で脊髄を離れ、短い距離を旅して喉頭にたどり着く。単純明快だ。

ではなぜ、反回神経はこんなに長い道のりを、独りで旅しているのだろう？　この答えもまた、古代の進化の歴史にある。この神経の起源は古代魚に端を発し、現代の脊椎動物のすべてがこの神経を持っている。魚類では、この神経は脳とエラをつないでいる。エラは喉頭の原型だ。しかし、魚類には首がない。彼らの脳は小さいし、肺もないし、その心臓は僕らのポンプのようなものではなく、筋肉でできたホースみたいになっている。だから、魚の心臓と脳と肺をつなぐ主要な血管系はエラの裏側の空間にだいたい収まっていて、人間のそれとは大きく異なる。

魚類では、この神経は脊髄からエラまで、予想どおりの効率の良い短いルートをたどっている。とはいえ、途中で魚の心臓部分にあるいくつかの大きな血管（哺乳類では枝分かれする大動脈に相当する）のあいだを縫うように通っている。このジグザグは魚類の解剖学的構造では意味があり、非常に限られた空間

ブラキオサウルス

左側反回神経はどの脊椎動物でも大動脈の下をくぐってループ状になっている。
竜脚類恐竜の反回神経は、信じられないほど長かっただろう。

でコンパクトかつ単純に神経と血管を配置できていた。けれども、魚が四足獣へ、さらに最終的に人間へと進化するうちにこの配置が不合理な解剖学的構造を作りだした。

　脊椎動物の進化の途中で、胸部と頸部《けいぶ》が身体の形として明確に区分されるにしたがって、心臓は後方に移動し始めた。魚類から両生類、爬虫《はちゅう》類、哺乳類へと進化するにつれ、心臓は数センチずつ脳から離れていったのだ。だが、エラは離れていかなかった。ヒトの脳と喉頭の解剖学的位置は、魚類の脳とエラの位置と相対的に変わらない。反回神経が心臓近くの血管と交差してさえいなければ、心臓の位置の変化に影響を受けなかったのだが……。反回神経はにっちもさっちもいかず、脳から喉へたどり着くために大きなループ状の構造をとらざるを得なかったのだ。どうやら、進化の過程でこの神経の胚《はい》での発生を再プログラムして、大動脈とこの神経のもつれを解くという早道はなかったらしい。

その結果、反回神経は、ヒトの首から胸にかけて長い、無駄なループを形づくるようになった。こんなのはそれほど大きな問題じゃない、と思われるかもしれないが、四肢を持つ脊椎動物のすべてが共通の祖先、硬骨魚類から同じ解剖学的配置を受け継いでいることを考えてみてほしい。ダチョウの反回神経が仕事を果たすためには、ほんの二、三センチメートルの長さで事足りるはずが、一メートル近くも脊髄を下がり、また一メートルほど逆戻りして喉に到着するのだ。**キリンの反回神経は、なんと最長五メートルにもなる！** それにしたって、もちろん、アパトサウルスやブラキオサウルスなど竜脚《りゅうきゃく》類の反回神経の長さとは比べものにならない。それを思えば、僕たちのちっぽけな反回神経のことを笑ってはいけないかもしれない。

首の痛み

遠回りする神経は、人間の首のめちゃくちゃぶりを示す一例にすぎない。本当のところ、首そのものがかなりの失敗作だ。第一に、ほかの重要な部分が手厚く保護されているのに比べると、かなり無防備だ。首のすぐ上にある脳には、重大な外傷にも耐えうる、ぶ厚くて固い覆いがある。首の下にある心臓や肺は強くてしなやかな肋骨《ろっこつ》に守られ、肋骨は平らで丈夫な胸骨に固定されている。進化は手間ひまをかけて脳と心肺システムを保護してきたが、それらをつなげる部分を弱いまま放置した。（内臓の保護にも失敗しているが、その話はまた別の日に。）

素手で誰かの脳や心臓を、ひどく傷つけるのはかなり困難だが、首はすばやい動作一つで折ることができる。この弱さは人間に特有のものではないが、人間はとくに問題が大きい。たとえば、椎骨のおかげで僕らは首を滑らかな動作でねじったり、回したりできるけれど、この骨はズレやすい。気管は、新鮮な空気を肺に取り込むための管だが、首の正面の薄い皮膚の下にあり、先端が丸いものでも少しの力で突き刺すことができる。**人間の首はどうしようもなく弱い。**

もっと基本的とも言える首の不備は、口から始まって首の中ほどまでたった一本の管で、消化器系と循環器系の両方をまかなっている点だ。つまり、喉は食べ物と空気の両方を運んでいる。こんな状態で、間違いが起こらないのだろうか？　これもまた、ヒトに限った問題ではない。この喉の構造は鳥類や哺乳類、爬虫類でほぼ統一されているのだが、だからといって欠陥が少ないわけではない。むしろ、この統一されたダメなデザインは、進化が付きあっていかねばならない身体的な制約を示している。変異は少しずつ微調整を進めるのは得意だが、全面的なデザイン変更には向いていない。高等動物の多くは、食べ物と空気を同じ管を通して取り入れる。消化機能と呼吸を完全に分けた解剖学的構造のほうが、衛生や免疫防御の面でも、まったく異なるその二つの系の全体的な維持という面でも、ずっと筋が通っている。それなのに進化は、ヒトを含む多くの動物に対し、やや分別のない別の解決法をみつけた。

呼吸に関して言えば、とくに僕たちの身体は極端に設備が不足している。空気は喉の単一の管を通って、肺で複数の枝に分かれる。この枝のさきは、空気の詰まった小さな袋で行き止まりになっていて、その袋の薄い膜を通してガスの交換が行われる。呼気はこれとまったく逆の経路を進む。これらの枝を通して空気は海の潮のように満ち引きするため、呼吸量のことをタイダル（潮）・ボリュームと呼んだりする。これは非常に効率が悪い。新鮮な空気が送り込まれるとき、肺にはまだ大量のよどんだ空気が残っているからだ。これらの空気は混じりあうので、肺の枝のさきに到達する、実際の空気中の酸素濃度は、口や鼻から吸ったときの空気より薄くなる。肺内のよどんだ空気が負担となって、酸素輸送が制限されるため、僕らはより深く息を吸わねばならない。運動時など、需要が最大限に高まるときはとくに。

潮の満ち引きみたいな呼吸のせいで人間が余分な作業を強いられているということをもっとはっきり感じたいなら、チューブやホースを通して呼吸をしてみるといい。だが、あまり長いもので試さないこと。数十センチを超えるチューブだと、どれだけ深く息を吸おうとも、ゆっくりと呼吸困難になってくるからだ。シュノーケルをしたことがあるなら、潮の満ち引き式の呼吸の影響がだんだん強くなっていく現象を経験したことがあるはずだ。快適にシュノーケリングを行うには、足や腕をただゆっくり動かして静かに浮かんでいるだけのときでも、深く息を吸わねばならない。呼吸するたびによどんだ空気と新鮮な空気が混じりあい、経路が長くなるほど、各呼吸の最後に残るよどんだ空気の量が多くなるからだ。

呼吸にはもっとずっといい方法がある。多くの鳥類は、呼吸用の袋（気嚢《きのう》）に達する前に気道が二レーンに分かれる。はいってきた空気は、残っていたよどんだ空気と混じらずにまっすぐ肺に向かう。よどんだ空気は排出管に集められ、上方に送られて喉のかなり上のほうの咽喉《いんこう》で合流する。肺内の一方通行の流れのおかげで、呼吸によって運ばれる空気の大半が新鮮なものとなる。これははるかに効率のいいデザインで、鳥類は僕たちよりずっと浅い呼吸で新鮮な同じ量の空気を血流に送り込むことができる。飛ぶためには多量の酸素を必要とするため、これは鳥類にとって重大な改善点だ。

もちろん、**人間の喉のデザインにまつわるもっと危険な問題は、呼吸困難ではなく窒息だ。**二〇一四年に窒息死した米国人は五千人近くにのぼり、大多数は食べ物を詰まらせたことが原因だ。もし空気と食物の入口が別々だったなら、このようなことはぜったい起こらない。たとえば、クジラ類（クジラとイルカ）には噴気孔がある。これは空気専用の通り道を得た画期的な革命だ。多くの鳥類と爬虫類にも呼吸のための優れたデザインがみられる。つまり、彼らの鼻腔は喉と一体になることなく空気を直接肺に送り込む。だからこそ、ヘビや一部のトリは、巨大な獲物をゆっくり飲み込んでいる最中にも呼吸を続けていられる。ヒトやほかの哺乳類にはそのような装置がない。僕らは飲み込んでいるとき、瞬間的に呼吸を止めなければならない。

また、**人間は驚いたときに本能的な身体反応として息を飲むが、これもなんの役にも立たない。**このこと自体、イケてないデザインの一例だ。びっくりしたときや驚くべきニュースを知らされたとき、激しく深く息を吸うことになんの有用性があるのか？　そこに、いいことなどありはしないし、その瞬間、あなたの口のなかに食べ物や液体が入っていたら、大きな問題が起こる可能性がある。

すべての哺乳類に、気管に異物の入る危険がある。けれども、僕たちの首の解剖学的構造は、進化の歴史上ごく最近の進化によって変化したため、ヒトはとくにものを詰まらせやすい。ほかの類人猿の喉頭は、ヒトの喉頭と比べて、首のかなり下のほうにある。このデザインのおかげで喉が長くなり、飲み込むときに働く筋肉が仕事をこなすための余地がより大きくなる。すべての哺乳類は飲み込むとき、気管の開口部に喉頭蓋と呼ばれる軟骨の蓋をして、食べ物を肺ではなく胃へと向かわせる。もちろん、これはたいていうまく働いている。だが、つねにうまくいくわけではない。ヒトは喉頭が上に移動したため、喉が短くなり、飲み込むという繊細なダンスが行われる距離が短くなっているのだ。

大半の科学者は、発声を改良するために、現生人類の喉頭が首の上方に移動したと考えている。喉が浅くなるほど、ヒトはほかの類人猿にはできない方法で軟口蓋を曲げることができるようになって、音を作るためのツールがずっと豊富になる。たしかに、現代世界の言語でみつかっている多くの母音は、僕たちの種の独特な喉だからこそ出せる音だ。喉をコッコッと鳴らす特殊な音（喉の奥を強くすぼめて出す音、吸着音やクリック音と呼ばれる）さえある。この音は人間にだけ出せる音で、サハラ以南のアフリカの言語では標準的に使われている。このクリック音を出すためだけに僕らの喉が進化したというのは少し言い過ぎだけれど、喉頭が徐々に上に移動したことで出せるようになった、さまざまな音声の一つではある。

けれども、こうした声のユニークな能力を高めるには犠牲が必要だった。喉頭が上に移動するということは、喉が短くなることを意味し、そのため、飲み込む際のミスがずっと多くなる。とくに赤ん坊は、飲み込むという動作がときに危険な結果につながることがある。赤ん坊の喉は小さくて、飲み込むときの複雑な筋収縮をうまくこなすための余地が大人よりさらに少ないからだ。乳幼児の世話をしたことがある人なら、子どもがしょっちゅう食べ物や飲み物を喉に詰まらせることはご存じだろうが、ほかの動物の子で

はそれほど多く起こらない。

飲み込むことは、ダーウィンの進化論の限界を示す好例だ。ヒトの喉は複雑すぎて、進化の基本であるランダムな変異では、根本的な欠点を解消することができない。だから僕たちは、**同じ管から空気と食物を取り入れるという不合理**を受け入れるしかない。

もう一つの進化上の大きな変化は、つぎに述べるデザインの欠陥の理由にもなる。この欠陥は、人間のもっとも基本的な活動の一つ、二足歩行とかかわっている。これは、進化が解決できなかった問題というより、適応が不十分なせいで生じた、少なくともまだ解決にいたっていない問題だ。それをはっきり示している部位は、ヒトの膝よりほかにない。

拳をついて歩く者たち

ほかの霊長類はみな、四肢を使って移動するが、ヒトは二本の足で歩く。これを二足歩行と言う。ゴリラやチンパンジーやオランウータンは、木からぶら下がっていないとき、足と拳を使って歩いている（訳注：これをナックル歩行と言う）。たしかに、彼らは二本足で立てるし、短い距離なら二本足で歩くこともできるが、それは快適ではないだろうし、得意でもなさそうだ。けれども、ヒトの解剖学的構造は進化し、足や骨盤、脊椎を変化させることによって、立っている姿勢を保てるようになった。この方法によって僕らはずっと早く動けるようになり、四肢で動きまわるほうがかえって効率が悪くなった。だから、いまや二足歩行の姿勢は完成している。そうだろう？

いや、完成しているとは言えない。ヒトの直立歩行への解剖学的な適応は、完了したわけではないのだ。僕らには欠陥がいくつかあるが、それは、プロセスを完了しそびれているせいだ。たとえば、腸とその他の内臓は、腸間膜という結合組織の薄い膜の内側にまとめて保持されている。腸間膜は弾力があり、腸をゆるく所定の位置にとどめるために機能している。けれども、この膜は、腹腔《ふくくう》の頂点あたりからぶら下がっていれば二足歩行の姿勢に合うのだが、ほかの類人猿と同様に、腹腔の背中側にくっついている。これは、四足獣の近縁の動物たちにとっては妥当な構造だけれど、僕たちにとっては良いデザインとは言えず、ときどき問題が起こる。

長期間すわりっぱなしで、ほとんど動かない人はこの腸間膜に負担がかかり、最終的に手術が必要になることがある。この欠陥は進化によっていまだ修正されていない。それは、この不備を解決するための選択圧が非常に低いからである。トラックの運転やデスク・ワークが広く行われるようになる前の時代、腸間膜に問題が生じる人はめったにいなかっただろう。それでもなお、これは不良なデザインと言えるし、腹部の結合組織の不必要な問題につながる。

またもっと深刻な例もある。前十字靭帯《ぜんじゅうじじんたい》という名前を聞いたことはあるだろうか？　スポーツ・ファンなら一度ならず耳にしたことがあるだろう。この靭帯の断裂は、スポーツをしているときのケガとしてよくみられる。おそらく、この靭帯の断裂がもっともよく生じるのがアメリカン・フットボールだが、野球やサッカー、バスケットボール、陸上競技、体操、テニスなど、基本的に衝撃が大きく、テンポの速いスポーツでも起こる。前十字靭帯は膝の中央に位置し、大腿骨《だいたい》と脛骨をつないでいる。膝頭（膝蓋骨《しつがい》）の下、関節の内側深くにあり、膝の上と下の足をつなぎとめることがおもな役割だ。

ヒトの前十字靭帯は、直立した二足歩行の姿勢のせいで、もともと意図されていたよりずっと大きな負荷に耐えなければならなくなったため、**切れやすい。**四足動物が走ったりジャンプしたりするとき、その負荷は、四本の足全体に拡散し、足の筋肉がその負荷の大半を吸収する。ところが、僕らの祖先が二足歩行に移行したとき、負荷は四本ではなく二本の足にかかるようになった。この負荷は足の筋肉にとって大きすぎたため、僕らの身体はこの負荷を和らげるべく足の骨を役立てた。その結果、人間の足はまっすぐになり、筋肉よりむしろ骨が衝撃の大半を吸収するようになった。立ちあがっている人間と立ちあがっている類人猿を比べてみよう。人間の足はかなりまっすぐだが、類人猿の足はO脚でたいてい曲がっている。

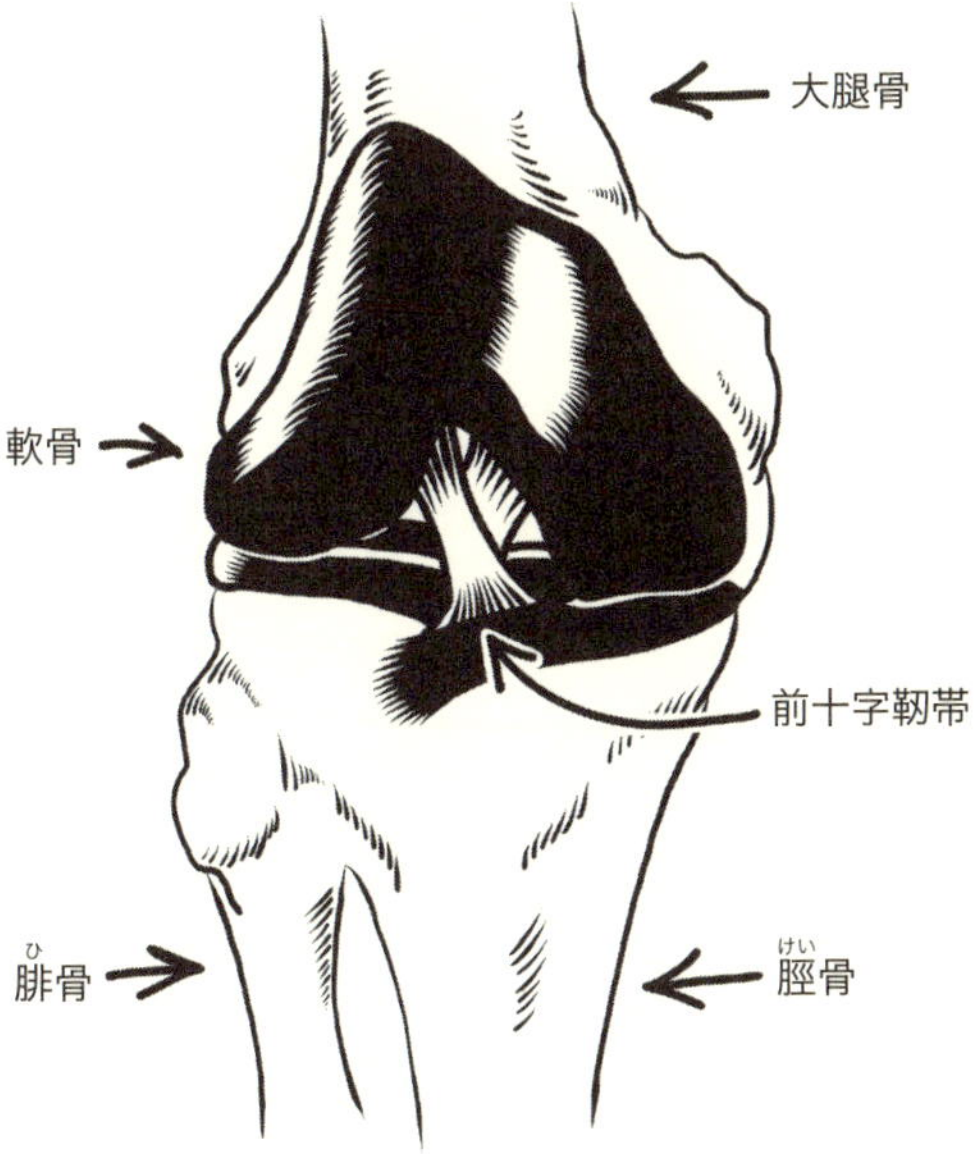

ヒトの膝《しつ》関節の骨と靭帯。前十字靭帯をみせるために膝蓋骨《しつがいこつ》は除いている。二足歩行への適応が不十分なばっかりに、このやや細めの靭帯は、デザインされている以上に大きな負荷に耐えている。そのため、アスリートをはじめ多くの人々が前十字靭帯の断裂に悩まされる。

まっすぐに調整された足は、通常の歩行や走行時には問題を生じない。けれども、走っている途中で突然止まったり、すばやく向きを変えたりなど、ふいに方向や運動量を変えたとき、膝に突発的で集中的な負荷がかかる。前十字靭帯は十分に強くはないため、骨がねじられたり引っぱられたりすると、骨をつなぎとめられず切れてしまうことがある。

なお悪いことに、種全体でどんどん体重が重くなっているので、突然の動作によって前十字靭帯にかかる負荷がますます大きくなっている。アスリートはとくにこれがあてはまる。これまでより体重が増え、スピーディな体重移動を行うことが多くなっているのだ。お気づきかもしれないが、アスリートの体格が大きくなるにつれて、プロスポーツの世界で前十字靭帯断裂がより多くみられるようになった。

この問題への対処法としては、減量以外ほとんどない。前十字靭帯を運動で補強できないのだから、仕方がない。繰り返し負荷をかけたところで、この靭帯を鍛えることはできず、むしろ弱くなる。前十字靭帯が断裂すると、それだけでも十分悪い状況なのだけれど、さらに手術での修復が必要になる。靭帯にはあまり血管がないため、膝の手術では、回復とリハビリに長い時間がかかる。靭帯に栄養を供給する血管は限られているし、通常は治癒や組織の再建を行う細胞が少ない。そのため、この靭帯の断裂はプロスポーツ界では非常に恐れられているケガなのだ。多くのプロスポーツ選手にとって、前十字靭帯の断裂は丸々一シーズンを失うことを意味する。

アキレス腱《けん》は、僕らの不完全な進化にまつわる、もう一つの物語を形づくっている。僕たちの種が直立歩行へと移行するあいだ、骨格のほかに、このやたらと目立つ腱ほど劇的な変化を遂げた構造はない。僕らの祖先が重心を徐々に足の母指球からかかとへと移動させていくにつれ、ふくらはぎの筋肉と踵とをつないでいるアキレス腱には、それまでよりずっと多くの機能が必要とされた。動的な腱として、この腱は反応がいいし、現在は人間の足首でもっとも目立つ特徴となっている。アキレス腱は新たに必要とされる役割に応えるために劇的に伸び、また、より強くなることで、持久運動や筋力トレーニングにも、うまく適応している。アキレス腱は〝馬車ウマ〟のように働き者なのだ。

とはいえ、アキレス腱は、足首の大半の負荷を受けるため、文字どおり、関節全体の〝アキレス腱〟、つまり一番の弱点でもある。アキレス腱の損傷もまた、スポーツのケガとして非常に多くみられる。アキレス腱には、ほかの関節のように重複して同じような機能を果たす腱がない。それにこの腱は、足の背面に無防備に付着している。

この腱を損傷すると、歩くことさえできなくなる。**足首の関節全体の機能が、この**

立ちあがっている類人猿と人間の自然な姿勢。人間は直立姿勢で二足歩行しているため、立っているときや歩行しているとき、体重のほとんどを足の骨で支えている。かたや類人猿は、足を曲げた姿勢でいることが多いため、負荷を筋肉に分散させている。

もっとも弱い部分に支えられていることからして、デザインのマズさは一目瞭然だ。現代のエンジニアなら、このような危なっかしい関節はけっしてデザインしないだろう。

祖先が直立歩行を開始したためにデザインしなおされた構造は、膝と足首だけじゃない。背中にも調整が必要だった。皮肉なことに、姿勢がまっすぐになると、背中はカーブを描かねばならなくなった。とくに腰のあたりは、上半身の重みを骨盤や両足に均一に伝えなければならないため、大きく凹《おう》状になり，背骨全体がS字カーブを描くようになった。進化はより強いカーブを作れるよう腰に骨を追加することさえした。とはいえ、このカーブのせいで、長時間直立しているとき腰は湾曲している状態になり、それにより腰が疲れることがある。腰痛は、一つの場所に何時間も立ちっぱなしで仕事をしている人によくみられる症状

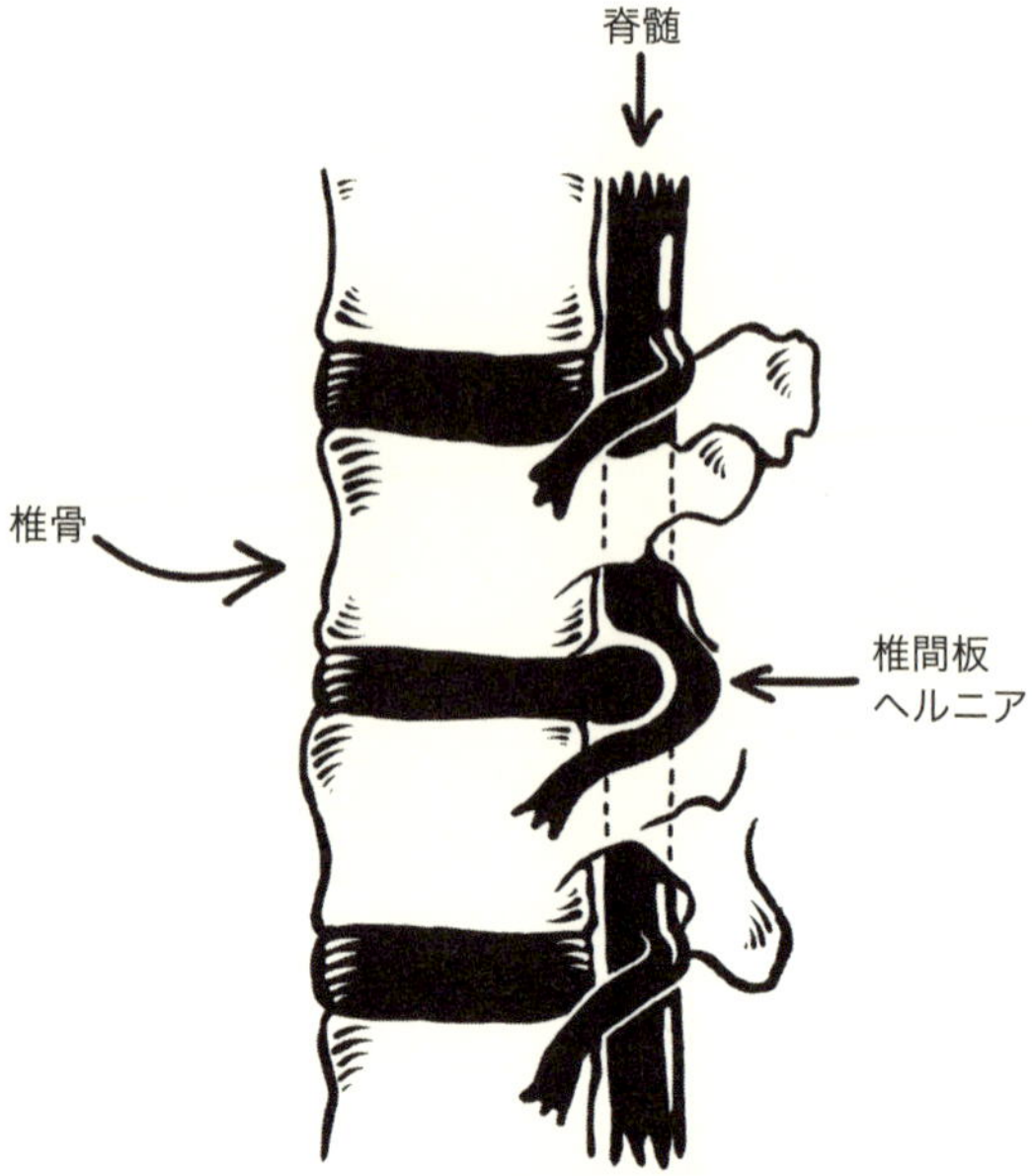

ヒトの脊柱にみられる軟骨の椎間板ヘルニア。僕らの祖先が直立姿勢に適応するにつれて、脊柱の腰椎の領域は急カーブを描くようになった。軟骨でできた椎間板は、このカーブに合った位置には配置されていない。その結果、椎間板がときおり〝はみだし〟て、痛みが生じる。

だ。

腰のだるさは、背中や腰に関係するほかの問題に比べたら軽いほうだ。問題のなかにはデザインの不備が直接引き起こしているものもある。すべての脊椎動物は、脊柱の椎骨同士の関節を滑らかにするために軟骨の椎間板《ついかんばん》を持っている。椎間板は固形だが、衝撃や負荷を吸収できるよう弾力性も備えている。椎間板には固いゴムのような粘度があるため、僕らは背骨の強度を保ったままそれを柔軟に動かすことができる。けれども人間の場合、**椎間板は直立姿勢に合うようには挿入されていないため**、〝はみだす〟ことがある。

ヒト以外の脊椎動物はみな、脊椎の椎間板がその動物の通常の姿勢に合わせた位置にある。たとえば、魚類の脊柱は哺乳類の脊柱とはぜんぜんちがう種類の負荷に耐えている。魚類は、身体を支えるために背骨を使い、また泳ぐためにそれを左右に動かしている。だが、魚類は水中を浮遊しているため、重力や衝撃吸収を心配する必要がない。けれども哺乳類は、体重を支えるために四肢を使わねばならず、またその四肢は脊柱につながっている必要がある。さまざまな哺乳類にはさまざまな姿勢があるので、脊柱を介した体重の分散にもそれぞれの戦略を必要とする。自然には本当に多様な脊柱が存在するが、そのほぼすべてで椎間板は、それぞれの動物の姿勢と歩行に合わせて適応している。僕たち以外は。

人間の椎間板は、直立歩行者ではなくゴリラのようなナックル歩行者に最適な状態に調整されている。

背骨の動きを滑らかにして支えるという仕事はきちんと果たしているが、ほかの動物に比べて定位置からかなり押しだされやすい。ヒトの椎間板は、僕たちが四足動物であるかのように、椎骨関節を胸のほうに引っ張る重力にあらがう構造になっている。ところが、ヒトは直立の姿勢でいるので、重力はたいてい、椎骨関節を胸のほうではなく、背中側や下方に引きよせようとする。時間の経過とともに、このアンバランスな圧力のせいで軟骨の一部がはみでてくる。これが椎間板ヘルニアと呼ばれるものである。**椎間板ヘルニアは、僕たち以外の霊長類ではほとんどみられない。**

僕たちの祖先は約六〇〇万年前に直立歩行を開始した。これは、ほかの類人猿から分岐したときの、最初の身体的な変化の一つだ。この解剖学的構造の変化に、ヒトはまだ十分適応しきっていないというのは、がっかりさせられるが、ちっとも意外なことではない。それに、少なくとも背中にある骨は、余すところなく利用されている。さきほど言ったとおり、ヒトが直立歩行へと進化するにつれて、いくつかの骨が腰に追加された。みたところ、**進化は必要に応じて、骨を増やすことができるらしい。**なのに、もう必**要でなくなった骨を消すのは不得手**なようだ。

骨のありすぎるやつ

ヒトには過剰に骨がある。とはいえ、この不備は僕たち独特のものではない。自然界には、必要のない骨や曲がらない関節や、どこにもつながっていない構造や、たいして役に立たないのに問題ばかりを引き起こす付属器を持つ動物たちであふれている。これは胚発生が恐ろしく複雑なせいだ。一つの身体が形づくられるには、膨大な遺伝子が正確な順序で活性化されたり不活性化されたりしなければならず、時間と空間が完璧に調和していなければならない。だからたとえば、ある骨が不要になったとしても、スイッチ一つでポンと簡単に消せるわけじゃない。数百か、もしかすると数千ものスイッチを入れたり消したりしなければならず、しかも、同じ遺伝子を使って作られている数千ものほかの構造は壊さずに、それらのスイッチを操作しなければならない。それに、思いだしてほしい。自然選択は、チンパンジーがタイプライターを打つように、それらのスイッチをランダムに入れたり切ったりしているのだ。我慢づよく待てば、チンパンジーもそのうち偶然に短いソネットを書くだろうけれど、待ち時間は相当長くなるだろう。そして解剖学的には、そのランダムなスイッチ操作の結果、たくさんの不要な部品が散乱することになる。

ヒトに存在する、はっきりわかりやすい解剖学上の無駄な重複を知りたければ、骨格をみてみるといい。たとえば手首だ。この関節はよくできている。それはまちがいない。血管や神経やその他の腱が腕から手の細かな場所へ伸びているにもかかわらず、どの回転面にもほぼ一八〇度ひねることができる。しかし、手首は必要以上に複雑な構造になっていて、前腕の二本の骨と手の五本の骨以外に、八つの骨がある。手首という小さな領域に、八つの完全に独立した骨が石積みのようにぎゅっと詰まっていて、誰がみても、それらの骨はいかにも役に立っているように思える。

ところが、**全体でみると手首の骨は有用だが、個別にはなにもしていない**。手を動かすとき、それらの骨はじっとそこに存在しているだけだ。たしかに、手首の骨は靭帯と腱の複雑なシステムを通して腕の骨と手の骨をつないでいるが、この配置は恐ろしく複雑で冗長だ。一本で何役もこなす哀れなアキレス腱にとっては、重複した腱があれば助かっただろうけれど、骨の場合はそうではない。余分な骨があるということは、腱や靭帯や筋肉との付着箇所がより多く必要になるからだ。それらの接続部のそれぞれが弱点になり、負荷がかかり、または（前十字靭帯で起こるように）身体を消耗させる断裂の可能性がある。

人体には優れたデザインの関節がある。思い浮かぶのは肩関節や股関節だ。だが、手首はちがう。まともな技術者なら、これほど多くの個別に動くパーツを組み合わせて一つの関節をデザインしたりはしない。ゴチャついて可動域が狭まるからだ。手首が合理的にデザインされていたなら、手のひらをすべての方向に曲げられ、たとえば指を後ろに曲げて、腕に沿わせたりできただろう。けれども、もちろん、そんなことはできない。手首の関節の柔軟性は、それを構成している多くの骨によって促進されているのではなく、制限されているのだ。

ヒトの足首の七つの骨（白い部分）はそれぞれ固定されている。これほど多くの別々のパーツを、ただ互いを固定するためだけに使って一つの関節をデザインする技術者はいない。それでも驚くべきことに、たいていの人はこのごたまぜの配置のままで問題なく過ごしている。

ヒトの足首も、手首と同じように混みあった骨に苦しめられている。足首には七つの骨があるのだが、その大半は役立たずだ。足首は体重をつねに支えているし、身体全体の歩行運動の中心を担っていることを考えると、手首より多くの機能に対応しなければならない。それならなおさら、もっとシンプルな関節のほうがいいのではないか？　足首の骨の多くは、それぞれが関連して動くわけではないから、靭帯の代わりに硬い骨で一つにまとまった構造のほうが、より機能性が上がるだろう。このように単純化されれば、足首はもっとずっと強くなり、負荷がかかる多くのポイントが減る。足首をひねったり、くじいたりすることが多いのには理由がある。骨格のデザインとして足首は、故障の原因にしかならないようなパーツが継ぎあわされてできているのだ。

役に立たない骨のなかでは手首と足首の骨がもっともはた迷惑な例だが、そういう骨はほかにもある。たとえば、尾骨《びこつ》がそうだ。

尾骨は脊柱の末端にあり、C型の構造を共に形づくっている下から三本（数え方によっては四または五本）の椎骨からなる。この区分の骨はヒトではなんの機能も果たしていない。なにかを保護したり、支えているわけではない。脊柱が保護している脊髄は、尾骨が始まるずいぶん上で終わっている。尾骨は単なる痕跡で、祖先が持っていた尻尾の名残にすぎない。

大多数の霊長類をふくめ、ほぼすべての脊椎動物には尻尾がある。類人猿はまれな例外だが、その類人猿でさえも胎児期の始まりには突きでた尾部がある。その尻尾がだんだん縮み、在胎二一か二二週目には、その残存部分は役に立たない尾骨になる。尾骨にくっついた小さな筋肉の名残もあり、尾骨が縮んでいなければ、背側の仙尾骨筋《せんび》は尾骨を曲げることができただろう。だが実際は、役に立たない骨のための役に立たない筋肉でしかない。

尾骨は近くの筋系とのつながりを一部保っている。また、背中でもたれたり、すわったりしているときに、かなりの体重を支えている。とはいえ、ケガやがんなどで手術をして尾骨を摘出する人がまれにいるが、取ってしまっても、その後の生活で不自由を強いられることはない。

ほかの脊椎動物と同じようにヒトの頭蓋骨も、子どものときに、骨の寄せ集め状態から融合して単一の構造になる。平均的なヒトの頭蓋骨は二二もの骨（一部の人はそれ以上！）からできている。それらの骨の多くは左右で一対になっており、たとえば、顎の骨は右側と左側が顔の中央、口蓋の一番上で融合している。このように骨が分かれている明確な理由は見当たらない。腕の骨が分かれている構造には意味があるが、上唇の裏側にある骨にはあてはまらない。

頭蓋骨のつぎはぎのような骨と同じく、肘から手首までの腕（前腕）と膝から足首までの脚（下腿《かたい》）の骨が対になっていることにも現実的な理由はない。肘から肩までの上腕の骨は一本だけだが、前腕には二本ある。足も同じで、太ももの骨は一本だが、すねには二本ある。たしかに、前腕にある二本の骨は、ひねる動作を可能にしているが、下腿にはそれがあてはまらない。どこかを壊さないかぎり、膝から下をひねることはできない。前腕についても、二本の平行した骨だけのおかげで関節がひねられるわけじゃない。むしろ、腕をねじると二本の骨がぶつかるため、一八〇度以上にはひねることができないようになっている。対照的に、肩や股関節は骨が二本あるわけではないが、肘よりもひねる動作をうまくこなす。□

ボットの腕が、僕たちのナンセンスな骨の構造をまねてデザインされることはないだろう。

ヒトの解剖学的構造は美しい。それはまちがいない。僕らは環境にとてもよく適応している。けれども、完璧に適応しているわけではない。不完全な部分もある。僕らの祖先が、ワクチンや手術などの存在する現代に移行するより前に、もう少し長く狩猟採集生活を送っていたら、進化しつづけて完璧な解剖学的構造を手に入れられたかもしれない。ところが環境が（環境がたいていそうであるように）、あまりに大きく変化したため、進化は現在僕たちが持っている不完全なものを単純にほかの部分に代用した。進化というのは継続的なプロセスで、完全に止まることはない。進化と適応は、競技トラックを走るというよりランニングマシーンの上で走るのに似ている。絶滅を避けるためには適応しつづける必要があるが、いくらやっても、どこにもたどり着けない気分になる。

結び：後ろビレのあるイルカ

人間には余分な骨があるが、ほかの動物たちにも、遺残《いざん》構造や余分な骨などわかりやすい例が多くある。たとえば、ある種のヘビは、ずいぶん前に四肢を失ったにもかかわらず、骨盤の痕跡がある。この役に立たないヘビの骨盤はどこにもつながっていないし、なんの機能も果たさない。しかしまた、ヘビに害も及ぼさない。もし害があれば、自然選択によって体制（ボディ・プラン）から完全に排除されていただろう。大多数のクジラも体内に骨盤の痕跡があり、四千万年以上前に、足を持つ祖先が海へと戻ったことをかすかに示している。それらの祖先が海洋生活に戻ったとき、前足は徐々に胸ビレへと進化した。けれども、後ろ足はなににも進化せず、ただ消失した。

二〇〇六年、日本の漁師が小さな後ろビレ（これ以上いい表現がない［訳注：太地町立〈くじらの博物館〉では腹ビレとされている］）のあるイルカを捕らえた。このイルカはのちにＡＯ-４と名づけられた。珍しい発見だったため、展示と今後の研究のために和歌山県の太地町立〈くじらの博物館〉に送られた。

“正常な”バンドウイルカ　　AO-4

“後ろビレ”のあるAO-4（右）と名づけられたイルカと標準的なイルカ（左）。小さいがそれ以外は形の整ったヒレは、後ろビレを消失させたのが過去に起こった一つの変異であり、自然な（逆）変異によってその変異を元に戻したことを示している。このような“自然発生的な復帰変異体”は、ランダムな変異を通じて適応がいかにして起こるのか、貴重なヒントをくれる。

小さいが完璧な形をした後ろビレのあるイルカの発見によって、胚発生時に起こった単一の変異の力が明らかになった。この場合、ランダムな一つの変異が過去の変異を一つ戻した。明らかにまれな出来事——同じ場所に雷が落ちるのと同じくらい——だけれど、みつかったそのイルカは、力強く情報を伝えている。本書を書いている時点で、ＡＯ-４の原因となる正確な変異を発見したという報告はまだないが、科学的な探究は続いている。

イルカの後ろビレは、少しずつゆっくり消失し消えていったわけではないようだ。むしろ、一つの変異が最後の劇的な段階を進め、後ろビレの完全な消失を引き起こした可能性がある。同じように〝影響の強い〟変異が、僕らの種が直立姿勢のために椎骨をもっと必要としたとき、腰の椎骨の重複を引き起こしたことはほぼまちがいない。そんなの信じられないって？　完璧な形をして機能もする、余分な手の指や足の指を持っている人が毎日どこかで生まれている。過去の進化の途上で、一二本の指が大きな利益をもたらしていたら、いまごろ僕らはみな一二本の指を持っていたはずだ。胚発生に重要な遺伝子は広範な影響を及ぼすため、決定的なスポットで変異が生じれば、大きな解剖学上の再調整が起こりうる。そのような変化はランダムだからこそ、たいていは有害な先天性異常を生じさせるのだが、進化という時間尺度で話すなら、想像できないほどまれな出来事も起こりうる。

AO-4のような変異によって、ある動物の過去の生態を覆い隠している進化のベールがふと引きあげられることがある。変異によって起こる進化の跳躍は、ときどき進化を元に戻し、劇的な結果を招く。「進化はゆるやかに着実なペースで進む」と、ことあるごとに頭に叩《たた》きこまれてきたせいで、僕たちは進化が一気になにかを変えるとは思っていない。AO-4というイルカは、ときには激しい変化が僕たちに起こりうることを示している。

2 章

豊かな食生活？

ほかの動物とはちがって、人間がビタミンＣやB_{12}を食事で摂らねばならないわけ。子どもや妊娠している女性のほぼ半数が多くの鉄分を摂っているのに貧血気味なわけ。僕らがみなカルシウム不足なわけ、などなど。

書店や図書館をちょっとぶらついてみるだけで、食物や食事についての本がずらりと棚に並んでいることに気づくだろう。料理の歴史書、異国の食物や古代の食物に関する本、料理のレシピ集、そしてもちろん、流行のダイエット法やマニュアル。

いつも聞かされるのは、「いろんなものを食べなさい」ということだ。たとえば、野菜を十分摂れとか、果物も忘れるなとか、バランスの取れた朝食が大切とか、食物繊維を摂取せよとか、肉と豆類はタンパク質の要《かなめ》だとか、オメガ-3脂肪酸を摂れとか、カルシウムのために乳製品は欠かせないとか、マグネシウムとビタミンB群を摂るために葉物野菜は不可欠だとか。要するに、**いつも同じものばかり食べていては健康になれない**。身体に必要なさまざまな栄養素をすべて摂取するには、多様な食事を摂りつづけなければならないのだ。

それに、サプリメントがある。いまのところ、大半の科学者はサプリメント業界をエセとみなしている（きみのことだよ、ハーブのサプリメントくん）が、それらの錠剤や粉末の多くには、健康のために最低限摂っておかねばならない必須のビタミンやミネラルが含まれている。必要なものすべてを含む食事をしていない人もいるし、必要なものを食べても、いつも適切に吸収される人ばかりではない。そのため、ときどき、僕らは少し後押しを必要とする。だから、たとえば、しょっちゅう牛乳を飲めと言われる。牛乳には、僕たちが十分な量を作りだせないカルシウムが含まれているからだ。

では、牛乳を作るウシのエサと僕らが必要とする食事を比べてみよう。ウシはほぼ草だけで生きていくことができる。寿命をまっとうし、非常に健康に過ごし、おいしい乳を出し、栄養豊かな肉にもなる。なぜウシたちは、人間が食べねばならない豆類や果物、食物繊維、肉、乳製品などが繊細に入り混じった食事をしなくても育つのか？

ウシのことは置いておいてもいい。家で飼っているネコやイヌたちはどうだ？　どれほどシンプルなエサを食べていることか。イヌのエサのほとんどは肉と米でできている。野菜も、果物も、ビタミンもはいっていない（訳注：最近の日本では、そうとも言えないけれど）。イヌは、食べ過ぎないかぎりはそのエサだけで平気だし、健康に長生きする。

動物たちは、なぜそんなことができるのだろう？　答えは簡単だ。彼らは食べることに関しては僕らよりうまくデザインされているからだ。

人間は世界中のどの動物よりも、必要とする食物の種類が多い。僕たちの身体は、ほかの動物たちなら可能な多くのことができないからだ。つまり、ある種の必要な栄養素を作りだすことができないので、食事で摂らねばならない。そうしないと死んでしまうのだ。この章では、僕たちのぱっとしない身体が生みだせないせいで、食事から摂る必要のあるすべてのもの、つまりビタミンなどの基本的な栄養素に関する物語をお話ししよう。

壊血病

ビタミン類は必須微量栄養素とも呼ばれる分子やイオンの一群で、食事から摂らねばならず、摂取しな

おもな食事性ビタミンと欠乏症

ビタミン	別名	不足
A	レチノール	ビタミンA欠乏症
B_1	チアミン	脚気《かっけ》
B_2	リボフラビン	リボフラビン欠乏症
B_3	ナイアシン	ペラグラ
C	アスコルビン酸	壊血病
D	コレカルシフェロール	くる病、骨そしょう症

食事から摂取しなければならない主要なビタミンと、その欠乏によって生じる病態。僕たちは、バラエティに富んだ食事に適応してしまったため、いまでは十分な量を合成できない微量栄養素を得るためには、これらを含む食事を摂らねばならない。

ければ病気になって死んでしまう。（必須微量栄養素にはほかに、ミネラル類や脂肪酸、アミノ酸がある。）ビタミン類は、生存のために細胞が必要とする分子としては最大の部類に入る。

大半のビタミンは、僕たちの体内で、ほかの分子を助けて重要な化学反応を促進する。たとえば、ビタミンCは、コラーゲンの合成に必要な三つの酵素をはじめ、少なくとも八つの酵素の手助けをする。僕らはこれらの酵素があっても、ビタミンCがなければコラーゲンを作れない。酵素が働かないと、病気になってしまう。

ビタミンCは必須と言われているが、それは重要だからというより食事でしか得られないからだ。すべてのビタミンは重要であるし、ヒトの健康に欠かせないものだけれども、必要不可欠なそれらの一部を僕らは自分で作りだせないため、摂取するしかない。

ビタミンCに加えて、身体の重要な機能を果たす必須ビタミンはほかにもある。たとえば、ビタミンB群は食物からエネルギーを抽出する助けになる。ビタミンDはカルシウムの吸収と使用を助ける。ビタミンAは網膜の機能に不可欠だし、ビタミンEは、化学反応で生じる有害な副産物であるフリーラジカルから組織を守るなど、身体中でさまざまな役割を担っている。

この多様な分子ファミリーに共通していることは、僕らの身体がそれらを「作りだせない」という点だ。これがビタミンA、B、C、D、Eと、ビタミンKやQとの違いだ。ビタミンKやQなんて聞いたことがないって？　それは、ある意味、食事に必須なものではないからだ。これらもほかのビタミンと同じく大切な栄養素なのだけれど、僕らはそれらを作りだせるので、食事から摂る必要がない。

ある種のビタミンを作れず、食物からも摂れないとき、健康がひどくおびやかされることがある。そのいい例が、またしてもビタミンCだ。

米国の学童は、国の歴史を勉強するとき、最初は一五世紀から一六世紀に大陸を探検したヨーロッパ人のことから学ぶ。僕はいまでも、水夫らが壊血病を防ぐために長い航海にいかにしてジャガイモやライムを持ち込んだかという話をしっかり覚えている。いまではよく知られていることだが、この恐ろしい病気はビタミンC不足のせいで起こる。**ビタミンCがなければ、僕たちはコラーゲンが作れない。**コラーゲンは細胞外基質（ＥＣＭ）と呼ばれるものに欠かせない成分だ。ＥＣＭは僕らの器官や組織のすべてに共通するミクロの骨格みたいなもので、それによって器官や組織が形状や構造を保っている。ビタミンCがなければ、ＥＣＭは弱くなり、組織が一つにまとまらず、骨がもろくなり、さまざまな開口部から血が流れでる。要するに、身体がばらばらに崩れてしまうのだ。壊血病はヒトの身体で描きだされる地獄絵だ。

じゃあどうして、イヌは肉と米だけで生きられるのか。どちらもビタミンCをほとんど含んでいないのに、壊血病を生じないのはなぜか？イヌは自分でビタミンCを作れるからだ。じつは、地球上のほぼすべての動物は、必要なビタミンCを自分の肝臓でたっぷり作っているため、食べ物から摂る必要がない。ビタミンCを食事から摂らねばならないのは、ヒトとほかの霊長類くらいだ（じつは、モルモットとオオコウモリも同じ問題を抱えているのだが）。これは、過去の進化の途上で、ヒトの肝臓がこの微量栄養素を作る能力をなくしてしまったからにほかならない。

では、人類はどのようにしてビタミンCを作る能力を失ったのだろう？　僕らはビタミンC生成に必要な遺伝子を、すべて持ってはいるけれど、そのうちの一つが壊れていることがわかっている。つまり、変異して機能を失っているのだ。この壊れた遺伝子は*GULO*という名前で、ビタミンC生成の重要な段

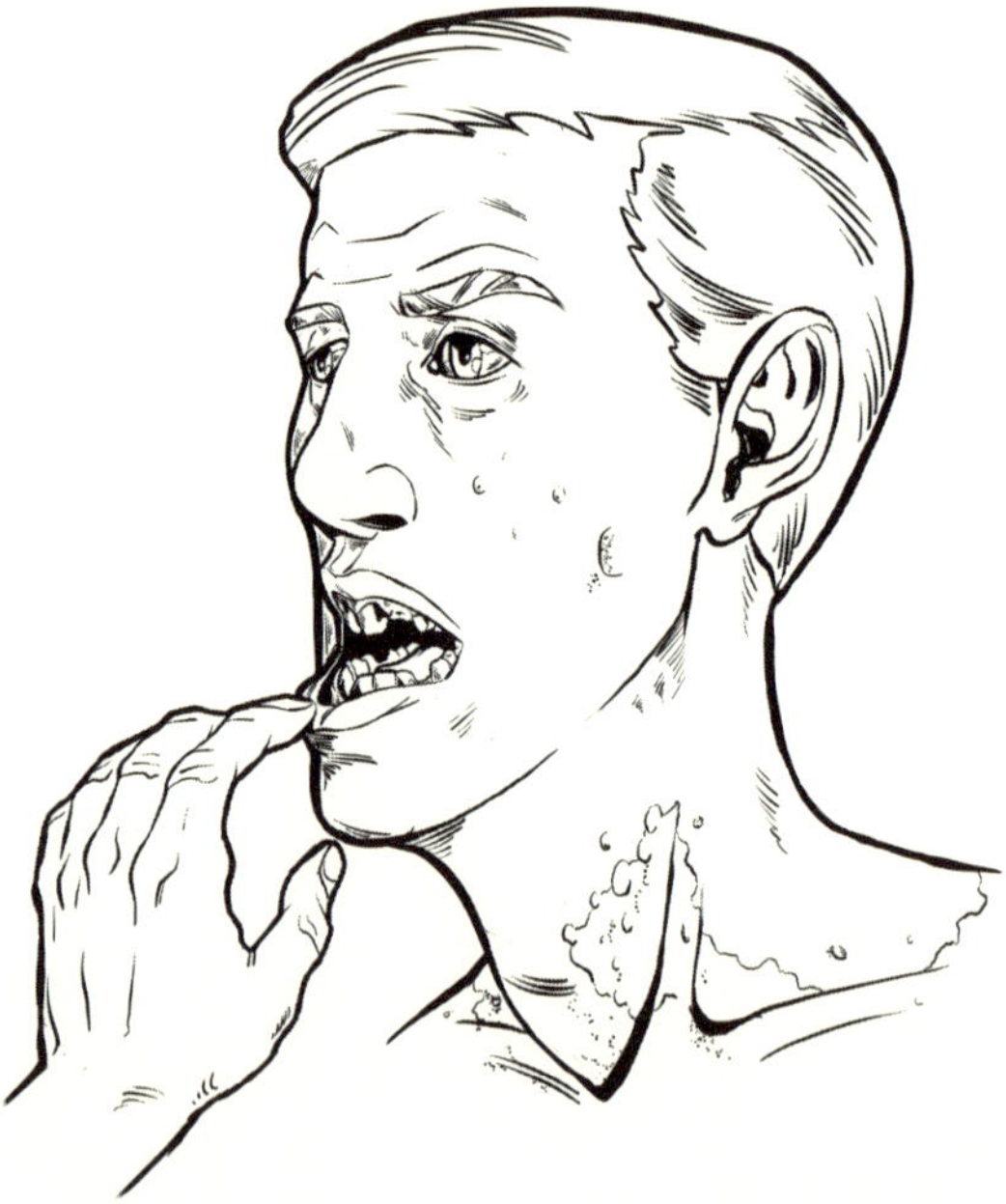

壊血病患者の身体の様子。この恐ろしい病気は、ビタミンCの欠乏によって起こる。ヒトの祖先は体内でこの必須微量栄養素を生成することができたが、現在は食事で摂らねばならない。

階に関係している酵素を作りだすための情報を担っている。霊長類の祖先のどこかで、*GULO* 遺伝子が変異し、機能を失い、その後ランダムな変異も続いて、ごく小さな不具合をいくつも抱えた遺伝子になった。このような役に立たないDNAの一部分を、科学者たちはバカにしたように、〈偽《ぎ》遺伝子〉と呼ぶ。

ヒトのゲノムのなかにある *GULO* 遺伝子は、いまも簡単に見分けることができる。この遺伝子は染色体上にあるし、コードの大半はほかの動物たちと同じなのだが、重要なパーツのいくつかが変異してしまった。車から点火プラグを抜いてしまったようなものだ。それは相変わらず車であるには違いない。みれば簡単に車だとわかる。むしろ、かなり注意深く調べなければどこが悪いのかまったくわからない。けれども、車としての機能をまったく果たさない。車の大部分は壊れる前とまったく同じ状態であるにもかかわらず、もうまったく動かないのだ。

同じことが、ずっと昔の先史時代に *GULO* 遺伝子に起こった。ランダムな変異によって点火プラグが抜かれてしまったのだ。進化というタイムスパンでは、このようなランダムな変異が絶えず起こっている。大半の変異はなんの影響も引き起こさないが、ときおり、遺伝子を直撃することがある。そうなると、たいてい遺伝子の機能が阻害されるので、ほぼいつも悪い影響が生じる。こういうケースでは、変異が起こったゲノムを持つ人は少し困った状況になるし、その変化が鎌状赤血球性貧血や嚢胞《のうほう》性線維症など死を招く遺伝学的な難病をもたらすものだった場合は、かなり厳しい状況になる。

ただし、命にかかわるこのような変異は、それらの変異を持っている人々が死ぬと、その集団から消える（のちの世代には伝播しない）。ではなぜ、*GULO* 遺伝子変異は集団からなくならなかったのか？

壊血病は命にかかわる病気だ。この変異の結果はすぐに現れるし過酷だから、この有害な不備が種に広がらないよう阻止されるはずなのでは？

ところが残念ながら、そううまくはいかなかった。もしこの破壊的な変異が偶然にも、食事ですでに豊富なビタミンCを得ている霊長類に起こったとしたらどうだろう？　この霊長類の場合、ビタミンCが含まれている食物をすでに食べているので、ビタミンCを作る能力を失っても影響は表れない。（ビタミンCが豊富に含まれている食物はなんだろう？　柑橘《かんきつ》類だ。では柑橘類は、普通はどこで育つ？　熱帯雨林だ。ところで大半の霊長類が生息しているのはどこだっけ？　ピンポーン、正解！）

祖先の霊長類が*GULO*遺伝子の変異に耐えられたのは、いずれにしろ食事にビタミンCが豊富に含まれていたため、壊血病が問題にならなかったせいだ。それからも、大半の霊長類は（ヒトを除いて）、熱帯雨林の環境にずっと、とどまりつづけた。この良好な環境のせいで、あるいはその結果として、ビタミンCを作れなくなった。**変異で遺伝子は簡単に壊れるが、それを修正するのはずっと難しい。**ちゃんと動かないコンピューターを思い切り叩《たた》くのと似ている。たしかにそれで直るかもしれないけど、壊れてしまう可能性のほうが高い。

ダメになった*GULO*遺伝子を保持しているのは、なにも霊長類だけではない。ほかにも同じようにダメになったこの遺伝子を持っている動物がいる。驚くことではないが、壊れた遺伝子があっても耐えられる動物というのは、エサに多くのビタミンCが含まれているものだ。たとえばオオコウモリ。このコウモリは英語ではフルーツ・コウモリと呼ばれている。彼らが食べているのは？　えーと、そう果物《フルーツ》だ。

面白いことに、僕らの身体は、ビタミンCを作れなくなったほかの動物たちと同じように、食事からのビタミンCを吸収する量を増やすことで、その能力の欠如を埋めあわせようとしている。自らビタミンCを生成できる動物はたいてい、食物からそれを吸収する必要がないため、吸収するのはめちゃくちゃ不得手だ。けれども、ヒトは食事性のビタミンCをそれらの動物よりずっと高い効率で吸収する。とはいえ、ビタミンCが豊富な食物を食べることを学び、食物からこの微量栄養素を抽出するのが得意な身体になっていてもなお、この不備を十分埋めあわせることはできない。これはやはり、かなりお粗末なデザインだ。人々が、遠い場所で作られた新鮮な食物を簡単に手に入れられるようになるまでは、壊血病は一般的で、死にいたることの多い病気だった。

ほかの必須ビタミンも、ビタミンCと同じくらい大きな問題を起こすことがある。たとえばビタミンDがそうだ。通常は、食物に含まれているビタミンDという形ではあまり有効ではなく、肝臓や腎臓で活性化されて、やっと利用できるようになる。またビタミンD前駆体は、皮膚で作りだすこともできるが、そのためには日光浴が必要で、やはり、活性化されなければならない。食事で十分なビタミンDを摂取しておらず、日光にも十分に当たっていなければ、若者はくる病という病気になることがあり、年齢の高い人は骨そしょう症になる可能性がある。くる病は強い痛みのある病気で、骨が弱くなって、簡単に骨折し、なかなか治らないし、重症になると成長が阻害され、骨格が変形することがある（次ページの図）。

これらの病態はどちらも、骨がもろくなって変形する病気で、ひどい痛みを伴うことがある。人間には骨を強くしておくためにカルシウムが必要で、食物からカルシウムを吸収するにはビタミンDも必要だ。

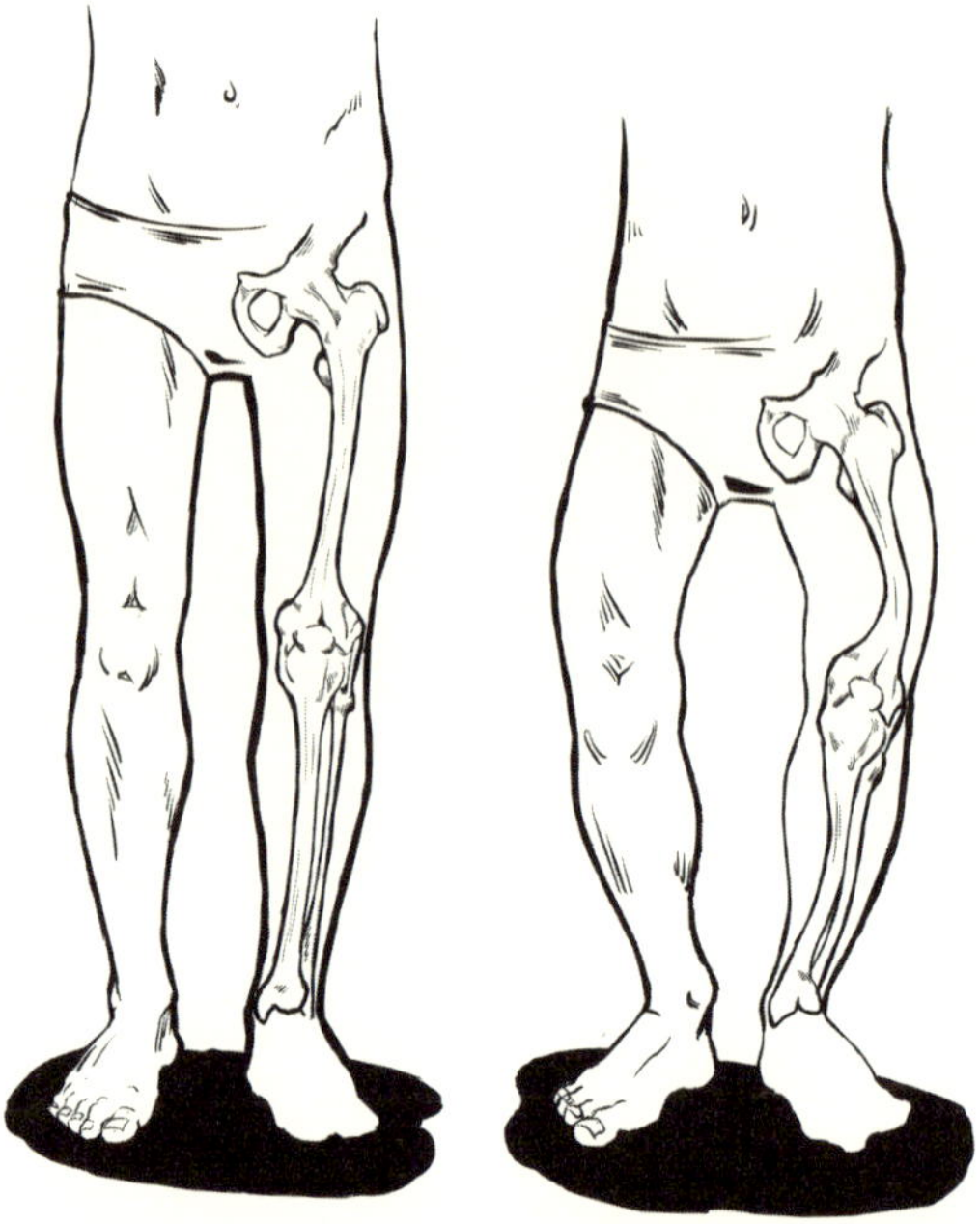

ビタミンDの欠乏が足の骨へ及ぼす影響。病態の一つにくる病がある。ヒトは食事からビタミンDを吸収しにくい。僕たちの身体はそれを生成するために直接日光に当たらねばならない。子どものころにビタミンDが不足すると、不可逆的な骨格の変形が生じる可能性がある。

世界中のいかなる種類のカルシウムを食べたとしても、十分なビタミンDがなければ、それらのカルシウムはどれも吸収されない。（だから、米国の牛乳にはビタミンDがよく添加されている。これによって牛乳に含まれるカルシウムが身体に吸収されやすくなるのだ。）

くる病はさまざまな理由からヒト特有の疾患といえる。第一に、僕たちは衣服を着ているし、通常は屋内で生活している唯一の種だ。これら二つの要因によって、皮膚に当たる日光の量が少なくなり、ビタミンDの前駆体を作る能力が損なわれる。それ自体はお粗末なデザインの問題ではない、という反論があるかもしれないけれど、けっして良いデザインとも言えない。ビタミンDを活性化するための、いくつも複雑な段階がある経路だけでも十分面倒くさい存在だというのに、前駆体を生成するために日光を浴びなければならないというのは、皺《しわ》を増やす原因になるし、ビタミン欠乏症を発症するもう一つの要因になる。

第二に、現代の生活習慣や食事では、いつも十分なビタミンDを摂取できるわけではない。食事による栄養の摂取が十分でないのは、現代の食習慣が悪いせいだと言いたくなるが、この件については、それはあてはまらないかもしれない。

文明によって革新がもたらされると、くる病の発生が低減した。そのわけを理解するために、ここでつぎの点を考えてみよう。食事で十分なビタミンDを得るには、少なくとも魚か肉か卵を食べなければならない。文明が生まれる前の人間は、もしあったとしてもほんの少ししか卵を摂取していなかった。肉や魚が中心だったが、それらも安定して確実に食べられるわけではなかった。有史以前の生活は、獲物という豪華な食事を食べられる期間と獲物がない飢饉の期間という特徴があり、原初のヒトの骨の研究から、くる病ともろい骨はつねに問題だったことがわかっている。だが、動物性タンパク質の供給源が十分にある先進国に生きる現代のヒトではそうではない。

肉と卵を確保するための（中東やその他の場所で約五千年前に起こった）動物の家畜化によって、くる病の問題はほぼ解決した。これは、（本書で何度も出てくるテーマだが）人体のデザイン上の制限を克服した人間の独創性を示す一つの例にすぎない。

ところで、マルチビタミンのボトルにずらりと書かれている、ほかの多くのビタミンについてはどうだろう？　それらの多くがビタミンB群に属している。ビタミンBは八つあり、それらはナイアシン、ビオチン、リボフラビン、葉酸など別名で呼ばれることが多い。それらのビタミンはそれぞれ、体内のさまざまな化学反応に必要とされ、それぞれが欠乏すると独自の症候群を引き起こす。

もっとも有名なビタミンB欠乏症候群は、コバラミンとも言うB12の不足から生じるものだ。このビタミンはヴィーガン（絶対菜食主義）を長く続けている人には、おなじみだろう。というのも、これの欠乏症つまり貧血は、彼らが必ず直面する問題だからである。ヒトは自分でビタミンB12を作ることができないし、植物はこのビタミンを必要としないため、それを作りださない。だから、このビタミンを食事から得るには、肉や乳製品、海産物、節足動物、その他の動物由来食品、またはビタミンのサプリメントを摂取するしかない。ヴィーガンはメモしておくこと――この錠剤が必要だ。

じゃあ、ベジタリアンの動物はどうなのだろう？　植物しか食べない動物はたくさんいるが、もし植物がB12を含んでおらず、すべての動物が生きるためにB12を必要とするなら、ウシやヒツジ、ウマや数千ものその他の草食動物は、どうやって貧血を回避しているのだろう？　それは、動物たちが自分でB12を作っているからだ。いや、正確に言うと、**大腸内の細菌が動物たちのためにB12を作りだしているのだ。**

哺乳類の大腸が細菌に満ちあふれていることは、おそらく、みなさんすでにご存じだろう。細菌は動物の細胞よりずっと小さいので、あなたの身体全体にあるヒトの細胞より、あなたの大腸内にいる個々の細菌の細胞のほうが多い。そう、あなたの身体に棲《す》みついている細菌はあなた自身の細胞より数が多いのだ！　その細菌たちもあなたのために重要な仕事をしている。たとえばビタミンKは、腸内の細菌によって生成され、僕らはその栄養素を腸からただ吸収しているだけだ。腸内でそれを作ってくれる細菌がいる

ビタミンB群

ビタミン	別名	含まれている食品	欠乏の影響
B_1	チアミン	酵母菌、肉、穀類	脚気
B_2	リボフラビン	乳製品、卵、レバー、豆類、葉物野菜、キノコ	リボフラビン欠乏症
B_3	ナイアシン	肉、魚、豆類、トウモロコシ以外の全穀類	ペラグラ
B_4	コリン*		
B_5	パントテン酸	肉、乳製品、豆類、全粒穀物	にきび、知覚異常
B_6	ピリドキシン	魚、内臓（もつ）、根菜、穀類	皮膚、神経の障害
B_7	ビオチン	大半の食物	神経学的発達障害
B_8	イノシトール*		
B_9	葉酸	葉物野菜、果物、ナッツ類、シード類、豆類（インゲン豆）、乳製品、肉、海産物	大球性貧血、先天性異常
B_{10}**	PABA		
B_{11}**	PHGA		
B_{12}	コバラミン	大半の動物由来食物	大球性貧血

＊ネーミングと識別についてはコンセンサスが得られていない。現在はビタミンとはみなされていない。
＊＊現在はビタミンとはみなされていない。

ビタミンB群とその欠乏による病態。これらの欠乏と戦わねばならない野生動物はいるとしてもわずかであるが、人間にとってこれらの欠乏による病気は、とくに農業と食品加工が出現して以来、重大な問題だった。

かぎり、サプリメントもそれを含む食品も必要ない。

ビタミンKのように、ビタミンB12は僕らの腸内細菌によって作りだされる――それでも、食事でもっとビタミンB12を得る必要がある。それはなぜだろう？

そこにデザインの不備があるからだ。細菌は〝大〟腸でB12を作りだすが、僕たちはそこから栄養を吸収できない。僕らがB12を吸収しているのは〝小〟腸なのだが、消化系の輸送フローで言うと、小腸は大腸の前にある。だから、ヒトの消化管内の優秀な細菌たちが僕らのためにB12を作ってくれても、僕らの消化管のお粗末なデザインのせいで、**僕らはB12をすべてトイレに送りだしている。**（ああそうだよ。じゃあ、ウンチを食べたら必要なB12を摂れるんじゃないかという考えは正しい。けど、そんな向こうみずなことは決してしないでくれ。）腸の配管のマズさのせいで、ヒトにとってB12は食事で摂るべき必須のビタミンになったが、数百万ものあらゆる草食動物は恵まれていて、この分子をわざわざみつけて食べる必要がない。

つぎに有名なビタミンBの欠乏症候群は脚気《かっけ》で、これはチアミンとも呼ばれるビタミンB1不足によって起こる。チアミンは体内のさまざまな化学反応に必要とされるが、とくに重要な反応は炭水化物と脂肪を使用可能なエネルギーに変換させる反応だ。だから、チアミン不足の結果、神経障害や筋力低下、心不全が生じることがある。

信じられないことだが、このビタミンがこれほど重要なのに、僕たちはこれを体内で作りだせない。B12と同じく、ビタミンB1も食事で摂らねばならない。そして、B12のようにB1も細菌や大半の植物やある種のキノコだけが作りだせて、どの動物も作りだせないため、ヒトは少なくとも、ほかの動物たちとその不備を共有している。ただし、動物たちはけっして脚気にならないが、人はこの疾患にひどく苦しめられてきた。一六世紀から一七世紀まで、脚気はヒトの死因として天然痘のつぎに多かったと推定されている。ではなぜ、僕たちだけが脚気になるのだろう?

ほかの動物たちが脚気にならない理由は、B1は大半の食物連鎖の底辺にある、植物の栄養になるさまざまなものに豊富に含まれているからだ。海では、動物プランクトン内でみつかる光合成細菌の多くと原生生物がB1を作り、そこから食物連鎖の上に向かう。巨大なシロナガスクジラなど、ろ過摂食によるプランクトン捕食者はそれを直接食べるが、肉食魚や哺乳類は、プランクトンを食べる動物を食べることが多い。いずれにせよ、B1は循環する。地上でも同じだ。多くの陸上植物にはB1が豊富に含まれていて、草食動物の食性上の必要性を満たし、草食動物は肉食動物に食べられ、その肉食動物は、頂点捕食者に食べられる。人間はもちろん植物も食べるが、頂点捕食者でもある。

ではなぜ、ヒトはほかの動物たちがかからない脚気に苦しむのだろう？　答えは、食物を加工する方法にあるようだ。

ヒトが農業を発明し、その技術を洗練させるにつれ、腐ったり不味《まず》くなったりさせずに、おいしく長持ちするように、さまざまな方法で食物を加工し始めた。それらの手法によって、さまざまな栄養分が食物から取り除かれることが多かった。

理由はいつも明らかというわけではないが、栄養分は植物全体に均等に拡散しているわけではない。たとえば、ビタミンAやCはジャガイモやリンゴの「皮」に多く含まれているので、皮をむくと、それらの栄養分の多くが奪われてしまう。

これは、米の外皮を取り除いたときにも起こる。精米していない米、つまり玄米にはビタミンB1が豊富だが、精米、つまり皮が削り取られた生米は、乾燥させて、何年も保存することができる。この農業上の革命が、米を主食とするアジアの集団では、飢饉《ききん》を防ぐ大きな違いを生みだした。ところが精米によって、大切なビタミンB1がすっかり取り除かれてしまうのだ。これは、アジア文化圏の裕福なエリートにとっては問題ではない。彼らが食べている肉や野菜に多く含まれているB1が、米から取り除かれたB1を補充してくれるからだ。けれども、大多数のアジアの人々にとっては、脚気は数千年ものあいだその土地固有の病気だった。貧しく、辺鄙《へんぴ》な村では、いまだに問題になる病気だ。

脚気は、文明が始まって以来悩まされてきた問題で、自分たちの技術革新のせいだから、厳密に言えばヒトのお粗末なデザインの例ではないかもしれない。とはいえ、これは、僕たちが種として進化しつづけるなかで、進化上の制限がいかに悪化または改善しうるかを示す一例ではある。農業や園芸の革新がなければ、そもそも文明は起こらなかっただろう。脚気患者を増やしたのと同じ技術のおかげで、僕たちの種は、狩猟採集民の生活様式を脱し進歩することができたのだ。文明によって、ヒトはバラエティに富んだ様式で、より健康な生活を送れるようになった。人口の爆発的な増加がその証拠だ。脚気は、僕らの祖先が知らぬ間に払ったツケと言えるだろう。その当時の人は自分たちの身体が、食事で得たカロリーを利用可能なエネルギーに変換するという、もっとも基本的な化学作用に必要なシンプルな分子を作りだせないとは知らなかった。つまり、**技術進歩と文明の見返りの一つが脚気だったと言える。**

たしかに、自身でビタミンを生成するのは複雑だし手間もかかる。ビタミンは複雑な有機分子で、その多くがほかの分子とあまり関連性がなく、著しく異なった構造を持つ。それらを生成するためには、酵素が触媒として作用する化学反応の精緻《せいち》な経路がなければならない。それらの酵素はそれぞれ一つの遺伝子でコード化されなければならないから、それらの遺伝子は保持され、細胞分裂のたびに忠実に複製され、タンパク質へと翻訳され、需要に合わせて供給されるよう調節される必要がある。代謝という壮大なスキームのなかで、生物が必要なビタミンを生成するために費やすカロリーはわずかだが、ゼロではない。

それらをすべて考えあわせると、自分でビタミンを作らずに、食事から得ることを選んだ生物がいるわけも、ある程度理解できる。そこにはある種の理屈がある。食事にすでにビタミンCが含まれているのに、なぜわざわざ苦労してそれを作りださねばならないのか？　とはいえ、必須ビタミンをいつも作る必要はないからと言って、それを作る能力を捨ててしまっていいわけではない。その能力を捨ててしまうのは、あまりに先見の明がない。そんなことをすれば、ヒトはその食事上の必要性から永遠に逃れられなくなる。いったん遺伝子が壊れたら、それを元どおりにするのは難しいのだ。

またこの理屈は、必須アミノ酸にはあてはまらない。必須アミノ酸は、細胞がとても簡単に生成できるシンプルな構造だ。それなのに、僕たちはその多くもまた作ることができない。

酸っぱい現実

アミノ酸は、ビタミンとはまた異なる種類の有機分子だ。すべての生命体は二〇種類のアミノ酸を使ってタンパク質を組み立てている。ヒトの体内には何万種類ものタンパク質があるが、それらはみな二〇種類のアミノ酸のブロックで作られている。全二〇種類のアミノ酸は構造的によく似ているが少しずつ異なっている。だから、二〇種類のアミノ酸を作るために、二〇の別々の経路は必要ない。ときには一つのアミノ酸から別のアミノ酸へと変化させるために、一回の化学反応だけで済むことがある。これは、人体が異なる種類のビタミンを生成するために通らねばならない曲がりくねった道とは大違いだし、アミノ酸の使い道はビタミンのそれよりずっと変化に富んでいる。

それなのに、僕たちには、体内で生みだせないせいで食事から取り入れねばならないアミノ酸がいくつかある。**二〇種類のアミノ酸のうち九種類は、僕たちが作りだす能力を失ったため、必須アミノ酸と呼ばれている。**〝失った〟と言ったのは、進化上のタイムスパンで振り返ると、祖先は一部またはすべてのアミノ酸を作れたことがわかっているからだ。独立したさまざまな微生物種（細菌、古細菌、真菌、および原生生物）は、DNAに必要な構成要素、脂質、複合炭水化物だけでなく、全二〇種類のアミノ酸を生成できる。これらのきわめて自給自足的な生物は、グルコースなどシンプルな炭素基のエネルギー源とアンモニアの形をした少量の有機態窒素だけでなんとか生きていける。

必要なすべてのアミノ酸を自分で生成できるのは微生物だけではない。大半の植物種は、全二〇種のアミノ酸を生成することができる。じつのところ、植物は、たいていの微生物より自立している。それは、植物が太陽エネルギーを用いて、エネルギー源も自分で生成できるからだ。有機態窒素を含んでいるシンプルでバランスの取れた土さえあれば、多くの植物は、いっさい補充栄養がなくても生きていける。植物はなにも食べない。植物は自分の内部で自らのエサをすべて作る。この驚くべき自給自足の状態は、植物がほかの微生物を真の意味では必要としていない、少なくとも短期的な日々の生存では必要としていないことを意味する。これは、一億年ものあいだ、植物が乾燥した土地でいかにして生き延び、うっそうと茂る密林へと成長できたのかの説明になる。動物たちが海から現れて植物を食べ始めるのは、そのあとのことだ。

動物たちは自給自足とは程遠く、生きるためにほかの生物を食べなければならない。草や藻類やプランクトンを食べたり、それらを食べるほかの動物を食べたりする。いずれにしろ動物は、太陽エネルギーを自分で取り込むことができないため、ほかの生物によって作られた有機分子からエネルギーのすべてを得なければならない。

ヒトはほかの生物を食べねばならないことで、ある意味、少し不精になった。植物やほかの動物を食べるのはおもにそれらのエネルギーを得るためであり、それらを消費することでその生物が体内に保持していたすべてのタンパク質や脂質、糖質、ビタミンやミネラルをも僕らは体内に取り込むことができる。なにかを食べるときは、ただそのエネルギーを得ているだけではなく、さまざまな有機物の建造ブロックを得ているとも言える。こうすることで、僕たちはつねにそれらの分子を自分で作りだす必要がなくなるのだ。たとえば、食べるたびに、アミノ酸のリジンを十分得られるなら、それを作るためにエネルギーを費やす必要はないだろう？

もちろん、それぞれの植物や動物にはさまざまな量と種類のアミノ酸が含まれている。僕らが体内でのリジン生成をやめてしまった場合、魚やカニ（リジンが豊富）を食事に取り入れているときは大丈夫だが、ベリーや昆虫ばかりの食生活（低リジン食品）になると身体を悪くするだろう。それが、ある種の栄養素の生成能力を放棄することで生じる問題だ。エネルギーを数カロリー節約するために、ある決まった食生活や生活習慣を送らねばならず、その生活を変えるには、死を覚悟しなければならない。世界の状態というのは流動的だから、これは危険なゲームである。地理的な位置や微小環境には大変動や変化がつきものだ。世の中でたった一つ変わらないことは、〝つねに変化する〟ということである。

それでも、進化はその近視眼的なトレードオフを何度も何度も人間と交わした。僕らの種は二〇種類のアミノ酸のうち九つを生成する能力を失った。それぞれの喪失は、少なくとも一つ（通常は一つ以上）の変異が起こった結果だ。変異はもちろん、個人にランダムに生じる。それらは、純粋に偶然からか、それとも複数の重大な利点があったせいか、その集団のなかで固定的なものになる。アミノ酸を作る能力を破壊するという変異の場合、それはおそらく偶然だったのだろう。

いくつかのアミノ酸を生成する能力を失ったとき、ヒトは、身体を衰弱させ、ときに死を招きさえする欠乏症のリスクのみを得た。では、その変異が起こったとき、なぜすぐ除去されなかったのか？　ビタミンCの場合にみられたように、僕たちの種の食生活がこの能力の喪失を埋めあわせたからだ。少なくとも、ときおり肉や乳製品を食べることによって、たいていは各必須アミノ酸を十分に得ることができた。けれども、植物をベースとする食生活では、より注意深く計画的に食べなければならない。植物によって得られるアミノ酸の率がさまざまに違うからだ。結論を言うと、ベジタリアンやヴィーガンが必要なアミノ酸を十分にかつ確実に摂取するには、さまざまな野菜を摂るのがベストだ。

先進国では、ヴィーガンが九つの必須アミノ酸をすべて得るのは、難しいことではない。一食分の米と豆で一日分が得られる。ただし、米は玄米で、豆類は南米の黒豆や、赤インゲン豆、インゲン豆などさまざまな種類のものを摂る必要がある。豆のなかでもひよこ豆は、豆自体に九つすべての必須アミノ酸が豊富に含まれている。キヌアやそのほか数種のいわゆるスーパーフードも同様だ。

とはいえ、貧しい国、とくに発展途上国では、バラエティに富んだ食生活がいつも選択できるわけではない。何十億もの人々が、わずか数種類の決まった食品からなる非常にシンプルな食事で生きながらえている。そしてその数種類の決まった食品では、必須アミノ酸のいくつか、とくにリジンが十分に摂れないことが多い。中国の辺鄙な村のいくつかでは、極貧状態の人々が米と、ときおり手に入る肉のかけらや卵、豆腐などだけを食べて生きている。アフリカの極貧地域では、困窮した人々がほぼ小麦製品だけで生きているし、それさえも飢饉のときには不足する。驚くことではないが、それらの例を考えれば、タンパク質不足は開発途上の世界では、ぶっちぎりでもっとも命を危険にさらす食の問題だ。この問題は、ヒトがある種のアミノ酸を作れないという能力不足が直接影響している。

アミノ酸不足の問題は、現代世界に独自の問題ではない。産業革命前の人類はもしかするとタンパク質とアミノ酸の不足に常日頃から取り組んでいたのかもしれない。たしかに、マンモスのような巨大な動物を狩れば、そこから豊富なタンパク質とアミノ酸を得ることができる。しかし、冷凍技術が生まれる前の時代に、大きな獲物を食べて生きていくということは、交互に訪れる豪華な食事と飢饉の期間に耐えねばならぬということだ。干ばつや山火事、巨大な嵐、さらに氷河時代によって、ヒトは長期間の厳しい環境や飢餓につねにさらされていた。アミノ酸など基本的な分子を生成する能力が欠けていることで、そのような危機がさらに高まり、なんであれ手に入るものだけで生き延びることがさらに困難になった。**飢饉のときの最大の死亡要因は、カロリー不足ではなく、タンパク質と必須アミノ酸の不足なのだ。**

ヒトやほかの動物が生成する能力を失った基本的な生体分子は、アミノ酸だけではない。ほかにも、脂肪酸と言われる分子グループに由来する例が二つある。これらの長鎖炭化水素は、身体が必要とする脂肪やリン脂質などほかの脂質の建造ブロックになる。リン脂質は細胞一つひとつを取り囲んでいる膜（細胞膜という）の構成要素だ。この膜はとんでもなく重要な構造だというのに、僕たちの体内では生成されない二つの脂肪酸のうちの一つ、リノール酸がこの細胞膜の一部を形成している。もう一つはアルファ・リノレン酸で、これも、もう一つの重大な体内プロセスである、「炎症の抑制」を助ける。

僕らにとって幸運にも、現代人の食事は、これら二つの必須脂肪酸をナッツ・シード類や魚類、さまざまな植物性油で十分にまかなえる。また、いくつかの研究によると、幸いにもこれらの脂肪酸を頻繁に摂取することで、心血管の健康状態が向上することが示されている。とはいえ、僕たちはいつも幸運に恵まれているわけではない。先史時代、とくに農耕生活以前の時代には、ヒトの食事はもっとずっとシンプルになりがちだった。移動する集団は、食べ物を全力で探し求め、みつけたものを食べていた。たいていの場合、脂肪酸は利用できていたが、不足した時期もあっただろう。通常は草や虫、葉しかみつからず、ナッツ類はたまにしか手に入らなかったかもしれない。生成できない必須アミノ酸の場合と同じく、二つの重要な脂肪酸の供給を失うことは、食物危機のますますの悪化を意味した。

これらの二つの脂肪酸について非常に腹立たしいのは、これがとても簡単に生成できるという点だ。僕たちの細胞は多数の脂質分子を生成できるが、その多くがリノール酸やアルファ・リノレン酸よりずっと複雑なのだ。僕たちは体内で、この二つの単純な脂質から多くの非常に凝《こ》った脂質を作っている。それなのに、この脂質自体を作れない。これらの脂肪酸を生成するのに必要な酵素は、地球上の多くの生命体に存在するが、ヒトには存在しない。

人体は、ほかのすべての動物たちと同じく、植物や動物の組織を取り込み、潰して、小さな成分を吸収し、その小さなかけらを使って自分の分子や細胞、組織を組み立てる。けれども、このスキームにはギャップがある。ヒトの健康に必須のいくつかの分子を僕たちは作りだせないので、食物に含まれているそれを探しださねばならない。そして、それらの必須栄養素を探さねばならないという事実によって、僕らがどこにどうやって暮らすのかが制限される。しかも、いま話したのは有機栄養素についてだけの話で、ミネラルとして知られている無機栄養素は、食べ物のなかにちゃんとそれが含まれているときでさえ、僕らは取り入れるのがひどく下手なのだ。

ヘヴィメタルを少々

海で誕生した生物から進化したためなのか、ヒトは食事に多くの金属元素を必要とする。あらゆる種類の金属（必須ミネラルとも言う）を僕たちは食事から摂らねばならない。金属イオンは複雑な分子ではなく単一の原子で、いかなる生物もそれらを作りだすことはできないため、食物や水から取り入れるしかない。必要なイオンには、コバルト、銅、鉄、クロム、ニッケル、亜鉛、モリブデンなどがある。マグネシウムやカリウム、カルシウム、ナトリウムも厳密に言うと金属元素で、これらのミネラルも日々相当な量が必要とされる。

僕たちは、これらのミネラルを金属とは思っていない。通常の金属状の形態で取り入れたり使用したりしていないからだ。細胞はこれらを水溶性の（イオン化した）形で用いる。明らかな違いを理解するために、ナトリウムについて考えてみよう。

ナトリウムは、周期表にみられる元素としては、水に触れると燃えだすほど反応性の非常に高い金属だ。また毒性が高く、少量で大型動物を殺すことができる。とはいえ、ナトリウム原子から一つの電子を取り除くとイオンになり、まったく異なる特性を示す。イオン化したナトリウムは害がないというだけではなく、すべての生きている細胞にとって必須のものとなる。たとえば、塩化物イオンと組み合わさると食塩になる。どうみても、ナトリウム元素（Na）とイオン化したナトリウム（Na^+）はまったく別の物質である。

ナトリウムとカリウムが、（この二つがなくては細胞が機能しないという意味で）もっとも重要な金属イオンであることは明らかだが、ヒトが食事にこれらのミネラルを長期的に欠かすことはほぼない。すべての生物はこの二つのイオンを比較的豊富に保持しているため、原始人食を実践しているパレオであれ、ヴィーガンであれ、その中間の食事を実践している人であれ、必要なナトリウムとカリウムは得られる。ナトリウムやカリウムの急性欠乏は緊急対応が必要な問題になることがあるが、それらはたいてい、生理学的な機能不全や絶食、過度の脱水症やその他の短期的な傷害の結果だ。

ところが、ほかの必須イオンの場合は話がちがう。それらは食べなければ、十分な量を得られず、結果として慢性的な病気に苦しむことになる。たとえば、カルシウムの摂取不足は、裕福か貧しいかに関係なく、世界中で問題になっている。カルシウムの不足はデザインの見地からすると、もっともイライラさせられる食事の問題だ。なぜなら、カルシウム不足は、食物に十分含まれていないからというより、ヒトがそれを吸収する能力が低いせいで生じているからだ。僕たちはみな十分多くのカルシウムを食べている。ただ、食べ物からそれを抽出するのが苦手なだけなのだ。すでに話したように、カルシウムの吸収にはビタミンDが必要なので、ビタミンDが不足しているときは、食物に含まれている、世界中のいかなる種類のカルシウムを摂ったにせよ、腸では吸収されずただすり抜けるだけで、なんの役にも立たない。

ビタミンDを十分備えていたとしても、やはりカルシウムはそれほどうまく吸収できないし、年齢を重ねるにつれ、ますます吸収が悪くなる。乳児は摂取したカルシウムを六〇パーセントも吸収することができるのに対し、成人はせいぜい二〇パーセントほど吸収できればいいほうで、仕事を引退する年代には、一〇パーセント未満にまで落ちる。僕たちの腸は食物からカルシウムを抽出するのがあまりにも不得意なため、骨からカルシウムを引きだす必要が出てくる――この戦略が悲惨な結果を招くのだ。絶えずカルシウムとビタミンDを補充していなければ、大半の人は老後に骨がもろくなり、骨そしょう症になる。

先史時代は、三、四〇歳以上生きる人はほとんどいなかったので、カルシウム不足がそれほど問題にならなかったのかもしれない。それでも、現存している古代の骨格の大半は、カルシウムとビタミンD不足の雄弁な痕跡を示しているし、こんにち標準的にみられるよりもっと若い人々に、劇的な痕跡がみられた。だから明らかに、骨そしょう症とそれを引き起こす恐れのあるカルシウム不足は、新しい問題ではない。また、たとえば鉄などの別の必須ミネラルを十分に摂ろうとしてよくぶち当たる問題ともちがう。

鉄は人体内や地球上に、もっとも大量に存在する遷移元素だ（元素周期表の中央部分を占める巨大な金属のクラスで、電気をよく伝導することが知られている）。ほかの金属と同様に、僕たちは金属の形態ではなく、イオン化した鉄を利用している。ほとんどの鉄は、地球が形成された直後に、地球の核へと沈んだ。地上で僕たちが使っているものは、たいてい、一〜三つの電子が欠如している鉄イオンだ。じつを言うと、鉄がそれらの異なるイオン化状態に簡単に切り替わることこそ、僕たちの細胞内で鉄がとくに有用である秘密なのだ。

もっともよく知られている鉄の役割は、身体中に酸素を輸送するタンパク質、ヘモグロビンを機能させることだ。赤血球はこのタンパク質を満載していて、このタンパク質の各分子は四つの鉄原子を必要とする。ヘモグロビン内の鉄原子があの特徴的な赤色を生みだしている（つまり、あなたの血と火星の表面には、あなたが思っている以上に共通点があるわけだ）。鉄はほかの重大な機能、たとえば食物からのエネルギーの取り込みなどにも欠かせない。

僕たちの体内や環境、地球、太陽系には大量の鉄があるけれど、鉄の欠乏症はヒトの食事関連の一般的な病気で、米国の（ＣＤＣとして知られる）疾病管理予防センターと世界保健機関（ＷＨＯ）によれば、鉄の欠乏症は世界中で、単独の栄養素としてもっともよくみられる栄養不足だ。鉄に満ちた世界で鉄の欠乏症が流行しているというのは、パラドックスとしか言いようがない。

鉄不足によって生じるもっとも急性の問題は貧血（anemia）だ。この言葉の語源をおおざっぱに翻訳すると「血液が十分ではない」という意味になる。鉄はヘモグロビン分子の中心にあり、またヘモグロビンは赤血球の構造と機能の中心にあるため、鉄の濃度が低くなると、身体が血液細胞を作りだす能力が阻害される。ＷＨＯの見積もりによると、妊娠している女性の五〇パーセント、および就学前児童の四〇パーセントが鉄不足による貧血状態だという。この推定によると、世界の七〇億人のうち二〇億人が少なくとも軽度の貧血を患っていることになる。また毎年、この欠乏症によって数百万人が亡くなっている。

ここでもまた、お粗末なデザインが身体の問題を引き起こしている。第一の問題は、植物性の供給源から鉄分を抽出するのが不得手なヒトの消化管だ。

植物由来と動物由来の鉄とでは構造が異なる。動物では、鉄は一般的に血液や筋肉組織内にあり、加工するのが簡単だ。つまりヒトは、おいしいステーキ肉から鉄分を抽出するのにたいして苦労はしない。ところが植物の鉄はタンパク質の複合体に埋め込まれていて、ヒトの腸ではそれをはぎ取って吸収するのにかなり苦労するため消化管内に残り、けっきょくは排泄《はいせつ》されてしまう。だから、ベジタリアンにとっては鉄の摂取も注意すべき問題だ。この点で、ヒトは大半の動物より運がない。地球上の生物の大多数は、完全な草食かほぼ草食だが、彼らの消化管は鉄の消化吸収をうまくやってのけている。

さらに、鉄の吸収に関するとっぴな多くの特徴のせいで、吸収がさらに低下することがある。たとえば、ビタミンＣなど吸収されやすい別のなにかと一緒に摂取すると、鉄はもっともよく吸収される。ベジタリアンはこの特徴を利用して鉄の吸収を促している。鉄分の供給源とビタミンＣの供給源を組み合わせることで、身体が両方をより多く吸収できるようにしている。大量のビタミンＣの投与で鉄の吸収は六倍に増加することがある。残念ながら、その逆もあてはまる。つまり、ビタミンＣが乏しい食事は鉄の吸収をさらに難しくし、壊血病と貧血の二重の脅威を招くことが多い。この二つの組み合わせを想像してみるといい。顔色が悪く気力が出ないだけでも十分ひどいのに、筋緊張を失い、内出血が生じ始めるのだ。先進国のベジタリアンは、この致死的なワナを回避することができる。ブロッコリーやホウレンソウ、パクチョイなど鉄分とビタミンCがいずれも豊富な多くの食物を手に入れられるからだ。けれども、発展途上国の貧しい人々はたいていそれほど恵まれておらず、彼らにとって鍵となる食物はめったに手に入らないか、季節が限定されるものが多い。

鉄分吸収がうまくないだけではまだ邪魔が足りないとでも言うかのように、ほかの食物の分子のなかには、とくに植物由来の鉄の吸収を邪魔するものがある。豆類やナッツ、ベリー類などの食物はたくさん食べるように言われているが、ポリフェノールを含んでいる。これが鉄を抽出し吸収する能力を低下させることがある。同様に、全粒穀物、ナッツ、シード類はフィチン酸が豊富で、小腸からの鉄の吸収を阻害する傾向がある。この複雑さは、貧困のせいで貧血の危険にさらされているこの地球上の二〇億の人々にとってとくに問題だ。彼らにとって、鉄が含まれている肉はめったにないごちそうで、ふだんの食事には、植物性の供給源から鉄を抽出しにくくする食物が多く含まれていることが多い。バラエティに富んだ食事は、鉄を含む必要な栄養素を摂るためには良い戦略だが、鉄分が豊富な食物は、鉄の抽出を阻害する食物と組み合わせないようにするなど、食べ合わせに注意しなければならない。

鉄の吸収を邪魔するもう一つの食事性栄養素は、カルシウムだ。カルシウムは鉄の吸収を最大六〇パーセント低下させることがある。だから、乳製品や葉物野菜、豆類などカルシウムが豊富な食物は、とくに貴重な鉄を含む食物が植物性の場合、鉄の吸収を最大にするために鉄分が豊富な食物と分けて摂取する必要がある。せっかく苦労して鉄分が豊富な食物を食べても、カルシウムが豊富な食物を組み合わせてしまうと、努力が水の泡になる。厳しい食事上の必要性を満たすには、正しい食物を食べるだけでは十分ではなく、正しい組み合わせで食べなければならない。多くの人が、そうする代わりにマルチビタミンサプリを選ぶが、そうするのも無理はない。

鉄欠乏はヒトという種の先史時代の食事が、現代の食事よりももっと不十分であったことを示すもう一つの例だ。初期のヒトの食事では肉と魚が主要な食物だった可能性が高いが、それらの食物にありつける率は、季節によって、またごちそうと飢饉が交互に長く続く期間を通じて増えたり減ったりするし、タンパク質は、陸に囲まれて肉のみに頼っていた社会では、とくに摂取が難しかった。農耕時代前に手に入った植物性の食物は、現在人々が食べ慣れている食物とはまったくちがっていた。果物は小さくて味けなく、野菜は苦くてパサパサ、ナッツは硬くて味がなく、穀物は硬くて筋だらけ。さらに悪いことに、鉄分を供給する植物より、鉄の吸収を抑える植物のほうが多くみられた。

昨今のベジタリアンが十分な鉄分を得るのは、それほど難しいことではないが、石器時代ならほぼ不可能だっただろう。先史時代のヒトの大多数は肉が不足しているときはいつも、重度の貧血に悩まされていた。これは、なぜ農耕時代前のヒトのコミュニティが海岸沿いや水辺に沿って大規模に移動していたのかを説明する理由の一つだ。魚は鉄の供給源として肉より当てにしやすかったからだ。

貧血がこのように致死的でつねに危険なものだったのなら、ヒトはいったいどうやって生き延びてきたのだろう？　**じつは、祖先の大半は生き延びられなかった。**先史時代の大部分の期間、僕たちは絶滅の縁でよろめいていた。過去二〇〇万年にわたって、ヒト科のいくつかの種が生まれては消えていき、一つを残してほかはすべて絶滅した。僕たちの種の長い旅のあるポイントで、僕たちの祖先は現在の基準からすれば、絶滅危惧種と分類されていただろうほどまで数が少なくなった。そのうえ、ヒト科のなかで枝分かれしたものはみな、(進化の時間的に)ごく最近になるまで認知的な進歩の程度があまり変わらなかった。だから、現生人類がありとあらゆる絶滅の危機を生き抜けたのは、自分たちの大きな脳のおかげだとも言いきれない。僕たちの祖先が生き残ったのは、おそらくまったくの偶然だ。絶滅寸前まで行ったのは、さまざまな原因があるだろうが、鉄欠乏性の貧血は、ほぼ確実にその原因の一つだろう。

さらに追い打ちをかけるようだが、健康な鉄濃度を維持するために努力しているのもヒトだけのようだ。僕たちのほかに繁栄している種で、貧血や鉄欠乏症の蔓延《まんえん》が文献に記録されているものはない。

ではどうやって、ほかの動物たちは十分な鉄分を得るという課題をこなしているのか? この必須ミネラルを必要としているのはヒトだけではないし、ほかの動物もこれを生成できない。たしかに、ヒトではそうなっていないとしても、進化はその途中でどうやってこの課題の解決策を編みだしたのか?

これの答えは単純ではない。第一に、魚類、両生類、鳥類、哺乳類、または無脊椎動物であれ、水生動物は、海水・淡水を問わず、鉄イオンが水中に豊富に存在するため、鉄分を取り入れる問題を抱えてはいない。それらの動物は、もちろん水から鉄イオンを抽出する必要はあるが、それは取るに足りない問題だ。同様に、鉄分は岩や土にも豊富にあるので、植物もたやすく鉄を取り入れられる。

草食動物やほぼ草食の動物たちは、鉄の豊富な供給源を食事に取り込んだり、食物から鉄を抽出したりすることが、僕たちよりも得意らしい。これらの種も飢餓や環境の変動や、その他のストレス要因を経験したときはたしかに、鉄の欠乏がよくみられるが、それは一つの結果であって、原因ではない。ヒトは、ほかはなにも問題がないときにさえ鉄欠乏に苦しむ唯一の動物のように思える。

イライラさせられるのは、**なぜ僕たちは、十分な鉄分を摂取するのがこれほど苦手なのか、その理由がはっきり解明されていないという点だ。**なぜ人は植物性の食物から鉄分を抽出するのがこれほど下手くそなのだろう？　なぜ僕たちは、鉄が豊富な食物と、それの抽出を阻害する食物との偶然の組み合わせに、これほど影響されるのか？　これはヒトにしかみられない問題らしい。ヒトが鉄の吸収にかかわる遺伝子の変異を一つ、二つ経験したとき、当時は魚類や大きな獲物など、動物由来の鉄分の供給源が豊富にあって、その変異が問題にならなかったという可能性がある。これは妥当な仮説だけれど、まだ証明されてはいない。

ほかの重金属の欠乏症は鉄欠乏よりずっとまれだ。これは、それらの鉱物の必要量がごく少量なためである。銅や亜鉛、コバルト、ニッケル、マンガン、モリブデン、その他の鉱物はごく微量で事足りる。ときには、何カ月も何年もそれらの金属を摂取しなくても、体内に貯蔵されたものだけでやっていける。とはいえ、微量のそれらの重金属も不可欠で、それらがまったく含まれていない食生活を送っていると、けっきょくは命にかかわる問題になる。ヒトが重金属を吸収しにくくなったのは、進化の過程でエラーが起こったせいなのか？　それとも、この問題に適応しそびれただけなのか？　そこに違いがあるのか？

微生物の多くは、それらの微量元素の多くをまったく必要としていない。じつは、どの生命体にも必要な共通の単一微量金属はない。言いかえると、さまざまな生命体がそれぞれに、いずれかの微量金属を余すところなく利用するために独自の分子を作ったということになる。ヒトはその作業をあまりしてこなかったために、さまざまな微量金属イオンを必要とするようになったのだ。

結び：死を招く貪食

ここ数十年で、米国をはじめ多くの先進国で出版されたダイエット本は、あふれるほどある。これは不吉な傾向を映しだしている。かつて、飢餓はすべての人々にとって深刻な脅威だったが、現在は世界の多くの地域で、肥満がそれに代わる問題になっている。

この問題は、進化が僕たちの身体にプログラムした近視眼的な方法から直接生じている。ダイエット本の多くが述べているとおり、**僕たちは生まれつき、肥満になるようプログラムされている**。とはいえ、なぜそうなったかという一般的な説明の多くは、この増加しつつある問題の中心にある進化の教訓を取りこぼしている。

ほぼすべての人間が食べることを好む。大多数の人が、本当に空腹かどうかにかかわりなく、つねに食べ物を欲していて、しかも求めるのはたいてい脂肪と糖の多い食物だ。けれども、必須ビタミンとミネラルを供給する食物の多くは、果物から魚類、葉物野菜まで、糖分も脂肪分も多くない。（ブロッコリーが食べたくてたまらないと最後に思ったのはいつだろう？）**ではなぜ、どれだけ食べても、僕たちの本能**

は高カロリーの食べ物を求めるのだろう？

肥満が急増し現在も増加しつづけている問題は、過去一、二世紀前まで、健康上の大きな問題ではなかったため、これは現代という時代の問題で、生物学的な問題ではないと考えたくなる。たしかに、先進国でみられる現在の肥満率の原因が、現代的な生活習慣や食習慣であるのはまちがいないが、それは肥満の根本的な原因ではない。人々が食べ過ぎるのは食べ物が豊富にあるからではない。そうデザインされているからだ。問題は、「なぜそうデザインされているのか？」ということである。

食い意地が張っているのはヒトだけではない。イヌやネコを飼っているなら、彼らの底なしの食欲をきっとご存じだろう。いつもオヤツや食べ物のおこぼれや、エサをほしがり、しかもたとえば、サラダなどではなく、ごちそうや風味が強いものをしつこくねだる。実際、ペットたちは僕たちと同じくらい肥満になりやすい。与える量を僕たちが注意していなければ、ネコやイヌたちはすぐに体重がオーバーしてしまう。

科学者なら知っているだろうが、研究室にいる動物たちも同じだ。魚もカエルも、マウスもラットも、サルもウサギもなんであれ、エサを制限しなければ過体重になる。動物園もまた、しかり。動物の飼育員や獣医は、動物たちが食べ過ぎのせいで健康を損ねないように、動物の体重と食べたエサの量につねに気を配っている。

ここで大事なのは、すべての動物は人間を含め、というより人間はとくに、欲望に身を任せて食べると病的に太りすぎるという点だ。これは、肥満などほとんどない野生の動物とは、控えめに言ってもかなりちがっている。自然な環境で生きている動物の身体は、ほぼいつも引き締まっていて、むしろ痩せている。

かつては、動物園や研究所、ヒトの家などの人工的な環境が動物の肥満の原因だと考えられていた。動物は数百万年かけて、自然な生息域で生きることに適応してきて、人工的な環境はその代わりにはならない。もしかすると、捕らえられているというストレスからイライラがつのり過食を引き起こしているのかもしれない。それとも、野生生活と比べて、身体を動かさない生活様式が代謝力学のバランスを乱しているのかもしれない。

それらはもっともな仮説だが、長年の研究によると、捕らえられている動物の肥満の主要な説明にはならないようだ。飼育されている動物に運動をさせても、やはり食物の制限が必要で、多く与えすぎると肥満になる。

ではなぜ、野生では肥満した動物がみあたらないのだろう？　その答えは（やや心を乱すものだが）、**大半の野生動物はほぼいつも、餓死の一歩手前にいるからだ。**つまり、つねに腹をすかせた状態で生きているのだ。冬眠して一年の半分は大食いして過ごしている動物でさえ、激しく腹をすかせている。野生の世界で生き抜くには、永久に終わらない過酷な戦いを続けなければならない。異なる動物種たちは、乏しい資源を巡ってほかの種とつねに競争していて、食物はいつも足りない。このような食物の欠乏状態が、すべての動物にとって生物学的に不変な状態なのだ——現生人類を除いては。

二〇世紀の大半で、肥満の急増は現代の生活習慣と便利な環境のせいだと考えられていた。デスクワークが手作業の労働に取って代わり、ラジオやテレビが、スポーツやその他の身体を動かすレクリエーションに代わって普及した。前の世代は、生活の面でも娯楽の面でももっとずっと身体を活発に動かしていたという考え方だ。ますます増えるすわりっぱなしの生活スタイルと、身体的な労働から離れる傾向が、突きでた腹の一因だと。この理論でいくと、肥満は悪い生活習慣の結果であって、デザインの不備の結果ではない。

この意見は妥当なように思えるが、全体がみえていない。第一の理由は、肉体労働で生計を立てている人々もどんな形であれ、肥満の問題を免れていない。むしろその逆で、肥満と肉体労働はどちらも低い所得と相関している。第二に、屋内の遊びより身体を動かす遊びに時間を費やした子どもは大人になってから肥満になりにくい、というわけじゃない。ここでもやはり、逆の傾向があてはまる。つまり、子どものころや思春期、さらには成人期でさえ活発に運動した人は、身体活動を減らしたとき、とくに三〇代、四〇代、五〇代に肥満になりやすい。肥満のおもな要因は、生活習慣ではなく、高カロリー食品の過剰摂取と思われる。

これが、運動だけでは残念ながらなかなか長期的な体重減少につながらない理由だ。じつを言うと、運動は身体にいいどころか害になることがある。激しい運動は激しい空腹を招き、そのせいで食事の選択をまちがえ、体重を減らすという決意が崩れてしまう。そして食事制限でつまずいた人は、ほかの努力も一緒にやめてしまいがちだ。

先進国で暮らす人は高カロリーの食物に囲まれていて、その誘惑に抵抗できないというのが厳しい現実だ。現生人類の歴史の大半で、これは気に病むべき問題ではなかった。ここ数百年前まで、人々の多くは肉やスイーツが豊富な食事を摂ってこなかった。一般大衆が豊かな食事にありつけるようになったのは、産業革命が起こってからのことだ。それまでは、男性の肉付きの良さと女性のふくよかさは富と権力と特権の象徴で、一般人は野生に生きる動物たちのように、つねに空腹という状態が多かった。

過食は、それが頻繁にできない時代には優れた戦略だった。けれども、一日に三、四回、毎日毎日食べられるとき、人々の弱々しい意志の力では、不健康な体重増加を予防するために摂取を加減できる可能性は低い。ヒトの心理は生理機能と合致していない。そのせいで、人々は食事のたびに、長い冬を迎える前の最後の食事のように、もうきっと食べ物をみつけられないという思いに駆られているみたいに、たらふく食べてしまう。

なお悪いことがある。最近の研究で明らかになったのだが、僕たちの身体は、体重は簡単に増えるがなかなか減らないように代謝率を調整しているのだ。体重と戦っている人は、何週間も食事療法を行って運動をしてもほとんど体重が変わらなかったのに、ある週末に高カロリーの食事をしたら、ほぼ瞬間的に数キロ増えるという経験があるだろう。したがって、肥満と二型糖尿病は、典型的な進化上のミスマッチ病、つまり、進化したときの環境とは大きく異なる環境でヒトが生きていることから生じている病態だ（＊1）。

現代の食物供給のおかげで、先進地域の人々はおそらく、壊血病も脚気も、くる病もまったく心配する必要がない。けれども、肥満は僕たちの意志や習慣につねに戦いを挑んでくるだろう。これに対する手っ取り早い解決法はない。この諦めムード漂う真実は、僕たちが探ろうとしている、次の欠陥のカテゴリを暗示している。つまり、ゲノムの欠陥だ。

＊1 ダニエル・リーバーマンの『人体 600万年史』（早川書房）を僕は強く勧める。この本は、非常に長いスパンで病態や疾病を招いた、僕たちの現在の環境と以前の環境のあいだのさまざまなミスマッチについて説明している。

3 章

ゲノムのなかのガラクタ

ヒトが、機能している遺伝子とほぼ同じくらい多くの壊れていて機能していない遺伝子ももっているわけ。DNA が過去に感染した何百万ものウイルスの死骸を保持しているわけ。DNA の奇妙な自己複製箇所がゲノムの 10 パーセント以上を占めるわけ、などなど。

ヒトは脳のたった一〇パーセントしか使っていないという話を聞いたことがあるだろうか？　これはまったくのデタラメだ。ヒトは脳の神経組織のあらゆる葉やひだの隅々まで使っている。一部の領域が、言語や動作などある種の機能に特化していて、その機能を果たすとき活動性を上げることはあるが、脳全体はほとんど四六時中、活動している。脳のほんの小さな部分でさえ、深刻な影響を及ぼすことなく活性を止めたり除去したりできる部位はない。

ところがヒトのDNAとなると、話が変わってくる。僕たちのゲノム——各細胞のなかに保持しているDNAの情報全体のこと——には、機能がわからない荒涼とした広がりがある。この使用されていない遺伝物質はかつて、役に立たないとみなされていたため、ジャンクDNAと呼ばれていたが、このジャンクな部分から機能が発見され、この呼び名の人気は衰えた。たしかに、いわゆるジャンクDNAの多くが、今後、実際はなんらかの目的を果たしていることが明らかになるかもしれない。

とはいえ、僕たちのゲノムがどれほど多くのジャンクを抱えているかに関係なく、**僕たちみんなが機能していないDNAを大量に持っていることには疑いの余地がない。**本章では、この真の遺伝学的なガラクタ《ジャンク》についての話をする。ガラクタというのは、僕たちの細胞を散らかす壊れた遺伝子やウイルスの副産物や、役に立たない複製や無用なコードのことだ。

さきに進む前に少し立ち止まって、基本的なヒトの遺伝学について、ざっとおさらいしておくとしよう。あなたの細胞には、皮膚の細胞であれ、筋肉の細胞であれ、神経やその他のどんな種類の細胞も、ほぼすべての内部に、核と呼ばれる中心構造があり、そこにはすべての遺伝学的な設計図が収められている。

この設計図——大半はみても判読できない——があなたのゲノムで、それは、デオキシリボ核酸（ＤＮＡという名前のほうが知られている）と呼ばれる分子で構成されている。

ＤＮＡは鎖状の二本の分子で、非常に長いらせん状のはしごのようにみえる。ＤＮＡに含まれる遺伝学的情報は、ヌクレオチドという分子のペアで書かれている。これらのペアになったヌクレオチドは、はしごの横木部分を構成している。すべての横木は半分に分かれるようになっていて、それぞれが一つのヌクレオチド分子だ。はしごの両側にそれぞれ一つあって、それがくっついている。これらのヌクレオチドには四つの種類があり、略してＡ、Ｃ、Ｇ、Ｔとされる。ＡはＴとしか対になれず、ＣはＧとしか対になれない。これらは塩基対と言われ、これによってＤＮＡは遺伝学的情報を、信じられないほど効率よく運んでいる。

はしごの片側に沿ってＤＮＡをみていくと、ヌクレオチド四文字がさまざまな順序で並んでいる。たとえば、はしごを五段みてみよう。はしごの片側には、Ａ、Ｃ、Ｇ、Ａ、Ｔとある。その横木のペアは、ＡはＴ、ＣはＧとしか対になれないため、はしごの反対側に回り込んで、同じ段の向かいあった半分をみると、そっち側には対になるヌクレオチドが並んでいる（はしごの片側は反対方向から読むルールになっているので、順序は逆になる）。つまりＡ、Ｔ、Ｃ、Ｇ、Ｔだ。

これは単純だが精巧な、情報の暗号化の形態だ。このおかげで、**遺伝物質は非常に簡単に何度も複製しやすくなっている。**はしごの横木を半分に割って、とてつもなく長いはしごを裂くと、半分のはしごはそれぞれ本質的に同じ情報を備えていることになる。このはしごを縦に半分に割る作業はまさに、細胞分裂の前にＤＮＡ分子をコピーするとき、細胞が行っていることなのだ。細胞分裂は身体が古い細胞と新しい細胞を置き換える基本的なプロセスであり、**ＤＮＡが自分をコピーする自己複製能力は、進化上の奇跡的な離れ業であるばかりか、僕たちの存在の基盤でもある。**

ここまではいい。ＤＮＡは自然の驚異だ。とはいえ、ここからは、やや驚異に陰りが出てくる。あなたのゲノムを構成しているＤＮＡのはしごには何十億（全部で約三〇億）もの横木があり、約六〇億の文字でできている。その横木の多くが、いい言葉がみつからないのだが、とにかく、〝使えない〟のだ。その一部は、誰かが何時間もコンピューターのキーボードを連打したみたいに意味のない文字の繰り返しで、さらにその他の多くの部分は、以前は利用できたのになんらかの損傷を受けてその後修復されなかった壊れた部分だ。

ＤＮＡのはしごの片側をすべて読んでいくと、奇妙なことに気づく。なんらかの役割を果たすことのできる（たとえば、目の虹彩《こうさい》をある色にしたり、神経系を作るよう指示したりする）遺伝子の部分は、平均して約九千文字くらいの長さしかなくて、それらの遺伝子は全部でだいたい二万三千個にとどまる。多いように聞こえるかもしれないが、ＤＮＡの文字数にするとせいぜい二億文字にしかならない。つまり、あなたの身体のゲノムを構成している、三〇億の横木のうち二億だ。

では、あとの横木は、いったいなにをしているのだろう？　簡単に答えると、〝なにもしていない〟。

どうしてこんなことが起こりうるのかを理解するために、新たなたとえを取り入れてみよう。遺伝子を単語《ワード》だとする。つまり、つながると意味のある言葉になるＤＮＡの文字列だ。あなたのゲノムである〝本〟

にはそれらの単語が収まっているのだが、単語と単語のあいだには、信じられないほど長い、ちんぷんかんぷんな文字が並んでいる。要するに、**DNAにある文字のうちたった三パーセントが単語の部分で、残りの九七パーセントの大半は理解不能な単なる文字の羅列にすぎない。**

しかも、あなたが持っているDNAのはしごは一本ではない。各細胞には四六本のはしごがある。それらは染色体と言い、細胞が分裂する瞬間に標準的な顕微鏡を覗《のぞ》くと、実物を目にすることができる。（ただし、精子と卵子は例外で、これらはそれぞれ二三本の染色体しかない。）けれども、細胞が分裂していないとき、それらの染色体は、皿に盛られた四六本のもつれたスパゲティみたいに、ぐにゃっとなって一緒くたにからまりあっている。染色体の長さはまちまちで、二億五千万の横木を持つ一番染色体から、たった四八〇〇万（訳注：近年のゲノム研究では約三五〇〇万とされている。）の横木しかない二一番染色体までさまざまだ。

ガラクタ部分に対し有用なDNAを含む比が非常に大きい染色体もあるが、その他の染色体には、使えないDNAの繰り返しが散らばっている。たとえば、一九番染色体はかなりコンパクトで、一四〇〇以上の遺伝子が五九〇〇万の文字のなかに収まっている。その対極が四番染色体で、これは一九番染色体より三倍長いが、持っている遺伝子数は一〇〇〇ほどしかない。機能している遺伝子は、広大でなにもない海に囲まれた小島みたいに、ポツンポツンとまれにしか存在しない。

この点に関しては、ほかの哺乳類もヒトと似たような状況であるし、すべての哺乳類はだいたい同じ数、つまり二万三千の遺伝子を持っている。一部の哺乳類は二万ほどしかなく、二万五千もの遺伝子を持つものもいるが、このずれは比較的狭い幅であり、哺乳類の系統が二億五千万年以上続いていることを考えると、むしろ驚くべきことである。ヒトは二億五千万年以上のあいだ、一部の哺乳類から分岐して進化してきたというのに、機能している遺伝子の数が同じくらいというのは、注目に値する。**じつは、ヒトの遺伝子の数は、組織や器官をほとんど持たない微小な線虫ともほぼ同じだ。**いや、だからどうしたってわけじゃないけど。

乏しいとは言っても、機能している遺伝子は多くの仕事をこなしている。遺伝子はそれぞれ、DNA分子のはしごを半分に裂き、両側のヌクレオチドの文字をすべて露出させてタンパク質を作る。遺伝子を形づくっている文字の列はメッセンジャーRNA（mRNA、mはメッセンジャーのmで、RNAはリボ核酸の略だ）と言われるものにコピーされ、それがタンパク質を生成し、タンパク質は細胞たちのあいだを旅して、成長や生命の維持にかかわるすべての出来事を手助けする。

全体でもゲノムの三パーセントしか占めていない二万三千の遺伝子は自然のスゴい奇跡だ。一方、ヒトDNAの残り九七パーセントの大半はスゴいというよりヘボい。それどころか、なかには有害なものさえある。

ゲノム全体は、機能している部分もしていない部分も、細胞分裂のたびにコピーされる。これは細胞エネルギーを消費するし、時間とエネルギーと化学的なリソースも必要とする。人体は毎日少なくとも10^{11}回、細胞分裂を経験するとされている。つまり、一秒につき一〇〇万回以上の細胞分裂が起こっていることになる。これらの分裂のそれぞれで、ジャンク部分を含めすべてのゲノム全体の複製が行われている。

毎日、多くの部分が役に立たないＤＮＡをコピーするために、食事から得るカロリーの一部が費やされている。

奇妙なことに、細胞はこのジャンクＤＮＡを間違いなくコピーできているか注意深く抜き取り検査している。つまり、細胞がこの無関係なＤＮＡをコピーするたびに、ゲノム内のもっとも重要な遺伝子をコピーするときと同じように、校正と修復を実施しているのだ。無視される領域はないし、とくに注目される領域もない。これは不思議なことだ。ＤＮＡの役に立たない部分の複製に失敗してもなんの影響もないが、ある遺伝子で同じような変異が起これば（すぐあとで説明するが）、死を招く場合があるからだ。チンパンジーが、幼児の作った詩と、米国を代表する詩人マヤ・アンジェロウの詩を区別できないのと同じように、ＤＮＡを複製し編集する仕組みは、どうやら遺伝子と意味のない羅列を区別していないらしい。

僕たちは生物医学的な研究という面では、刺激的で新たな時代を生きている。科学者はいまや、四六本の染色体上にある全部で六〇億の文字からなる、誰かの全ゲノムの配列を読むことができる。そのプロセスにかかる期間はたった数週間で、費用は約千ドルだ。（初めてヒトゲノム配列が完全に解読されたときは、ほぼ三億ドルと一〇年を超える月日がかかった。）以前はジャンクとされていたＤＮＡのある領域に、多くの驚くべき新たな機能がみつかっているが、それでも、まだ機能しないガラクタに覆われていることに変わりはない。しかも、一見機能しているかにみえたジャンクがやっぱり正真正銘のジャンクだったと言われ始めてもいる（＊1）。ヒトゲノム内でコード化されている無意味な部分をみな考えあわせると、これまで僕たちがうまくやってこられたのは驚くべきことだ。

　ゲノムのなかにある、役立たずのDNAのもつれあった巨大な塊は、なにより最大の欠陥かもしれないが、じつはDNAの機能している部分、つまり遺伝子でさえ不備だらけだ。それらの不備はたいてい変異に由来している。変異とはDNA配列に生じた変更のことだ。ゲノムが突然変化するには一般的に二つの方法がある。（レトロウイルスの感染も勘定に入れるなら三つだが、それはまたすぐあとで話す。）一つめは、DNA分子自体の損傷を介したものだ。これは、放射線や紫外線や、タバコの煙などの変異誘発物質といわれる有害な化学物質によって起こる。（変異誘発物質には、がんを引き起こす変異を誘発する傾向があるため発がん物質と呼ばれることが多い。）

　二つめは、細胞分裂に備えてDNAが複製されるときに起こるコピーのエラーを介したものだ。各細胞は、ゲノムDNA中に約六〇億の文字を有し、毎日、平均的な人で10^{11}回の細胞分裂を経験している。つまり、一日に10^{20}（100,000,000,000,000,000,000、つまり一垓《がい》）回、一つの細胞がDNAをコピーする際にミスを犯す機会がある。細胞はすばらしい校正者で、ミスが生じるのは一〇〇万文字に一つ以下（訳注：一億文字に一つという説もある）、しかもそのまれなエラーの九九・九パーセントが修正される。とはいえ、信じがたいほど低いエラー率であってさえ、ミスを生じる「機会」がきわめて多いゆえに、ときどきはミスが生じ、しかもそれが修正されないことがありうる。このエラーが変異になる。じつのところ、**毎日、あなたの身体のいたるところでおびただしい数の変異が起こっているのだ。**

幸いにも、それらの変異の大多数は、DNAの「重要ではない」領域で起こっているため、実際は問題にはならない。さらに、精子と卵子以外の細胞に生じた変異は受け継がれないため、進化に影響を及ぼさない。次世代へ関係してくるのはいわゆる生殖細胞のDNAのみだ。

それでも、コピーのエラーやDNAの損傷が、精子や卵子のゲノムの重要な領域に生じることもある。その領域で変異が起こると、それが生じた人よりはむしろその人の子どもに影響が及ぶ。だからこれらは、遺伝的変異と呼ばれ、生物のあらゆる進化上の変化や適応の礎《いしずえ》となる。とはいえ、遺伝的変異は、いつも幸運なアクシデントというわけではない。大半は(ゲノムの大部分は何もしていないことを考慮して)なんの影響も及ぼさないが、遺伝子の機能を破壊して害を及ぼす変異も多い。

父親か母親から遺伝子の変異を受け継いだ気の毒な子孫は、そのせいでほぼいつも困った状況に陥る。つまるところ、それが自然選択（遺伝子のプールをきれいにしておく）というものなのだけれど、ときには変異の及ぼす害がたちまちには現れないことがある。変異がヒトや動物に引き起こす健康や生殖に関する問題がすぐに現れないときは、その変異は必ずしも排除されず、集団全体に拡散することさえある。変

＊1　二〇一二年、ENCODEと呼ばれる巨大なゲノム探索プロジェクトで、ヒトゲノムの最大八〇パーセントが機能しているという主張がなされ、大きな話題になった。この主張には激しい反論が寄せられた。その理由は部分的にはその研究方法に疑問があったせいだったが、多くは、ゲノムが機能している部分だと研究者が主張したその基準が非科学的だったせいだ。この一件で、多くの科学者が機能していないDNAを説明するために再びジャンクという言葉を使い始めたり、その使用を擁護したりした。Graurらの“On the Immortality of Television Sets,” *Genome Biology and Evolution*, **5**, 578 (2013) を参照してほしい。ENCODEの主張に欠陥がある理由をみごとに説明している。

異が道のはるかさきでしか害を及ぼさないとき、自然選択にはそれをただちに止める手立てがない。

　これは進化の盲点で、その結果は僕たちの種全体に現れたり、僕たちそれぞれの内側深くに潜んでいたりする。ヒトゲノムは、自然選択が気づいたときにはすでに手遅れで、その作用が及ばなかった有害な変異による傷痕を数千も抱えている。

壊れた遺伝子

　ヒトゲノムの役に立たないDNAのなかでも、ズバ抜けて奇妙なタイプが一つある。それが偽遺伝子だ。この遺伝学的コード配列は、ぱっと見は遺伝子のようにみえるが、遺伝子として機能はしていない。これらは、かつては機能していた遺伝子が、遠い過去のどこかの時点で修復できないほど変異した進化の遺物だ。

　前章でこのような偽遺伝子を一つ紹介した。*GULO*偽遺伝子だ。霊長類以外のほぼすべての動物で、この偽遺伝子はきちんと機能を果たす形態を保ち、その動物の体内でビタミンCを生成している。現在生息している全霊長類の共通祖先の一部でランダムな変異が起こり、*GULO*遺伝子が傷つけられた。しかし、この祖先は〝たまたま〟ビタミンCが豊富な食生活を送っていたため、その変異は動物の健康に害を及ぼさなかった。けれども、この変異がすべての霊長類に受け継がれてしまったため、彼ら——つまり僕ら——は恐ろしい壊血病にかかるようになった。

なぜ自然はこの問題が起こったのと同じ方法、つまり変異でこれを修正できないのだろう？　そうあなたは思うかもしれない。そうなれば助かるが、ほぼ不可能だ。**変異は落雷のようなもので、DNAの六〇億の文字が複製されるプロセスで起こるランダムなエラーなのだ。同じ場所に雷が落ちる確率はごくごく小さく、ほぼありえない。**さらに、最初の損傷を及ぼす変異のあと、その遺伝子には間もなくつぎの変異が起こるので、変異によって壊れた遺伝子が修正されることなど、まったくありそうにない。最初の変異がその所有者を殺したり、傷つけたりしなければ、その後の変異もそのような影響を及ぼす見込みは低い。したがって、それらの変異は自然選択では排除されない。

だからこそ、進化というタイムスパンで眺めると、偽遺伝子の変異率は機能している遺伝子のそれより劇的に高いのだ。機能している遺伝子の変異はたいてい、世代を越えて持続しない。一般的に、落雷のせいで細胞や生命体にそのような害が生じると、その個体は子をうまく作ることができなくなる可能性が高いので、不完全な遺伝物質の広がりが抑えられる。ところが、偽遺伝子はそれを持っている個体に害を及ぼすことなく変異を蓄積することができる。まさにこのようなことが起こっているのだ。偽遺伝子はどんどん受け継がれ、世代が進むにつれどんどん変異が続き、短い期間で、修正の望みがすっかり絶たれるほど多くの変異が起こる。

ヒトの*GULO*遺伝子に起こったのは、そういったことだ。ほかのほとんどの動物たちが持つ機能しているバージョンに比べて、僕たちの*GULO*遺伝子には数百もの変異が散らばっている。それでもいまだに簡単に見分けられる。僕たちの*GULO*遺伝子は、イヌやネコなどの肉食動物にみられる機能的な*GULO*遺伝子のDNA配列と、八五パーセント以上同じなのだ。つまり、ほぼすべてそろっている。ちょうど廃品置き場のサビついた車みたいに、使いものにならずにそこに置かれている。ただ、それでもヒトは、何千万年も前にこの遺伝子が最初に壊れてからも、このサビついた古い遺伝子を毎日数十億回、絶えず複製しているのだ。

壊血病のおかげで、*GULO*はヒトの偽遺伝子のなかでもとくに有名になったが、偽遺伝子はこれだけではない。**ヒトのゲノムには多くの壊れた遺伝子が潜んでいる。**じつを言うと、相当どころではなく、数百、いや千をも超える。ヒトゲノムには、二万近くの遺伝子の完全な遺物が含まれていると、複数の科学者が推定している。こうなると、**壊れた遺伝子の数は機能している遺伝子とほぼ同じ数になる。**

公平に言うと、これらの偽遺伝子のほとんどは偶発的に遺伝子が重複した結果だ（遺伝子重複の例と仕組みはこの章の最後にも述べる）。だからこそ、破壊的な変異やその後の遺伝子の〝死〟がその個体になんの悪影響も及ぼさないのだ。変異が起こったのはいずれにしろ余分な遺伝子のコピー部分なのだから。その機能はほかの遺伝子の機能と重複していたため、その遺伝子を失っても困る人はいなかった。もちろん、それらを保持して、つねにコピーしつづけるのは意味がない。意味がないし、エネルギーの無駄使いだけれども、直接の害はない。

そうは言っても、機能している遺伝子の唯一のコピーが、変異によって破壊され、偽遺伝子になったら、深刻な害が生じる恐れがある。*GULO*（とその手土産である壊血病）のほかにも、僕たちの種の健康に悪い影響を及ぼした別の偽遺伝子がある。それは、かつては僕たちの祖先が感染症と戦う助けになった遺伝子だ。この遺伝子はシータ・ディフェンシンというタンパク質を作った。これはいまだに大半の旧世界ザルや新世界ザル、それに僕たちの仲間の類人猿、オランウータンにもみられる。それなのに、ヒトとアフリカ類人猿の同系の動物であるゴリラやチンパンジーとの共通の祖先では、この遺伝子は効力を失い、そののち修復不能になるまで変異した。この遺伝子の有効なバージョンを持たないヒトは、霊長類の遠いいとこたちと比べて、感染症にかかりやすい。

ヒトがおそらく、シータ・ディフェンシン・タンパク質に代わるほかの防御能力を進化させてきたのは疑いの余地がないが、それは十分ではない。たとえば、シータ・ディフェンシン・タンパク質がない細胞はＨＩＶに感染しやすいようだ。ＨＩＶが世界中のヒトの集団に被害をもたらした一九七〇年代後半から一九八〇年代にかけて、このタンパク質を使えればよかったのだが。この遺伝子が壊れていなければ、エイズ危機は起こらなかったかもしれないし、少なくともこれほど広範囲でこれほど死者を出すものにはならなかっただろう。

偽遺伝子は、あとのことなど気にしない自然の容赦ない性質を示す一つの教訓だ。変異はランダムだし、自然選択は一つの世代からつぎの世代にしか作用しない。なのに、進化は非常に長い時間尺度で作用する。僕たちは、短時間の行為の結果起こる長期間続く影響を体現している。進化には目標が定められていない、というより定められない。自然選択は変異の直後や非常に短期間に起こった結果にのみ影響を受ける。長期的な結果には左右されない。*GULO*またはシータ・ディフェンシンを生みだす遺伝子が変異によって機能しなくなったとき、自然選択がその種を守れるのは、致命的な影響がただちに検出できるときだけだ。変異を保持した動物が繁殖しつづけ、その変異が後継者に引き継がれると、進化はそれを止められない。*GULO* 遺伝子の死は、その変異を持ちこたえた最初の霊長類には、おそらくなんの影響も及ぼさなかったのだろう。ところが、その遠い後継者は、数千万年たったいまでも、この変異に悩まされている。

GULO 遺伝子とシータ・ディフェンシン遺伝子だけがヒトを苦しませる消耗性の変異ではない。ほかの二万三〇〇〇の遺伝子すべてのうち、どの単一の遺伝子も変異という稲妻に打たれ、殺されてきたし、いまもそれは続いている。ヒトが変異のせいで多くの遺伝子を失わない唯一の理由は、最初に不運にも変異した遺伝子を持つ人は、通常は死んでしまうか、生殖不能になるため、その偽遺伝子を後継に受け渡すことができないためだ。その人にとっては悲劇的な運命だが、残りの僕たちにとっては幸運だ。

科学者のなかには、偽遺伝子は壊れているというより死んでいると言い表す人もいる。自然はそれらの一部に新たな機能を与えて〝再生〟させることがあるからだ。このことを考えるとき、僕は友人の冷蔵庫が壊れたときのことを思いだす。彼は壊れた冷蔵庫を廃品置き場に捨てに行く代わりに、寝室のキャビネットにしたのだ。キャビネットにするつもりで冷蔵庫を買ったわけではない。ただ、捨てに行くよりずっと簡単だったから、再利用しただけだ。死んだ冷蔵庫をまったく新しい目的のために再生させたのだ。すばらしい方法だけど、僕たちの知るかぎり、再生した遺伝子はキャビネット冷蔵庫と同じくらい珍しい。

遺伝子プールに潜むワニたち

これまでみてきたとおり、DNA複製のプロセスは完璧じゃない。僕たちの身体がこの目的のために発達させてきた仕組みはときどきミスを犯し、そのミスのせいで問題が起きることがある。でも、その種の変異は散発的で、ある霊長類のゲノムで*GULO*遺伝子が突然死したみたいに、偶発的なまれな出来事で、たまたま生物のある集団全体に広がるだけだ。その変異自体と同じく、ときどきそれらのエラーが原因で起こる疾患も、壊血病のように散発的だ。けれども、それよりもっと狡猾《こうかつ》な遺伝子疾患のグループがある。それは、疾患を引き起こす変異が、偶然生じた遺伝学的に極端に不利な状況のせいで修正を免れるからだ。**その変異はむしろ、自然選択を味方につけているのだ。**

人間は何世代も、何世紀も、何百万年ものあいだ、多数のしつこい遺伝子疾患と付き合ってきた。その一つひとつが興味深い物語を備えているが、すべて合わせると、進化のずさんさやときに冷酷ともいえるプロセスにかかわる教訓がみえてくる。

おそらく、もっともよく知られていて、拡散し、長年ヒトを苦しめてきた遺伝子疾患の例は、鎌状赤血球症（SCD）だろう。毎〝年〟、三〇万人の赤ん坊がこの疾患を持って生まれてくる。二〇一三年だけで、少なくとも一七万六千人がこの疾患で亡くなった。この病気はヘモグロビンに関係する遺伝子の一つに生じた変異によって引き起こされる。ヘモグロビンは血流に乗って酸素を運搬するタンパク質で、酸素をすべての細胞に送達する。

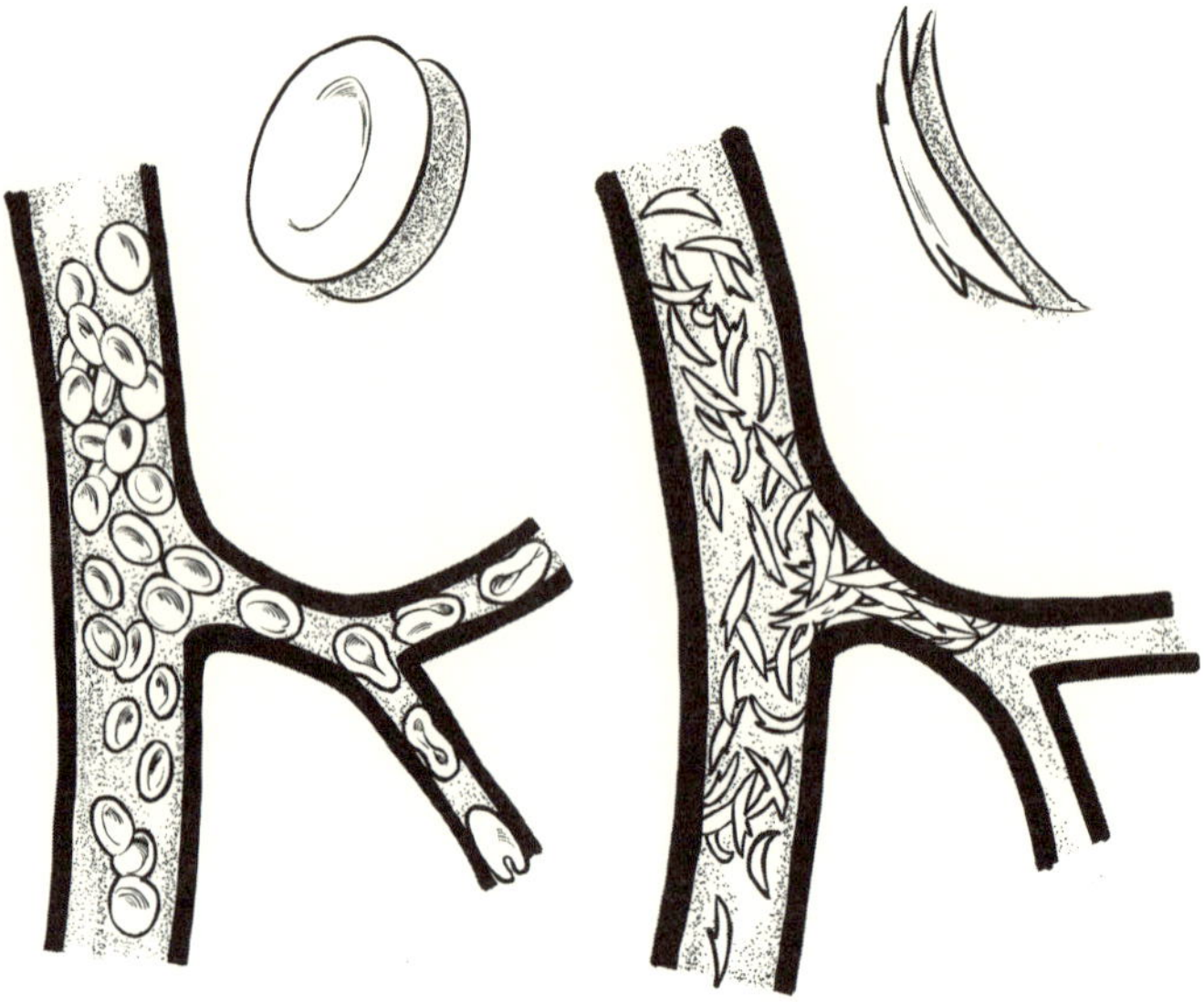

正常な赤血球の形（左）と鎌状赤血球症の徴候を示す赤血球の形（右）。正常な赤血球はたやすく半分に折れ曲がって細い毛細血管を通ることができるが、鎌状になった赤血球は柔軟性に欠け、細い血管でよく詰まる。

通常、赤血球はヘモグロビンを積んで、酸素を最大限に運搬し適切に保持できるようにある種の形になる。それによって赤血球は、毛細血管と呼ばれるとても細い血管もどうにか通り抜けることができる。ところが、ＳＣＤの患者の変異したヘモグロビンは、それほどきっちりパッキングされておらず、その結果赤血球の形が悪くなる。それらの変形した赤血球は十分に酸素を運搬することができず、なお悪いことに、柔軟に変形することができず、細い血管を通ることができない。そのため、細い空間に詰まり、いわば血の渋滞を引き起こし、渋滞の下流の組織で酸素が不足すると、激しい痛みや、ときには生命をおびやかす鎌状赤血球発作が起こる。先進国では、鎌状赤血球発作の危険性はたいてい、きめ細かいモニタリングや現代医学によって管理可能だ。けれども、アフリカやラテン・アメリカ、インド、アラビア、東南アジア、オセアニアの発展途上地域では、この疾患は命にかかわることが多い。

鎌状赤血球症に関して一番奇妙なところは、原因が点変異、つまりDNAのある一文字が別の文字に入れ替わるだけで起こることだ。（貧血を引き起こす病気の点変異の種類はほかにもあって、地理的な民族グループによって変異のポイントが異なるということだってある。）これは本当に奇妙だ。生命に強烈な悪影響を及ぼす点変異は、普通ならさっさと集団から排除される。集団の遺伝的性質に関する研究によれば、ちょっとした不利益でさえ、それを起こす変異は数千年ではなく数世代で集団から排除されるらしい。たしかに、複数の遺伝子の相互作用で起こる遺伝学的な疾患や、いくらか病気にかかりやすい傾向を示すだけの遺伝学的な性質は、自然選択では消されにくいことがある。けれども鎌状赤血球症を排除するのは簡単じゃないか？　恐ろしい結果をもたらすのはたった一つの変異なのだ。それがこれほど長く居座っていられることがあるのだろうか？

それでも、鎌状赤血球症を引き起こす変異コーディングは、数十万年前から、多くの異なる民族集団で現れ、広がっている――そう、広がっているんだ！　現代医学で治療しなければ、あっさりと死にいたりかねない恐ろしい衰弱性の疾患を引き起こす一つの変異が、ヒトの歴史を通して何度も、しかもいくつかの場所で出現し、それればかりか、しばしば自然選択を味方につけているようにみえるのは、いったいどういうことだろう？　さらに、この病気は集団のなかで、なぜこれほど大きく拡散するのだろうか？

答えは驚くほど簡単だ。多くの遺伝子疾患と同じく、鎌状赤血球症が潜性遺伝だからだ。つまりこの疾患が発症するには、それぞれの親から一つずつ、合わせて二つの変異遺伝子〔このように、対立する形質、ここでは鎌状赤血球症かそうでないか、を左右する遺伝子をアレル（対立遺伝子）と呼ぶ〕のコピーを受け継がなくちゃならない。変異したコピーを一つだけ受け継いだ場合、その疾患の症状はなにも現れない。けれどもあなたがその遺伝子を一つ持っていたとすると、それを我が子に受け渡す可能性はあり、もしもうひとりの親からも変異したコピーをその子が受け継いだら、この病気を発症する可能性がある。鎌状赤血球症キャリア（つまり変異したコードのコピーを一つだけ持っていて、症状が出ていない人）のふたりが子を作ると、両親がどちらも健康そうであっても、その子どもの約四分の一がこの病気を発症する。この理由から、潜性形質は世代を飛び越えて姿を現すことがある。それでもなお、鎌状赤血球症は命をおびやかすものであるため、その疾患の患者が早期に死亡して徐々に集団から排除されるはずだ。

鎌状赤血球症の変異が排除されない理由は、この疾患のキャリアが、変異したコピーを持っていない人に比べてマラリアに強い抵抗力を示すためだ。マラリアは鎌状赤血球症と同様に、赤血球に影響を及ぼす病気であるが、その原因は、蚊からヒトへと移った寄生虫だ。鎌状赤血球症のキャリアは、赤血球の形が少しだけ異なる。それは、鎌状赤血球症を引き起こすほどではないけれど、マラリアを引き起こす寄生虫を赤血球に寄生させないようにするには十分な変形だ。

鎌状赤血球症は、ヘテロ接合体優位と呼ばれる疾患の一例として、生物学の入門コースでよく取りあげられる。ヘテロ接合体というのは、あるアレルの異なるコピーを持つことを意味する。鎌状赤血球症のキャリアは、変異アレルと正常なアレルを持っていることから、この遺伝子のヘテロ接合型と呼ばれる。

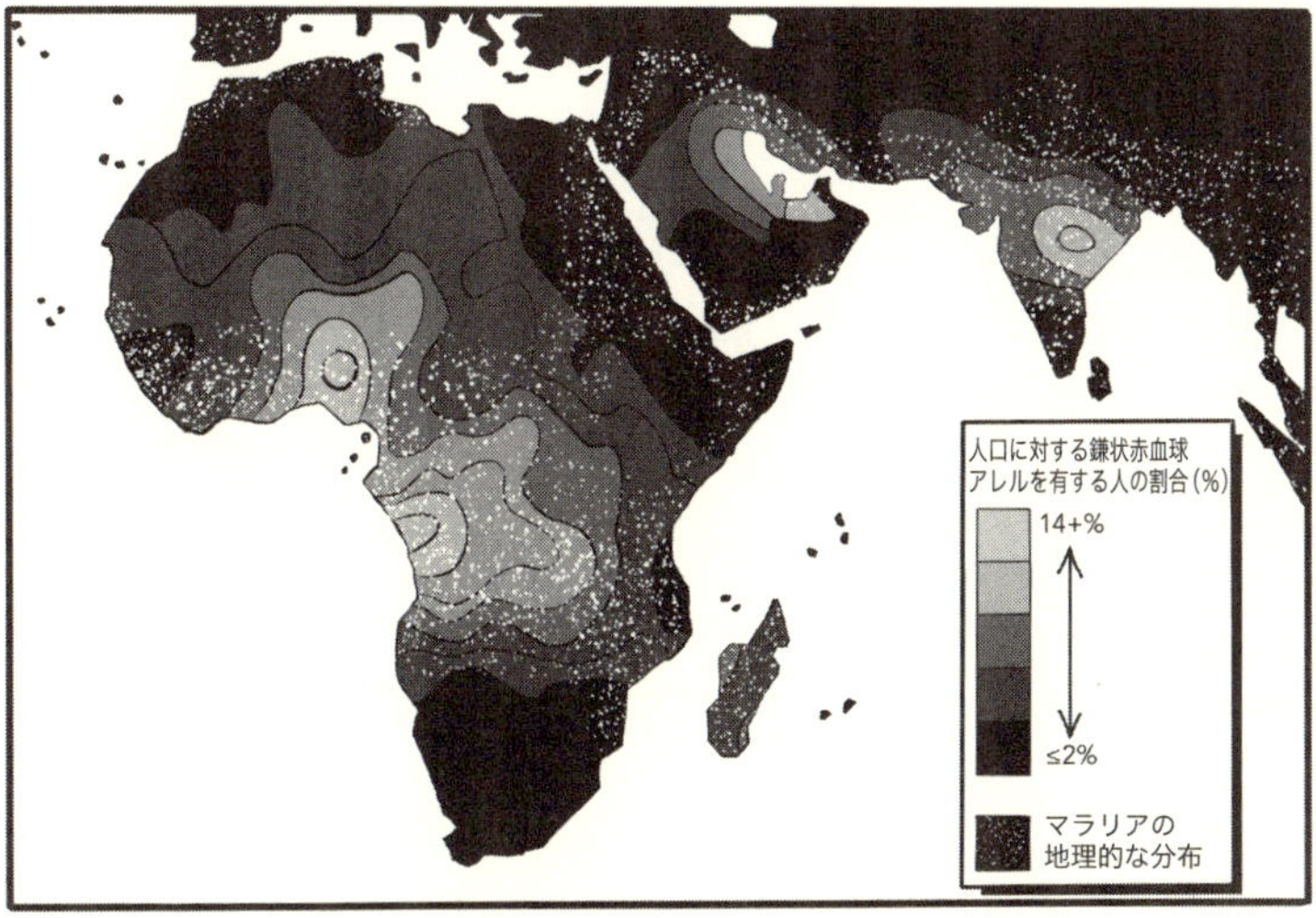

鎌状赤血球症を引き起こす遺伝子の世界分布と、マラリアの原因となるマラリア原虫の分布を比較している地図。鎌状赤血球症を引き起こす遺伝子はマラリア抵抗性を生じさせるため、この二つの地理的な拡散は著しく重複している。

なぜキャリアが有利になるのかを理解するには、まずつぎの事実について考えてみよう。変異した鎌状赤血球症アレルを二つ持っている人は鎌状赤血球症を発症し、深刻な問題を抱える。ところが、変異アレルを一つだけ持っている人（キャリア）は、一つも変異遺伝子を持っていない人に比べて、安楽に暮らせる。鎌状赤血球症の症状は出ないし、マラリアにはかかりにくいからだ。マラリアが現実的な問題でありつづけている地域では、変異した鎌状赤血球症遺伝子は自然選択によって綱引きのように二方向に引っ張られる。一方では、鎌状赤血球症によって命を落とす恐れがあり、もう一方では、マラリアで命を失う可能性がある。進化は両方の脅威を天秤にかけねばならず、その結果、妥協策のようにして、鎌状赤血球症を将来引き起こす可能性があるがマラリアは防御するキャリア（ヘテロ接合型）が、中央アフリカのもっともマラリアが流行している地域住民の最大二〇パーセントにみられる。

予想されることだが、鎌状赤血球症はヒトの集団に等しく分布しているわけではない。蚊やマラリアから影響をあまり受けない地域、つまり北欧で暮らす人々に生じる鎌状赤血球症変異は、それらの人々になんの利益ももたらさない。北欧の人々にとって、このアレルは単に疾患を引き起こす変異でしかないので、長く継続されるものではない。このため、鎌状赤血球症は欧州の人々のあいだでは、ほとんどみられない。鎌状赤血球症の地理的な有病率は、マラリアの罹患《りかん》地域と驚くほど重なりあっている（前ページの図）。

鎌状赤血球症の物語には最後に興味深いどんでん返しがある。科学者はこの変異コードには進化のプレッシャーがかかわっているとわかっていたが、鎌状赤血球症はマラリアよりずっと危険なので、なぜ鎌状赤血球症がしぶとく生き残っているのか当初は理解できなかった。研究者らが作ったコンピューター・モデルでは逆の現象が予測された。つまり鎌状赤血球症は消滅するはずなのだ。けれども、この研究では、多くの農耕以前文化の社会がかかわっていた一夫多妻制という風習から生じる重大な要因を見落としていた。

おおかたの一夫多妻制の社会では、少数の男性が複数の妻を持つ。つまり、男性はできるかぎり多くの女性と子を作ることができる特権を得るために、互いに直接的に競争する。そして、競争に負けた大多数の男性はまったく子を作ることができない。競争は非常に激しく、男性が残せる子の数と、自身の全体的な健康や活力、生殖能力には直接的で強い関連がある。このシナリオでは、マラリアと鎌状赤血球症の綱引きは、鎌状赤血球症のアレルを二つ持っているかまったく持っていない男性が不利になる可能性が高い。それらの男性は、鎌状赤血球症にかかるか、マラリアの影響に弱いかのどちらかだ。したがって、それらより優勢で繁殖力が強い男性はキャリアということになる。それらの群れのリーダー、アルファ・メイル（印象操作的な用語を借りるなら）は多数の女性と子を作り、多くの子孫を残す。しかしそれらの子孫の多くは成人になれない。その多くが、一般的な病気や感染症、前近代的な生活の困難さに加えて、マラリアか鎌状赤血球症と戦わねばならないからだ。けれども、それは問題ではない。鎌状赤血球症のキャリアとそのハーレムの女性たちはさらに多くの赤ん坊を絶えず作っているからだ。

一夫一婦制と比べて一夫多妻制は、男性同士の直接的な競争があることから、健康と生存のための選択圧が著しく強くなる。男性がほかの男性を蹴散らしてハーレムを手に入れるには、申し分のない体調でいなければならないため、ヘテロ接合体の優位性はさらに強まる。鎌状赤血球症またはマラリアのどちらかへの極端な感受性は受け入れがたいほどの弱点になる。一夫多妻制は画一的なヒトの習慣ではないけれど、ある場所である時期に、鎌状赤血球症を引き起こす遺伝子変異の拡散を促進できるほどには十分よくみられた。こうしてマラリアに悩まされる熱帯地域に祖先を持つ人々の多くが、いまだにこの遺伝学的疾患に苦しんでいる。

その他の単一遺伝子の遺伝子疾患には、嚢胞《のうほう》性線維症、血友病のさまざまな形態、テイ・サックス病、フェニルケトン尿症、デュシェンヌ型筋ジストロフィーのほか何百もの疾患がある。これらの遺伝子は、鎌状赤血球症の遺伝子のように潜性だ。だから、これらの疾患が発症するのは、父親と母親両方から変異を受け継いだときである。そのため、これらの疾患は非常にまれなのだが、集団でみると、遺伝子疾患は珍しくはない。ある推定によると、人口の約五パーセントがなんらかの遺伝子疾患にかかっているという。それらがみな死にいたるというわけでもないし、個人を衰弱させる疾患でさえないかもしれないが、地球上の何億もの人々が遺伝子コードにエラーを抱えたまま暮らしているのだ。それらのエラーのほとんどは数世代前に起こり、エラーを持っている多くの人は、ヘテロ接合型でその変異遺伝子を一つ持っているだけなので、そのことに気づいてさえいない。そのエラーに苦しむのは、自分がキャリアだと知らなかったふたりが、たまたま運悪くカップルになった結果なのだ。

遺伝子疾患には、潜性変異ではなく顕性（優性）変異によって引き起こされるものもある。つまり、それぞれの親から悪い遺伝子を受け継ぐのではなく、どちらかの親から一つ受け継ぐだけでその病気が引き起こされる。それらの病気は潜みようがないため、潜性の疾患よりずっとまれな病気だ。顕性遺伝疾患の変異に対する選択圧はたいてい速やかで容赦がない。それでも、それらの変異のいくつかは世代を越えて生き残り、遺伝学的な疾患を引き起こす。たとえば、マルファン症候群、家族性高コレステロール血症、一型神経線維腫症と軟骨形成不全（もっともよくみられる形態が小人症）などがそれだ。これらの病態はひとりの親から遺伝することが多いが、この変異の家族歴がない個人に自然発生的に変異が起こることさえあり（実は、かなり頻繁に起こる）、その結果、疾患はその人の子孫の五〇パーセントに伝えられる。だから、悲しいことに、遺伝子疾患は、親のひとりから遺伝した人の家系で受け継がれるのと同様に、散発的に変異が起こった人々の家系にも受け継がれる。

遺伝学的に顕性な疾患のなかでもっともよく知られているのが、ハンチントン病で、これはとくに残酷な病気だ。たいていの場合、症状は四〇代前半から五〇代後半まで現れない。疾患の発症後、患者の中枢神経はゆっくり悪化していく。筋力低下と筋肉の協調不良から始まり、記憶障害、気分と挙動の変化へと進み、高度な認知機能の低下や麻痺《まひ》が起こり、植物状態に陥り、最終的には昏睡《こんすい》状態になり死にいたる。悪化の歩みは耐えがたいほどゆるやかで、五年から一〇年かかるが、いまのところ、治癒はおろか進行を遅らせる治療法さえ存在しない。患者や家族は迫りくるさまざまな衰えの成り行きを十分わかっていながら、なす術《すべ》がないのだ。

ハンチントン病の原因は、すべての遺伝子疾患と同じくゲノムの変異だ。けれども、遺伝子疾患が自然選択によって消滅せずに生き残っているのなら、鎌状赤血球症でみられたように、なにか理由があるはずだ。ハンチントン病などのように、キャリアはおらず犠牲者だけという遺伝学的に顕性な疾患の場合にこそ、とくに理由があってしかるべきだろう。西欧と北欧では、約一万人にひとりの割合で、この遺伝学的に顕性で、命をおびやかすハンチントン病の変異がみられる（スカンジナビア半島とイギリス諸島でもっとも率が高い）。それほど多くないように聞こえるかもしれないが、その地域だけで最大数十万人になる。アジアの集団におけるハンチントン病の変異の割合は、欧州に比べて低いが、アジアの人口がはるかに多いことを考慮すると、疾患を抱える人の総数はずっと多い。これは次の問題を提起する。ハンチントン病がそのような命にかかわる病気なら、なぜこれほど多く見られるのか？

答えは、ハンチントン病それ自体と同じくらい残酷なものだ。ハンチントン病が発症するころには、生殖に適した年齢を過ぎているため、多くの人がその疾患の遺伝子をすでに子に受け渡してしまっているのだ。だから、病気になった人が死ぬとき、疾患のアレルがともに消えるわけではなく、子孫に残忍な遺伝学的遺産が受け継がれることになる。

ハンチントン病の背後にある遺伝学的性質は、一九世紀後半になってようやく発見された。それまでは、これほどシンプルにこの疾患が遺伝するとは誰も考えていなかった。もちろん、いまでは明らかになっているが、ハンチントン病の性質は、ここ二、三世紀前までは、大半の人々が四〇代になるまでに亡くなっていたために、一部不明なままだった。四〇歳という当時では高齢の域に達する前にその他の病気や感染症などで人々は死んでいたため、現在のように、この疾患がはっきりと家系に沿って受け継がれていなかった。さらに以前は、男性と女性のいずれもが、現在の先進国の人々より早い時期に子どもを作り始める傾向があった。そのため、四〇代まで生きた人々は、すでに祖父母になっている可能性が高く、ハンチントン病のような疾患はゆっくり始まり、初期には特別な症状がないため、症状があっても、認知症や単に年を取ったせいだと誤解されてきた。

ハンチントン病は発症が遅いため、自然選択の影響をそれほど受けずに遺伝する可能性がある。自然選択の力が作用するのは、直接的にせよ間接的にせよ、子孫を作って生きること、つまり生殖年齢期間の生存に影響を及ぼす遺伝性形質のみだ。そこを越えると、次世代の遺伝子プールに自分の遺伝子をすでに受け渡してしまっている。ハンチントン病のような疾患は、個人が作りだす子孫の数にそれほど大きな影響を及ぼさない。**つまり自然選択の盲点を突いているのだ。**

遺伝子疾患はヒト集団では衝撃的なほど一般的で、命をおびやかし衰弱させる疾患であることが多い。世代間で受け継がれたものであれ、散発的な変異の結果であれ、それらはみなＤＮＡの設計図にエラーが生じている。染色体が壊れ、ＤＮＡが変異し、遺伝子が破壊される。進化はときにそれを止めることができない。

これだけではまだ足りないとでもいうように、僕らのゲノムはもう一つの脅威にも耐えねばならない——ウイルスだ。

ウイルスの墓場

役に立たない偽遺伝子と有害な疾患遺伝子が含まれているのに加えて、ヒトゲノムには過去のウイルス感染の名残も含まれている。奇妙に思うかもしれないけれど、それらのウイルスの死骸は広範囲にわたっている。身体中にある全ＤＮＡの文字の割合にすれば、**遺伝子よりウイルスのＤＮＡのほうが多い。**

レトロウイルスといわれるウイルス・ファミリーのおかげで、あなたのすべての細胞には古いウイルスのＤＮＡが詰まっている。動物の細胞に感染する可能性があるすべての種類のウイルスのうち、おそらくレトロウイルスほど不埒《ふらち》な輩《やから》はいない。レトロウイルスのライフサイクルは、混じりけのないＤＮＡ

で作られた寄生虫のように、自分の遺伝物質を宿主細胞のゲノムに挿入するところから始まる。そうやって、宿主細胞の遺伝物質とからまりあった自分の遺伝物質のなかに身を潜めて待ち、絶好のタイミングを見計らって攻撃をしかける。その結果は破滅的だ。

ＨＩＶはもっとも理解が進んでいるレトロウイルスだ。ＨＩＶがヒトのＴ細胞に入り込むとき、そのウイルスが携えているのは、ＲＮＡ（ＤＮＡに非常に近い、もう一つの遺伝コードを持つ分子）でできたわずかな遺伝子と、逆転写酵素と呼ばれる酵素だけだ。ウイルスがその荷を解き、感染プロセスが始まると、逆転写酵素がウイルスのＲＮＡからＤＮＡのコピーを作る。このＤＮＡコピーがその後、宿主細胞内にあるウイルスに感染しているとは疑ってもいない染色体上のＤＮＡに収まる。いったん合体すると、ウイルスはいつまでも待ち伏せしつづけることができ、宿主細胞のＡ、Ｃ、Ｇ、Ｔの果てしない鎖のなかにすっかり隠れてしまう。そして、自由に飛びだしたり、ひょいと戻ったりする。飛びだすときは活動的に攻撃する状態に変わり、戻ったあとは休眠状態になる。このため、ＨＩＶ患者はときどき重度の病気の発作が起こり、そのあと比較的良好な健康状態になるのだ。

だからこそ、**ＨＩＶはいまだに完全に治すことができない。ウイルスがＤＮＡ内で生きているから。**宿主細胞を殺さずにウイルスを殺す方法がないから。Ｔ細胞をすべて殺すという選択肢はない。そんなことをすれば免疫系が作用しなくなってしまう。最近の治療では、そうはせずに患者の生涯にわたって、ウイルスを休眠状態に保つことを目的とする治療法が大きく成功している。

もちろん、一般的にウイルスは、親から子に遺伝的に受け継がれることはない（それでも、子が誕生するとき、あるいはその前の胎内で母から子に感染することはある）。それが遺伝しないのは、ウイルスはT細胞に感染するだけで、親から子へ受け継がれる精子と卵子の遺伝子内には入り込んでいないからだ。とはいえ、レトロウイルス全般で見ると、精子や卵子を作りだす細胞に感染するものもいるので、親のひとりからウイルスのゲノムを文字どおり「受け継ぐ」ことはある。その場合、子どもが生まれたとき、ウイルスは子どもの体内の、あらゆる細胞の染色体に隠れている。それはまるで小さな何兆ものトロイの木馬が、無邪気な宿主に敵を解き放とうと待ちかまえているようなものだ。親は精子や卵子を作りだす細胞にのみウイルスを保持しているだけなのに、子どもは身体のいたるところにそのウイルスを抱えることになる！

このように受け継がれたウイルスのＤＮＡは、拡散するために活動的な感染を引き起こす必要はない。活動的なウイルスはまったく必要ないのだ。ウイルスのゲノムは、いったん精子や卵子の核ＤＮＡに入り込めば、それがなんであれ受け継がれる。ウイルスにとって、これは絶対的な勝利で、拡散するためにそれ以上仕事をする必要はない。

これこそが、ヒトの歴史のなかで数えきれないほど起こってきたことであり、その結果、ウイルスの死体はいまなお僕たちのなかにある。ありがたいことに、それらはいまではかなり変異してしまって、ほぼどれもが感染を生じさせられない。（それでも、あとでみていくとおり、死んだウイルスのＤＮＡでさえ有害になることがある）。

あなたの身体の、一つひとつの細胞内にあるＤＮＡの約八パーセントは、過去のウイルス感染の遺物

（全部でほぼ一〇万のウイルスの死骸）でできている。ヒトはこれらの死骸のいくつかを、系統的に遠い鳥類や爬虫類と共有している。つまり、そのウイルス感染がもともと起こったのは、何億年も前で、それらのウイルスゲノムはそれ以来、静かに意味もなく受け継がれつづけていることになる。

真面目な話、それらのウイルスの死骸は、身体のなかでそれぞれ一日に気が遠くなるほど何度も忠実にコピーされているというのに、そのほとんどはなんの機能も果たしていない。いいニュースは、僕たちに寄生しているウイルスゲノムのほぼすべてが、死体のような状態で沈黙を守り、その、たとえば、活動的なウイルスを細胞に解き放つというような働きをしていないことだ。（ＳＦじみたスリラーのネタになりそうな話だろう？　邪悪な天才が、僕たちのＤＮＡのなかに潜んでいる、休眠中の古代のウイルスを活性化させる方法を発見する。すると、おそらくあっという間に、僕らの身体は内部から壊されていく。）

それらのウイルスはたいていが休眠状態なのだが、遺伝で受け継いだ血染めの過去を持つウイルスのなかには、ときどき姿を現すものもある。ほかの遺伝子を破壊する傾向があるため、長年のあいだ数えきれないほどの人を殺してきたにちがいないウイルスだ。レトロウイルスのゲノムは周辺にジャンプして、ランダムに染色体に入り込むことがある。それは、もはやウイルスを作ることはできないにしろ、出たり入ったりする能力が残っているため、陶器店に飛び込んだウシみたいに、さまざまなものを破壊しかねず、重要な遺伝子に飛び込んだら、重大な害を引き起こすかもしれない。これだけでも十分奇妙な話なのだけれど、僕たち自身のＤＮＡの一部もゲノムのなかをジャンプすることがわかってきた。

飛び跳ねるDNA

おそらくもっとも珍妙で、間違いなくもっとも大量にある、役立たずのDNAを最後に紹介しよう。ゲノムに潜んでいるそれは、なんども反復するDNAの領域で、転移因子と呼ばれている。転移因子は遺伝子ではなく、上述のレトロウイルスのゲノムと同じく細胞分裂のときに位置を変えて、動きまわることができる染色体の一部だ。

いま聞いても、怪しげな話だと思う人がいるかもしれない。それなら一九五三年にバーバラ・マクリントックがこのDNAのことを初めて提唱したときは、どれほどバカげて聞こえたことだろう。トウモロコシの葉に遺伝するデタラメな縞模様に説明をつけられるのは、バーバラがみつけたその理論だけだった。だが、科学界は完全に疑ってかかり、バーバラの考えを議論さえせず無視した。それでもバーバラは休むことなく研究に打ち込み、理論をさらに洗練させて、トウモロコシを使って何度も骨の折れる実験を行い、理論を試した。バーバラが転移因子の存在を初めて提唱してから二〇年以上の歳月が流れたあと、このときはより〝伝統的な〟研究グループが、細菌でこの現象を発見した（引用符には、つまり〝男性がリーダーの〟という皮肉を込めた）。これによって、科学界はマクリントックの偉業にもう一度目を向け、彼女が正しかったことを認めざるをえなくなった。マクリントックは、一九八三年に科学界でもっとも栄えある賞、ノーベル賞を受賞した。

Alu という特定の転移因子は、僕たちのゲノムのなかでこれらの因子がどれほど奇妙な存在かを示すいい

例になる。これらの「飛び跳ねる」DNAのかけらは、それらがどうやっていまの形になったのかも表している。*Alu*因子は、ヒトとその他の霊長類にもっともよくみられる転移因子なので、僕たちはこの転移因子については、よく知られている。なにしろ、ヒトのゲノムにはこれのコピーが一〇〇万もあるのだから。これらのコピーはあらゆる場所、あらゆる染色体、遺伝子、遺伝子と遺伝子のあいだなど、とにかくどこにでも散らばっている。どうやってヒトゲノムに入り込んだのかという話は信じがたく、ぜんぜん本当らしくない。

むかしむかし、一億年以上前の地球で生きていた生物のゲノムには、奇妙なふるまいをする*7SL*といわれる遺伝子があった。こんにち、あらゆる生物の生きている細胞はみな、細菌や真菌からヒトまで、*7SL*のある種のバージョンを持っていて、それがタンパク質の生成を助けている。けれども、ある古代の哺乳類の精子と卵子のなかで、一つの分子にミスが生じた。一方の*7SL* RNA分子の頭がもう一つの*7SL* RNA分子の尾部に結合し、一つに融合した。偶然に、あるレトロウイルス感染がその同じ細胞を破壊していて、そのウイルスの一つがたまたま、このできそこないの倍になった*7SL* RNA分子を捕まえ、このDNAのコピーを作り始めた。このDNAのコピーはその後、名もない哺乳類の細胞のゲノムに戻り、*7SL*の複数のコピーを作った。正常なバージョン（僕たちはいまだにそれを持っている）を一つと、融合したコピーをたくさん。異常なものとは知りもせず、細胞はこの融合した*7SL*遺伝子を、正常な遺伝子であるかのようにRNAに転写した。そして、さきほどのレトロウイルスが再び融合した*7SL*遺伝子のRNA生成物を使ってDNAのコピーを作った。そのコピーの一部がゲノムに入り込み……。というように、このサイクルが何度も繰り返され、因子は指数関数的に増幅した。*7SL*融合因子はいまでは*Alu*と呼ばれている。この、もともとは細胞とウイルスが作った*7SL*融合因子がどれほど多くあるのかわからないけれど、大量にあることはまちがいない。

まったくの偶然で、その精子や卵子に由来する子孫が、げっ歯類やウサギや霊長類を含む超霊長類といわれる哺乳類のグループ全体の祖先になった。これがわかったのは、これらの動物はみな奇妙な*Alu*因子のおびただしい何十万ものコピーを備えているのに、ほかの動物にはこれがないからだ。

この規模の分子レベルのアクシデント――つまり、気まぐれに変形した遺伝子が、数十万のコピーになり、ある生命体のゲノム中に散らばるという結果になった――が、その動物に深刻な悪影響を及ぼしていたかもしれないと、あなたが思うのも無理はない。ここでいう超霊長類には、もちろんそんなことは起こらなかった。少なくともすぐには。それらのコピーと挿入部分は、たとえ害があったとしても、たいして影響を及ぼさないDNAの領域に、あたり障りなく落ち着いた。*Alu*配列は最初に配列をもった生命体からその子孫へと拡散し、徐々に古代の種とそのすべての子孫のなかで固定された。*Alu*はその後、コピーと拡散、変異、自分自身への挿入、さらなる挿入を繰り返し、ゲノムのなかで跳びまわってそのふるまいを続けた。そのふるまいの大半は害がないが、ときおり大混乱をもたらすことがあった。

じつは、進化の過去を掘りさげなくても、一〇〇万のランダムな挿入が起こり、ゲノムが引き裂かれたときに生じる害を特定することはできる。こんにちまで、**危険な*Alu*の挿入によって生じた遺伝学的ダメージのせいで、ヒトはさまざまな疾患にかかりやすくなった。**たとえば、*Alu*とその他の転移因子が壊した遺伝子のアレルは、血友病A、血友病B、家族性高コレステロール血症、重症複合免疫不全症、ポルフィリン症、デュシェンヌ型筋ジストロフィーの原因となっている。*Alu*は重要な遺伝子に強引に割り込み、その遺伝子を完全に破壊、または機能できないようにしてしまう。*Alu*やほかの転移因子が遺伝子に割り込むことによって、二型糖尿病や神経線維腫症、アルツハイマー病に加え、乳がん、大腸がん、肺がんや骨のがんなどに対しても遺伝学的な感受性が生まれ、病気にかかりやすくなる。〝遺伝学的な感受性〟とはつまり、その遺伝子が完全に破壊されたのではなく弱められたことを意味する。それでも、この遺伝学的ダメージは過去数世代で、何百万人ものヒトの命を奪ってきたことは疑いようがない。

転移因子の存在は、進化のリアルな不備のように思える。自然選択はこのような有害な遺伝物質を排除するはずじゃなかったのか？　とはいうものの、心にとどめておくべきことは、進化は、個人レベルだけでなく、遺伝子や、ひとつづきの小さな非コードDNAのレベルにも、しばしば作用するということだ。そう、ランダムな変異は個人にとっては不利な結果になるかもしれないが、それ自体の自己複製の力を通じて依然として生き残ることがある。これは、リチャード・ドーキンスが著書『利己的な遺伝子』（紀伊國屋書店）で述べている大胆な洞察だ。簡単に説明すると、*Alu*などのDNAの小片が自己の複製と増殖を促進するために活動できるなら、それが宿主動物に害を与えるかどうかにかかわらず、たとえその宿主動物が繁殖する前にひどく傷ついて死ぬことになったとしても、そのDNA小片は自然選択を味方につけるだろう、という見解だ。*Alu*の場合、この遺伝的コードの小片は、複製にかなり熟練しているため、複製のしすぎで宿主が死んでしまうことがあっても、それ以上にこの因子にとっては利益があることを証明している。

　さまざまな*Alu*配列をすべて合計すると、一〇〇万を超えるコピーがあなたのDNA中に広がっていて、この寄生的な分子は全ヒトゲノムの一〇パーセント以上を占める。しかもそれは*Alu*だけの話だ。すべての種類の転移因子の挿入を合計すると、ヒトゲノムの約四五パーセントにもなる。ヒトのDNAのほぼ半分が自発的に複製され、何度も繰り返され、危ういジャンプをする遺伝学的にはまったく意味のないものでできている。それを僕たちの身体は、何兆個もの細胞のなかでそれぞれ律儀にコピーし保存しているのだ。

結び：幸運な出会い

　本書で何度も目にしてきたことだろうけれど、ある種の不備は自然にあらかじめ組みこまれている。それらはシステムに起こったバグではなく、（いわば）特性なのだ。だから、僕たちそれぞれが、DNAのなかに一〇〇万の無用な*Alu*を保持し、複製しているという事実はたしかに奇妙な話だが、現段階ではそれも、僕たちの身体に備わった特質なのだ。そして、**ほかの欠点が特性になったように、*Alu*もときに、非常にまれではあるが、まったく予想外の利益をもたらす。**

　*Alu*によって変異が促されるという性質は、たいていDNAに損傷を与えるのだが、ときどきはDNAに役に立つ変化を及ぼす。ゲノムのなかを飛び跳ねることで、*Alu*はその生命体の変異率を高め、ときおり、

染色体を半分に割る引き金になることさえある。染色体の変異と損傷は、ほぼいつも、それが起こった個体にとっては悪い結果になるので恐ろしい話に聞こえるが、長い目でみると、じつは利益になることがある。変異率が高い動物の系統は、適応力が高くなり、長い時間の流れでは遺伝学的により柔軟性があるからだ（それらの変異のせいで絶滅しないならばの話だが）。

*Alu*が引き起こした有害な変異のせいで苦しみ、亡くなってしまった個人にとっては、たいした慰めにもならないが、まれに起こる役に立つ変異が進化の道を劇的に変化させることもある。これを評価するためには、かなり長い視点でみるべきだけれども、たまに生じる有用な変異は自然選択による新たな適応を生む材料になる。これのもっとも有名な例は、僕たちの種に優れた色覚をもたらした変異だ。

およそ三千万年前、すべての旧世界ザルと（ヒトを含む）類人猿の共通祖先にランダムな*Alu*挿入が起こり、その後、その変異からさまざまな色を見分ける能力が向上した。僕たちの網膜には、特定の波長の光、つまりさまざまな色の検出が得意な錐体《すいたい》という名前の細胞がある。それらの錐体細胞はさまざまな色に反応するオプシンというタンパク質を備えている。三千万年前に、僕たちの祖先は、それぞれべつの色に反応する、オプシン・タンパク質の二つのバージョンをもっていた。その後、遺伝子重複という現象のおかげで、幸運な遺伝学的アクシデントが起こった。

簡単に言うと、ある*Alu*因子（別にシャレではない）が、ゲノムに割り込むといういつもの作業を行い、オプシン遺伝子の近くの染色体に入り込んだ。そして、自分をコピーして飛びだしたが、うっかりオプシン遺伝子を完璧かつ無傷でコピーし、そのコピーもついでに連れて行った。つまり、この新たにコピーされた*Alu*因子がゲノムのどこかに戻ったとき、オプシン遺伝子のコピーも一緒に持ち込まれたのだ。すると、ジャジャーン！　この幸運なサルのオプシン遺伝子は二つから三つになった。**これを遺伝子重複という。**

遺伝子重複は*Alu*の通常のふるまいの結果なので、僕たちには大量の重複部分があるとは言え、**くっついていったオプシン遺伝子が完全にコピーされ、またもとどおり再挿入されたことは奇跡に近い。**最初、追加された遺伝子はコピー元とまったく同じだったはずだ。ところが、この種が二つではなく三つのオプシンを持つと、この三つの遺伝子は自由に変異し、別べつに進化した。変異と自然選択を経て改良を重ね、古代のサルの網膜には、もともとの二つではなく、色を検知する三種類の錐体細胞が備わった。このサルの子孫は僕たちを含め、みんな三つの異なる種類の錐体細胞を持っている。これは三色型色覚と呼ばれる形質だ。

三色型色覚は、二つだけでなく三種類の錐体があることで、より広範な色の領域を認識できるようになったのだから、動物として誇ってもいい特性だ。類人猿と旧世界ザルはイヌやネコ、少し遠い同系の動物にあたる新世界ザルよりもずっと豊富なカラーパレットを認識することができる。色の検出力の改良は、熱帯雨林という生息地で非常に有用だった。*GULO*遺伝子が数百万年前に破壊されているため、果物をみつけることがそれらのサルや類人猿にとってはとても重要なことで、大きく改良された色覚は、密林で熟した果物をみつけるのに非常に役に立った。まさに予期せぬ展開だが、**僕たちの優れた色覚は、放浪する*Alu*因子が引き起こした変異のおかげなのだ。**

オプシン遺伝子の複製と、その結果として、三色型色覚が生まれたのは、ちっともありそうにない出来事が続いたせいだが、これは、もってこいの進化だった。ときには信じられないことが起こることがある。その大半は良くないことだが、いいことが起こると、それはきわめていい結果になる。

4 章

子作りがヘタな ホモ・サピエンス

ヒトでは女性の排卵時期と妊娠のタイミングがわかりにくいわけ。すべての霊長類のなかで、ヒトがもっとも受胎率が低く、乳児と母親の死亡率が高いわけ。頭蓋骨が巨大なせいで早めに生まれなければならないわけ、などなど。

進化の前提条件の一つで、おそらくもっとも重要なことは、種は（多く）繁殖しなければならないということだ。

なぜならそれは、自然界の生物がつねに競争しているからだ。僕たちを除く（現代の医学のおかげで）すべての種に言えることだが、誕生した個体の大多数は、子孫を作れるほど長く生きられない。これは、ダーウィンが認識した重要な事実の一つだった。ダーウィンは、すべての生命体はつねに繁殖し、大量の子孫を作っているようにみえるが、それでもその集団のサイズがほぼ同じままだということに気づいていた。これは、大半の個体にとっては、生きることそれ自体が、失敗しやすく挑戦的な課題だということを意味している。

ある種がどうにかして生き残り、競争に勝つための唯一の方法は、数多くの赤ん坊を作ることだ。一部の動物はほかの動物より赤ん坊の数が少ないが、そのぶん世話がよくできる。一方ほかの動物は膨大な子孫を作るが、まったく世話をしない。それでも、どの種にとっても、多くの子を作ることは、個体にとって、生涯で唯一の目標とは言わないまでも、重要な目標の一つだと言える。僕たちはみな、より多くの分身を作れと、本能に突き動かされる。そうするしか種が生き残る方法はないからだ。

もちろん、ヒトを含め生き物は、生涯の目標として繁殖のことだけを考えているわけではない。僕たちが自分の子を生かそうとするのは、心の底に親としての本能があるからであって、遺伝子をあとの世代に残そうと意識しているせいではない。それでも〝事実〟は残る。**僕たちは遺伝子を受け渡したいという欲求を脳に組み込まれているのだ。**

生物が遺伝学的な遺産を安全に保てる唯一の方法が「繁殖」なのである。生物は、確実に子孫のいくらかを残し、それらが繁栄して、さらに子孫を残すようにせずにはいられない。事実上の約束事として、多くの子孫が死ぬからだ。捕食者や敵に命を奪われなかったとしても、感染症によって命を落とす。したがって、強力な自然選択のもとで、すべての動物たちは繁殖へと激しく駆り立てられる。

ヒトが地球上のほかの種を打ち負かすのに成功していることを考慮すると、僕たちは繁殖のあらゆる問題を攻略しているはずだと、あなたは思うかもしれない。けれども、むしろ**ヒトの繁殖は効率が悪い**。きわめて非効率だ。僕たちは、精子や卵子の形成から子どもの生存まで、生殖プロセスのほぼ全体を通じてエラーや不備を抱えているため、動物界でもっとも繁殖効率の悪い動物の一種と言える。僕がこれを非効率と表現するのは、たとえば、飼育されている哺乳類のペアなら、ヒトより子孫を多く増やせるからだ。要するに、ほかの哺乳類の多くはこの作業がもっと得意だ。あなたが妊娠可能な二匹のネコを飼っていたとすると、一、二年もすれば、ネコは一〇〇匹近くに増えているだろう。ふたりのヒトから始めたら、数年後、ひとり増えているかどうか……。そう、ヒトは妊娠してから出産するまで時間がかかる。そして、これからみていくとおり、制限はそれだけではない。

ヒトの繁殖の効率の悪さは、一番近い同系の動物を含め、ほかの哺乳類の繁殖能力と比べて並外れている。奇妙なことに、なぜこうなったかについて、合理的な説明はほとんどみつからない。繁殖の難しさのある面については原因が理解できるのだが、そのほかはほとんどわかっていない。理由はともかく人類には受胎能の問題があふれている。

現在、世界の人口が七〇億人を超えているという事実を考えると、僕たちが子を作ることについてそれほど効率が悪いとは、にわかには信じがたいかもしれない。それでも、ある意味、「この方面が不得手」だということが、僕たちの進化上の成功を、いっそう印象的なものにしている。

繁殖力のない支配者

僕たちは繁殖力が低いと聞くと、なにか一つの大きな問題のせいではと考えがちだ。たとえば、巨大な脳のせいで、巨大な頭蓋骨が必要になり、そのせいで母親と子にとって出産が危険なものになっているなど。だが、ことはそれほど単純ではない。繁殖プロセス全体――つまり、精子と卵子の形成から赤ん坊の生存まで――にデザインの不備を示すさまざまな問題がある。そのシステムのどこをとっても、ヒトの生物学は僕たちが知っているほかのどの哺乳類より不完全だ。このプロセスには、なにかひどくおかしなところがある。

それらの非効率は、なにかしら適応に関係しているはずだと主張する人がいるかもしれない。ひょっとすると、人口増加のコントロールなど、それなりの目的があるのかもしれないと。このあとでこの可能性を考察するが、現在とくに特筆すべきことはなにもないし、もしそうなら、非常にみじめな妥協案だろう。ほかの種はもっとずっと洗練された方法で同じ目的を果たしている。たとえば、オオカミの群れには〝ヘルパー〟という役割のオオカミがいる。このオオカミは、自身の繁殖を控えて血縁者の世話をするが、身体のどこかが悪いわけではなく、解剖学的な生殖構造に問題はない。**社会的な構造によって、一部のオオカミが禁欲することを選ぶのだ。**この選択は、群れのリーダーが死んだり、戦いでリーダーが交代したりしたとき、変えることができる。

ところがヒトはそういうわけにはいかない。多くの個人にとって、不妊は自分が選んだことではないし、医療技術の助けがなければ、通常は妊娠可能な状態に戻れないし、その大半がごく最近の問題だ。生物学的にかみ合わないだけでなく、ヘルパー・オオカミや働きバチ、働きアリなどその集団の利益のために自らの生殖の機会を犠牲にするほかの生物と比較することなど、不妊の挫折感と苦しみを経験したすべての人にとって非常に酷な話だ。しかもこれらの人々の数は数百万にのぼる。驚異的な割合の人々が長期間の、または永久的な生殖障害を経験している。

この不妊症が家族に代々起こること（この苦々しい皮肉を受け止めるのには少々時間がかかる）や、通常は外見的であれ内面的であれ症状がないことを考えると、この事実にはさらに圧倒される。働きバチやヘルパー・オオカミは自分や仲間たちの役割とそれに伴って繁殖できないことをおそらく認識している。だが、それとは対照的に**人々の多くは、子どもを作ろうとしてみるまで、自分の受胎能に問題があるとは考えてもいない。**

なんらかの理由があって生殖に問題を抱えている人がいることは、誰もが承知している事実だ。地域的なことや、不妊をどう定義するかによっても推定は変化するが、大半の研究では、子どもを作ろうとしているカップルの七〜一二パーセントが長期的な問題に直面すると報告されている。受胎能の問題は女性と男性に等しく共通していて、うち約二五パーセントでは、パートナーの両方に生殖の問題がみつかるという。

この問題に悩む多くの人が知っているとおり、受胎の問題は人によってそれぞれ独特な影響を精神衛生面に及ぼす。精神的な苦悶を引き起こすほどではなくても、不妊自体よりずっと身体を衰弱させる数多くの病気や病的な状態に陥る人がいる。子どもを持つことができないと考えるだけでも、多くの人々は心の奥深くに打撃を受ける。大多数の人は子どもを作ることに駆り立てられ、それに失敗すると、徹底的に傷つき、活力と自信が粉々に砕かれる。人々はなにも間違ったことをしていないのに、不妊の生贄《いけにえ》にされてしまうのだ。

僕たちは人生のある時点でみな不妊状態だった。もちろんここで言っているのは、性的な成熟に達する前にヒトが経験する不妊についてだ。その期間自体をあなたは不妊とみなさないかもしれないが、それでも、種の繁殖ということでいえば、成人の受胎能と同様の影響がある。

第一に、ヒトの成熟は大多数のほかの哺乳類や、より近い類人猿たちと比べても、やや遅い。ヒトの成熟は平均して、チンパンジーと比べて二、三年、ボノボやゴリラと比べて四、五年遅い。もちろん、これにはちゃんとした理由がある。ヒトの赤ん坊の頭の大きさを考えると、出産時にその頭の大きさに合うように、女性の骨盤も十分大きくなければならない。身長の低い女性の場合、出産時に死亡する可能性が（そうでなくても高いのに——これはあとで取りあげる）きわめて高くなる。だがこれは、男性の成熟が遅い理由にはならない。といっても、女性よりさらに遅い男性の成熟は、種の繁殖力という点にはあまり影響がない。たとえ大多数の男性がたまたま不妊になったとしても、男性とその精子は種の繁殖を制限する因子にはならない。

けれども、ヒトの女性の成熟の遅さは、繁殖の効率を下げる。受胎能を得るまでに長くかかると、妊娠するまで生きられない可能性が高まるからだ。思いだしてほしい。更新世や、石器時代、近世（前期）にも、ヒトは生まれ、死んでいることを。野生で生きる命は突然の悲劇的な死を迎えることが多かった。つまり、ひとりの女性が子を作らない年が一年増えるごとに、子孫を残さずに死ぬ確率が高まる。現在は、これは大きな問題ではないが、僕たちの種の存在にとっては重大な課題だっただろう。現代医学が出現するまで、現在のようには長生きできなかったというだけでなく、ヒトの死亡率は生涯を通じてきわめて高かった。歴史の大半で、多くの人が若くして亡くなっている。だから、その人は子どもを残していない。

というわけで、性的な成熟の年齢は繁殖力を制限する第一の因子であり、ヒトに限らずすべての種にあてはまる現象だ。たとえば、規制当局が、絶滅の危機に近いまたは絶滅が危惧される種のうち、保護をもっとも必要としている種はどれかを考えるとき、生殖成熟年齢は一つの重要な因子となる。**クロマグロは**保護が必要な魚類としてよく例に挙げられるが、それは何十年もの乱獲があったからだけでなく、**雌が二〇歳になるまで性的成熟に達しない**からだ。つまり、乱獲によってこのような集団が打撃を受けると、元に戻るまで非常に長い時間がかかる。

けれども、繁殖前の長い期間を終え、性的成熟に達したあとでさえ、遺伝学的伝播《でんぱ》の重要な媒体である精子や卵子を高い質で形成することは多くの場合、簡単ではない。

男性から始めよう。米国疾病予防センター（ＣＤＣ）の二〇〇二年の研究によると、四五歳以下の男性の約七・五パーセントが不妊治療専門医を訪れたことがあるという。これらのうち大多数が「正常」、つまりとくになにも悪くないと診断された一方、約二〇パーセントは、伝統的なルートでは生殖させるのが難しい、または不可能な、標準を下回る精子や精液だった。

精子は驚くほど小さな泳ぎ手だ。ヒトの細胞のなかではもっとも小さい部類に入るが、泳ぐのはもっとも速い。膣《ちつ》のなかに放出されたあと、精子は卵子にたどり着くために約一七・五センチメートル泳がなければならない。精子細胞自体はたった〇・〇〇五五センチメートル（五五マイクロメートル）ほどしかないのだから、距離は体長の三〇〇〇倍以上あり、人間なら約六キロメートルにあたる距離だ。さらに印象的なのは精子の泳ぐ速度で、毎分二、三ミリメートル、人間にたとえると速くて毎時六キロメートルになる。このスピードなら、六キロメートルの距離を約一時間で泳げる計算だ。競泳選手なら一気にこれくらいのスピードに達するだろうが、そのスピードで泳げる距離はせいぜい数百メートルだろう。そう考えると、この妙技がよりいっそう印象深いものに思えてくるはずだ。

けれども、**男性の精子は、一時間では膣から卵管まで進めない**。なぜなら、彼らはデタラメな方向へ泳ぎまわって多くの時間を費やしてしまうからだ。

ご存じだろうか？　ヒトの精子細胞のなかにはらせんを描きながら進むヤツがいる。ある研究によると、ヒトの精子の一部は、コークスクリューのようにらせん状に前進する。しかもそのらせん運動をする精子の九〇パーセントが右回りなのだ。そういう〝無駄〟に元気な精子がいるせいかどうかはわからないが、卵管で受精を待つ卵子のところに精子がたどり着くには、三日もかかることがある。しかも、ゴールが近くなるころには、数もかなり減っている。これが、男性があれほど大量の精子を作りだす理由の一つだ。**たった一つがゴールにたどり着くために、二億近くがスタートを切らねばならない。**

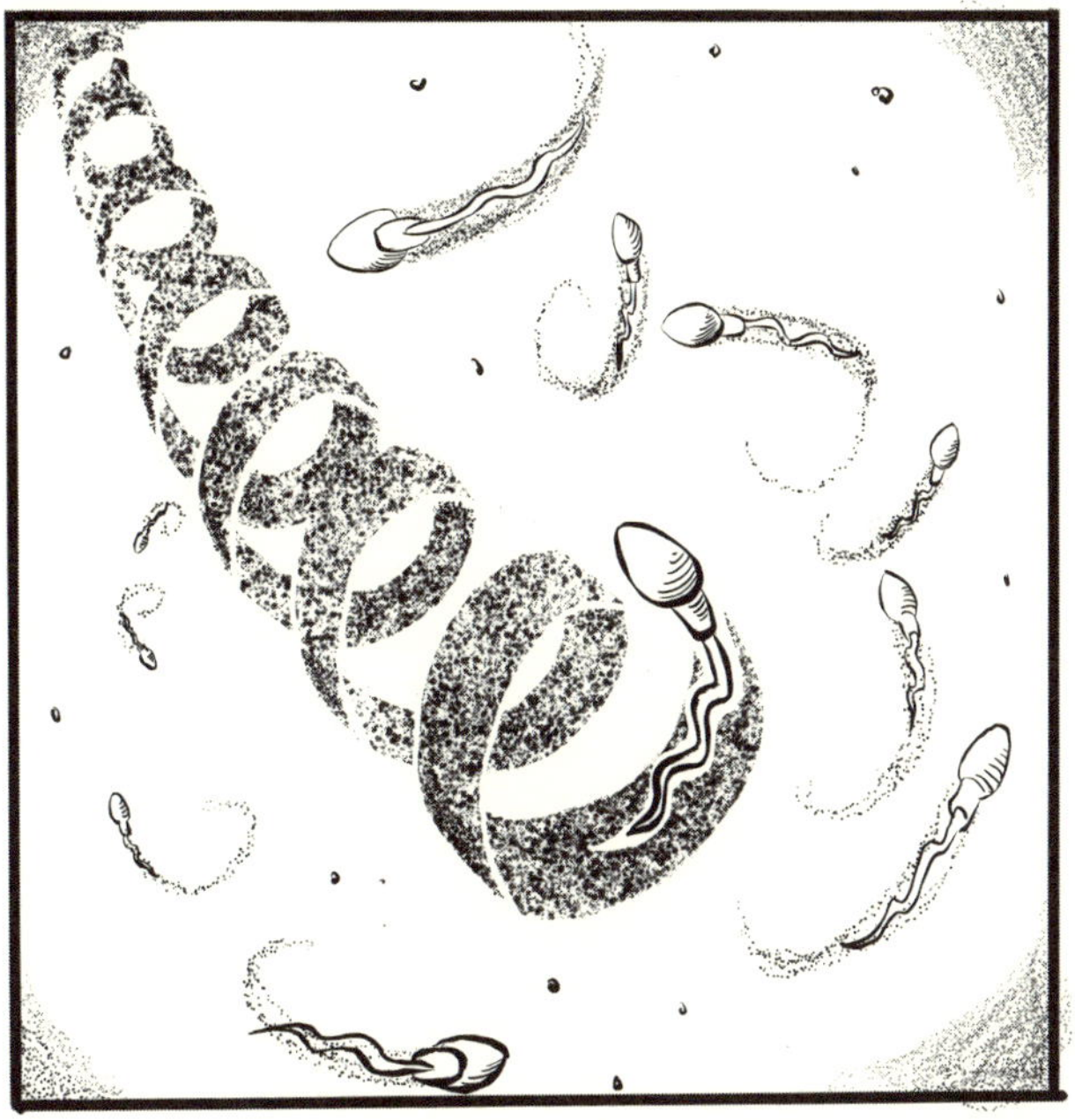

精子の一部はコークスクリューのような動きで尻尾を動かし、全体的にランダムな軌道で右回りの円を描くように泳ぐ傾向がある。このように、卵管までのとても短い距離を旅するために、実際は驚くほど長い距離を泳いでいる可能性がある。

　精子数の低下は、男性不妊でもっとも一般的な問題だ。男性の一、二パーセントがこの問題に悩まされている。それらの男性は、一回の射精あたりの精子を一億（かそれ以下）しか作りだせない。射精量には大きくばらつきがあるため、精子数は一般的にミリリットルあたりの精子数で計測される。健康な精子数の基準について、医学の専門家の意見がかならずしも一致しているわけではないけれど、平均はだいたい一ミリリットルにつきおよそ二五〇〇万以上だ。一五〇〇万以下は低いとみなされ、五〇〇万以下は非常に低いとされる。この範囲の精子数の男性が、標準的な方法で相手の女性を妊娠させる可能性は非常に低い。場合によっては、ホルモンや解剖学的構造に問題があっても、薬物治療や生活習慣の改善を組み合わせたり、食生活を変えたりすることによって健康的な精子数に戻ることがある。とはいえ、大多数は、食生活や生活習慣の変化を通してできるかぎり努力しても、精子数は少ししか増加しない。

精子についていえば、男性が直面する問題は数の少なさだけではない。精子は、運動性が低かったり(つまり動きが遅い)、構造がよくなかったり(つまり奇形)、活力が低かったり(つまり多くが死んでいる)する。精液のpH値や粘性、液化時間(訳注:射精後、精液の粘性が変化し液状になるまでの時間)が異常だったりしても、受胎は困難になる。要するに、多くが失敗に終わる。

女性も、卵子の形成と放出に関して同じような一連の問題を抱えている。女性の生殖系は男性のそれよりはるかに精巧で、だからこそ合併症にかかりやすい。それらの大半は子宮で起こるが、それによって妊娠を維持する能力が損なわれ、なかにはそもそも健康な卵子を放出するのが困難な女性もいる。

女性の不妊問題の約二五パーセントは、健康な卵子の排卵の失敗に由来する問題だ。ほとんどの場合、なにがその問題の引き金になっているのかはわからないが、いくつかの遺伝的症候群やホルモンにかかわる疾患が犯人として特定されている。幸運にも、現代科学は女性の生殖周期を軌道に戻す方法を用いて相応の成功を収めている。多くの女性は自分のホルモンで排卵をうまく促せないときでも、綿密にタイミングを合わせてホルモン注射を使うことで、排卵が誘導される。その治療はよく作用するため、一度に一個以上の卵子が放出される。これによって、欧州や北米では二卵性双生児の率が著しく増加している。

親になるかもしれない男女がそれぞれ健康な精子や卵子を形成し、放出したとしても、妊娠できるという保証はない。第一に、精液の注入は、排卵と非常に入念にタイミングを合わせて行わなければ成功しない。標準的な二八日の月経周期では、**最良のシナリオでも、妊娠可能な期間はたったの三日で、チャンスとされているもっとも一般的な時間は二四時間から三六時間だ。**要するに、完璧に妊娠可能なカップルでさえ、通常は女性が妊娠するまで何カ月かは努力しなければならない。

正しくタイミングを合わせるにあたって最大の壁は、**ヒトの排卵がみた目ではまったくわからない点**だ。男性も女性も、それがいつ起こるのかはっきり知らない。基本的に、ほかの類人猿を含め、ヒト以外のすべての哺乳類の雌が発情周期の妊娠可能な時点に入ると大々的にそれを宣伝するのに比べて、ヒトの女性はかなり異なっている。たしかに、ほかの動物も妊娠可能期間以外に頻繁に交尾を行っていて、パートナーとの絆《きずな》を強めるなど、多くの生殖目的以外の交尾が明白に示されている。とはいえ、ゴールが子孫を作ることだとしたら、妊娠にベストなタイミングが明らかなほうが、都合がいいことはまちがいない。

なぜ、ホモ・サピエンスは特別に排卵が隠されているのだろう？　適応の目的で隠しているのかもしれない。男性は、女性がいつ排卵しているかわからなければ、つねに女性のそばにいないかぎり子どもが自分の子かどうかわからない。排卵が明らかであれば、リーダーの男性は排卵している女性ばかりと性交することができ、子孫のために投資して女性のそばにいる代わりに、自分の遺伝子を広く拡散することができる。したがって、**隠された排卵によって、ヒトはより長く続く男女の絆を形成し、子孫へ向け父系の投資が促される。**ところがここでも、この身体の特性がバグにもなり、わかりにくい排卵のおかげで、ヒトの繁殖の非効率性にさらに拍車がかかる。ほかの動物は、性周期の妊娠可能期間がはっきりわかるのに、ヒトは推測しなければならない。

ほかのほとんどの哺乳類は、妊娠に成功することが多いため、雌は交尾した直後から、たとえ実際は妊娠していなくても、自動的に妊娠サイクルに入る。たとえば、ウサギやマウスでは、精管を切除した雄が雌と交尾したとしても、雌の子宮は、その後何日も子に栄養を与えるための準備を行う。この状態を偽妊娠という。これらの動物では有性生殖がかなりの確率で成功するため、発情期にある雌が交尾したときはいつも、雌の身体は妊娠したと認識するのだ。

ヒトが、妊娠可能な期間に性交するたびにいつも妊娠したら、ウサギ並みに繁殖していくだろう。けれども、卵子と精子が健康で、精子が卵をみつけ、受精が起こったとしても、まだ妊娠が生じたという確かな見込みはない。むしろ、受精の瞬間からそのさきにこそ、エラーが起こりがちなステップが数多く待ち受けている。

米国産科婦人科学会（ACOG）によると、診断された全妊娠のうち一〇〜二五パーセントが第一トリメスター（妊娠第一期）〔一三週目。（訳注：日本の数え方では一一週目にあたる。以降はカッコ内に表示）〕以内に自然流産する（単に流産ともいう）。これはおそらく、認識された妊娠が流れた数だけを含めているため、かなり過小評価された数字だ。生体外の受精の研究から、染色体のエラーやほかの遺伝学的な災難はびっくりするほど多くあり、妊娠が認識される前に、初期のステップで失敗に終わることがあると示されている。発生学者の推定によれば、それ以外は標準的な精子と卵子であっても、すべての受精の三〇〜四〇パーセントは、胚が子宮壁に着床しそこねるか、着床したとしても間もなく自然流産という結果に終わるという。

妊娠第一期を過ぎたあとの流産は、初期の自然流産ほど多くはないが、ヒトの生殖プロセスに問題を引き起こす。一三週（一一週）を乗り切った妊娠のうち、三〜四パーセントは二〇週（一八週）を迎える前に終わる。二〇週（一八週）を過ぎてからの流産は、妊娠の一パーセント未満で起こる。そんなこんなで、ヒトの受精卵――精子と卵子の合体と呼ぶ人もいる――の驚くことに二分の一は、数日〜数週間しかもたない。ときどき思うのだが、正直なところ、毎年何千ものドングリを落として、一本か二本の苗木をせっせと育てようとしている巨大なナラの木に比べて、ヒトのほうが効率がいいと言えるだろうか。

ヒトの受胎能に関してもっとも注目すべき事実は、すべての流産のうち最大八五パーセントが染色体異常によるものだということだ。つまり、それらの胚は、過剰な染色体や欠けた染色体、ひどく壊れた染色体を持っているということになる。これに基づいて計算すると、ヒトの精子と卵子が結合したとき、その胚が傷のない適切な数の染色体をもっている確率は約三分の二しかないことになる。流産の残りの一五パーセントは二分脊椎や水頭症などさまざまな先天性の病気によって生じる。

もちろん、染色体の問題やほかの先天性の障害は、女性が妊娠したあとの問題だ。ときには、妊娠にたどり着けさえしないことがある。なにもかもが正常に進んでいるときでも――健康な精子が適切な場所と適切な時間に健康な卵子をみつけ、染色体が正しく混ざりあい、過剰なものも欠けるものもなく受精卵を作ったとしても、妊娠が起きず、その理由もわからないときがある。これは着床失敗と呼ばれ、衝撃的なほど頻繁に起こる。発達しつつある胚が子宮壁にうまく付着できず、栄養が不足して死んでしまうのだ。

しかも、胚が着床したときでさえ、女性の身体はときどき、月経を開始すべきでないと確信しそびれることがある。つまり、胚が最初の課題、つまり母体が子宮内膜を排出しないよう止めるのに失敗する。子宮内膜は子宮の内壁に張られた培地で、そこで胚が育つ。着床からつぎの月経までは約一〇日の猶予があるので、胚はすぐにヒト絨毛《じゅうもう》性ゴナドトロピン（ＨＣＧ）というホルモンを分泌するために働く。このホルモンは、子宮内膜の内張りを保持し、月経を止め、胚が流れずに、育ちつづけられるようにする。ところが胚の多くがＨＣＧを十分に分泌できず、月経を止めそこねる。そのため、完璧に健康に成長していた胚が、これといった理由もなく母親の月経の血とともに失われる。

はっきりとはわからないが、控えめに見積もっても、完全に健康な受精卵が着床に失敗したり、月経を止められなかったりする割合は約一五パーセントだ（これに加えて、明らかな理由があって生き延びられない受精卵が三分の一ある）。**よくわからない理由で不妊を経験しているカップルのなかには、受精は無事に完了するのに、胚が子宮に根を張れない人たちがいる。**

生殖系のこの不具合は、妊娠しようと努力しているカップルにとってはとくに腹立たしく、心が痛む問題だ。これらはみなデザインの不備であって特性ではない。完璧に健康な胚が自然流産することや、健康にみえる生殖器がそもそも妊娠できないことを正当化する理由はなにもない。

妊娠し、健康な妊娠を維持しようと努力しているカップルが直面するすべての問題を考えると、妊娠期間を乗りきれることは、すばらしいことだ。とはいえ、それを乗り越えても、最後の難関が待っている。

出産による死

幸運にも適切な数の染色体を備え、着床に成功し、妊娠期間に着実に成長した胚は、最後のハードルを越えねばならない。出生だ。ありがたいことに、現代医学の進歩によって、このプロセスに伴うリスクはかなり軽減した。だが、誤解してはいけない。ヒトの歴史の大半で、出産は非常に危険な試みであったし、（現在でも）母親は言うに及ばず、多くの子どもがこれを生き抜くことができずに命を落とす。

世界的な統計としては、出生時に死亡する子の割合は記録されていない。その代わり、乳児死亡率が一般的に、出生後一年を生き延びられなかった子（母親の陣痛から子の最初の誕生日までに死亡したすべての子）の割合として報告されている。

二〇一四年現在、一国を除いてすべての主要先進国の乳児死亡率は〇・五パーセント未満である。その例外の一国というのが米国で、死亡率は〇・五八パーセント。キューバやクロアチア、マカオ、ニュー・カレドニアよりも高い。（乳児死亡率が高いおもな理由は、米国の医師による、二つの特定の行為だ。それは、頻繁な分娩《ぶんべん》誘発剤の使用、つまり出生の自然なプロセスを人工的に促進させること。もう一つは帝王切開の過剰な実施だ。では米国でそれほど頻繁に帝王切開が行われる理由は？　弁護士だ。医師は必要な帝王切開が行われなかったという万が一の可能性で訴えられるのを恐れている。しかし悲しいかな、腹部を切開するこのような侵襲的な手術は、その手術自体が多くの致死的な合併症を伴うことが多い。）それとは対照的に、日本の乳児死亡率は〇・二〇パーセント、モナコでは〇・一八パーセントである。

たしかに比較的低いリスクではあるが、**やはり誕生は僕たちの人生のなかでも非常に危険な瞬間の一つにはちがいない。**したがって、現代的とは言いがたい医療行為が行われている地域では、乳児死亡率は依然として高い。これこそ、ヒトの生殖系がいかに完璧とはほど遠いかを示す証拠ではないだろうか。たとえば国連が推定した現在のアフガニスタンの乳児死亡率は、一一・五パーセントで、マリでは一〇・二パーセントだ。

先進国で暮らす読者からすれば、この二つの国では生後一年間を生き延びられない赤ん坊が一〇人中一人いるというのは驚きの事実だろう。三ダース以上の国（すべてアフリカか南アジアにある）の乳児死亡率が五パーセントを超えている。

過去を振り返れば、非常に裕福な国家でさえ、乳児死亡率はいまよりずっと高かったことがわかる。たとえば一九五五年の米国では、赤ん坊の三パーセント以上が最初の誕生日を迎えられなかった。現在より六倍も高い。貧困国では、現在より一九五五年のほうがさらに悪い。一九五五年の乳児死亡率が一五パーセント以上の国は数十にものぼり、二〇パーセントを超える国もいくつかあった！

僕の母には五人子どもがいて、一人目は一九六〇年代半ばに生まれた。母がもし、ネパールやイエメンで一〇年早く暮らしていたら、子どもが全員生き残れていた可能性は低い。（こう考えると、とくに僕は落ち着かない気分になる。だって僕は五番目に生まれたから。）この高い死亡率が、石器時代くらい大昔の話ではなく、いまなお記憶している人がいる時代のものだと考えると、いっそう心が乱される。有史以前となると、どれほど悪かったのだろう。

　この悲劇の状況は、ほかの霊長類や哺乳類とはまったく異なる。染色体エラーや着床の失敗は、ほかの同系の類人猿も同じくらい高い率で起こっているかもしれないが、**流産や死産、出生時の赤ん坊の死亡は、ほかの動物、とくに霊長類では非常にまれだ。**野生動物の生後一年間の死亡率を確定的に測定するのは困難だが、ほかの類人猿の最良推定値は一〜二パーセントだ。これは、彼らの出生プロセスは現代の米国人より数倍危険ということになるが、マリやアフガニスタンや一九五〇年以前の米国の人々より数倍低いということでもある。もう一つ心にとどめておいてほしいのは、ここで挙げた数字は野生の類人猿のものであることだ。自然の生息地に生まれた動物は、通常、オリのなかで生まれる動物よりずっと状態がいい。

　要するに、人間の乳児は、超音波検査や胎児モニタリング、抗菌薬、保育器、人工呼吸器を用いて、そしてもちろん、専門医と助産師がみな協力してやっと、ほかのほとんどの種が自然にやっているときのレベルまで死亡率が下がるわけだ。

　出産に関してヒトがほかの哺乳類と大きく異なるもう一つの点は、**ヒトの乳児の出生が早すぎる**こと。これは、僕たちの頭蓋骨がやたら大きく、女性の骨盤が比較的狭いことに起因している。ヒトの妊娠期間はチンパンジーやゴリラと同様だが、ヒトの脳は彼らのよりずっと大きいので、十分な能力に達するには、もっと時間と認知的発達が必要になる。ところが、女性の骨盤のサイズゆえに、子宮内で胎児をどこまで

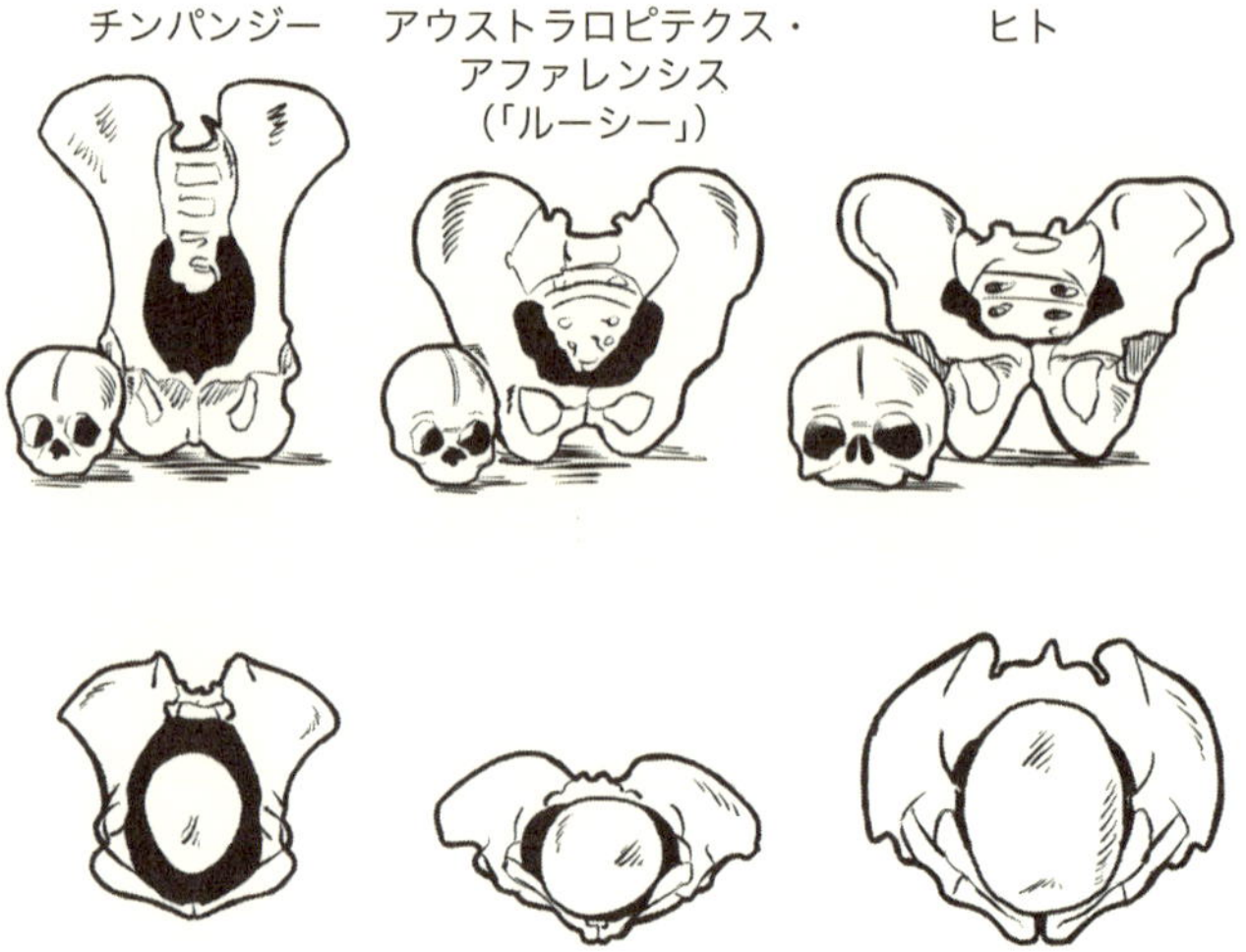

母親の骨盤と乳児の頭のサイズの比較。（左から右へ）チンパンジー、アウストラロピテクス・アファレンシス（有名な「ルーシー」）、と現生人類。ヒトの乳児の大きな頭蓋骨は母親の産道にほとんど適合していない。これは、なぜヒトでは乳児と母の死亡率が高いのに、ほかの類人猿ではまれなのかを示す、おもな理由の一つだ。

大きく育てるかが制限される。頭が大きくなりすぎると外に出られなくなるので、赤ん坊だけでなく母親も死んでしまう恐れがある。だから妥協案として、胎児が母親のおなかにいる期間が短縮され、ヒトの赤ん坊は準備が整う前に生まれてくる。

ヒトの赤ん坊は基本的にみな未熟児だ。未熟でまったく無力だ。ヒトの乳児ができるのは乳を飲むことだけ。しかもおよそ五パーセントはそれさえもできない。これは、またしても、ほかのほとんどの哺乳類にはあてはまらない（ただし有袋類は別だ。でも、彼らは袋のなかで発達を完了するから、ちょっとズルい）。ウシやキリンやウマなど哺乳類の赤ちゃんは、生まれ落ちてまもなく走りだす。彼らはポンと飛びでてくると、ほぼ間を置かずに歩き始める。イルカやクジラは水中で生まれ、ほぼなんの苦労もなく、あっという間に水面に向かって泳ぎだし、生まれて初めて呼吸をする。なのにヒトは、自分で自由に動きまわれるようになるまで一年以上もかかるし、そのあいだは多くの脅威にさらされる。

ヒトの乳児はあまりに無力なので、その状況にはなにか理由があるにちがいないと思いたくなるくらいだ。ひょっとすると、僕たちが種として、全体的にこれほど赤ん坊を作るのが下手くそな理由も同じなのかもしれない。たしかに、前述したようなヒトの繁殖に関するさまざまな問題は、ほかの哺乳類と比べて際立っている。それゆえに**生物学者のなかには、乳児としてのヒトの無力さは、じつは適応の結果かもしれないと考えている者もいる。**

これらの科学者によると、繁殖のスピードが低下したのは、親が新たに子を作る前に、生まれた子どもに時間をかけて世話ができるからだという。この観点でみると、繁殖のこの問題は災いではなく恵みということになる。この恵みには、そうでない場合と比べて妊娠の頻度を少なくする効果がある。その結果、苦労して生まれた子どもは成功のチャンスが高くなる。なぜなら、それらの子どもたちは親の目や手を独占できる時間が長くなるからだ。言いかえると、僕たち人類の全体的な繁殖率の低さは、（文字どおり）乳児が自分の足で立てるまで、無力な赤ん坊に親の注意を向けさせつづけるための自然の方策なのかもしれない。

この推論には、たった一つ問題がある。自然が、ヒトに子どもを持つ間隔をあけさせたかったのだとしても、なぜそれを達成するために、つらく、エネルギーを浪費させる死に直面したり、フライングで生まれたりする必要があるのだろう？　もっと簡単な方法があるのに？　つまり、分娩後に女性の身体が受胎可能な状態に戻る期間を、単に長くすればいいだけのことだ。僕たちに近い同系の動物を含め、多くの種がそうしている。**ゴリラの出生間隔の平均期間は四年間だ。**ただし、育てていた乳児が死ぬと、その時点で母ゴリラはほぼ即座に発情期に入る。チンパンジーの平均的な出生間隔は五年以上で、オランウータンのなかには八年近くのものもいるのだ！　これらの類人猿では、継続的な子の世話や初期の授乳が、排卵・月経というサイクルを阻害し、妥当な間隔があく。父と母は子が必要とするかぎり、赤ん坊であれ若者であれ、好きなだけ手をかけることができるわけだ。

　だが、ヒトではそうはいかない。人間は最善の結果を望みながらも、どんどん産んでいく。僕たちにもっとも近い同系の動物たちはみな、分娩《ぶんべん》後の受胎能の回復がずっと遅いことを考えると、僕たちと共通の祖先もそうだった可能性が高い。いわば僕たちは、はみだし者なのだ。これはつまり、ヒトの進化の歴史を通じて女性の出産間隔が狭まってきたという可能性を示している。これは無力な乳児期の問題を軽減してはいない。最初の子を乳離れさせようと懸命な親の腕に、さらに赤ん坊が押しつけられることになり、問題はむしろ悪化する。

　ヒトの女性がすぐに受胎能を回復するおもな理由は、ヒトの集団がどんどん大きくなるにつれて、育児が共同で行われるように変化していったからだ。子どもたちが大規模に拡張した家族のなかで協力して育てられると、子育ての負荷が分配され、女性はつぎの妊娠を遅らせる必要がなくなる。さらに、ヒトの祖先の知性やコミュニケーション力が高まり、協力関係が強くなって、狩猟と採集の効率が上がることで、一部の女性は子育てだけに集中できるようになった。驚くべきことではないが、この理論の支持者の多くは男性だ。

研究者が、ある科学的仮説を捨てるには、その仮説に差別主義的なほのめかしがみられるだけでは十分ではない――この説を退ける理由はほかにもある。たとえば、この説はせいぜい出産間隔の短縮を説明しているだけで、根拠が薄弱であること。ヒトは繁殖のプロセス全体を通して問題を抱えている。過去一〇〇万年にわたるヒトの進歩によって受胎能が改善しているのだとしたら、なぜ出産間隔だけがその改善の印として現れ、ほかのすべての面では悪化の一途をたどっているのだろうか？

僕が思うに、女性が出産後すぐに受胎能を回復するようになったのは、排卵を隠すという進化に伴う偶発的な副産物だったのではないだろうか。つまり、連続的な隠された排卵のおかげで性交がより頻繁になり、男性はおろか女性自身もいつ自分が受胎できるのか知らないため、家族の結束と父方の投資が促された。とはいえ、性交が増えると妊娠も増える。前述のように胎児の頭蓋骨のサイズが大きくなったために乳児の死亡率が上ったので、この幸運なアクシデントが作用した。ヒトの赤ちゃんはほかの類人猿よりずっと頻繁に死亡するため、高い出産率でこのロスを埋め合わせているのだ。

いかに進化したかにかかわらず、乳児死亡率の高さに伴って出産間隔が短くなるのは、どのような力が働いてヒトの生殖系のデザインができたにせよ、お粗末な計画であることはまちがいない。とはいえ、そんなことで驚いていてはいけない。**進化には計画などないのだ。**進化はランダムで、ずさんで、あいまいで――冷酷だ。

命がけの分娩

もちろん、出産時にリスクがあるのは乳児だけではなく、母親もそれによって死ぬことがあるし、実際に死亡している。だがここでも、現代医学はとても有効にこのリスクを管理している。たとえば二〇〇八年の米国では、生児出生《せいじ》一〇万件あたり、母親の死亡はたった二四件だ。（がっかりさせるが、この数値は二〇〇四年の二〇件、一九八四年の九・一件から上昇している。前に述べた帝王切開の過剰実施が大きな一因である。）ところが発展途上国になると、数値はずっと高くなる。二〇一〇年のソマリアでは、生児出生一〇万件あたり、母親の死亡は千件だ。これは、すべての出産の一パーセントにあたる。発展途上国の出生率が先進国よりずっと高いことを考慮すると、これらの地域の出産時の死亡に対する、女性の累積生涯リスクは、約一六分の一だ。多くのソマリ族の集団が出産によって女性を失っている。

古代や先史時代、農耕以前の時代はさておき、過去数世紀でも、母親の死亡率については大きな議論がある。したがって現在（ソマリアを含め）いくつかの国が示す一〜二パーセントという母親の死亡率は、可能なかぎり低く見積もられた数値のようにみえる。過去の時代（と現在のある地域）では、出産は驚くほど危険な経験の一つなのだ。これは誇張でもなんでもない。僕たちの種が存在したほとんどの時代で、出生が死のおもな原因だったし、女性にとっては、出産がそのつぎに大きな脅威だった。

ここでも、ほかの動物に比べてヒトは際立っている。野生の霊長類の母動物にとって出産は、ヒトの母より安全なのだが、これには医療介入を受けられる霊長類は含まれない。出産時に母親が死ぬというのは、チンパンジーやボノボ、ゴリラおよびその他の霊長類のいずれでも、あまり聞いたことがない。ヒトだけがこの危険を背負っている。

母親にとってとくに危険なのは、頭からではなく足から赤ん坊が生まれる逆子出産（骨盤位分娩）だ。もちろん、逆子の状態でも出産は可能だが、ずっと難しい。医療の助けがなければ、逆子出産に伴う死亡率は、母子ともに高くなる。（推定値には大きく幅があるが、逆子出産での死亡や害のリスクは、少なくとも母親では三倍、赤ん坊では五倍高くなるという点は意見が一致している。これは、女性が分娩後のケアや現代医療を活用している、現代の世界で高まったリスクだ。）赤ん坊に対するこのリスクの多くは、赤ん坊の酸素が奪われる臍帯《さいたい》絞扼《こうやく》のリスクが一〇倍高いことが原因だ。逆子出産では分娩が長引くという特徴を考慮すると、酸素不足が何時間も続くことがある。このため、逆子のケースでは、医師はたいていいつも帝王切開による分娩を選ぶ。

伝説によると、帝王切開を最初に受けたのはユリウス・カエサルの母親で、赤ん坊が逆子の位置にあることがわかったときに行われたという。この伝説はいまでは偽りだということが広く信じられているが、古代では、逆子出産で母子を失う可能性がおおいにあり、帝王切開がよく知られていたというのは本当だ。人間であれ半神半人であれ、帝王切開による誕生の物語は、古代のインド、ケルト、中国やローマの神話のなかにもみられる。じつのところ、ユリウス・カエサルよりもっと前から、ローマ法では、妊娠した女性が死んだときは、胎児を助けるために帝王切開を行うべしと記載されていた。（これはおそらく、公衆衛生の方針として始まったのだが、その後どうやら、生まれずに死んだ赤ん坊が母親の子宮にいるまま埋葬されると、悪鬼になって復活するという迷信に変わり、それが嘆き悲しんでいる家族に、愛する人の遺体の腹を切開する動機を与えたようだ。）

まともな設備もないのに、恐れている女性の腹を人々が切った事実こそが、古代の世界で逆子出産が危険だったことを示す、説得力のあるなによりの証拠だ。衛生習慣と無菌の手術室が普及する前の時代、この手技ではほぼいつも母親が死亡したが、ときどき子どもは助かった可能性はある。これもすべて、僕たちの種の妊娠デザインに欠点があるせいだ。

ヒト以外の哺乳類の誕生を目撃したら、通常の誕生はたいして劇的な出来事ではないことがわかる。ウシたちは子を産んだことにほとんど気づいてさえいないようにみえる。母ゴリラは出産中にエサを食べたり、ほかの子を世話したりしつづけていることが多い。こうしてみるとやはり、出産の難しさは僕たち人類独特のものらしい。**大きな頭蓋は急速な進化を遂げたのに、その変化に追いつくために同様に進化すべき部分が進化しそびれているのだ。**

十分な時間があれば、自然選択が、この問題を解決する道をきっと選びだすだろう。とはいえ、自然適応という救済方法が発揮される機会はいまでは実質ゼロだ。医療介入が出産の問題をほぼ解決したため、出産で多くの女性や子どもが死ぬことで自然選択される機会が排除されているからだ。これはヒトのデザインの限界を越えた、ヒトの独創性の勝利だ。僕たちはまたしても、科学によって自然の引き起こした問題の解決策を得た。けれどもそのプロセスで、**科学は、効果的に進化をショート・カットさせ、自然が与えたこの不完全な生殖系をヒトに永久に明け渡してしまった。**

妊娠中と出産時に生じる女性の死の危険について論じるなら、子宮外妊娠（異所性妊娠《エクトピック》）のことにも触れなければ、完璧とはいえない。科学では、〝エクトピック〟という言葉は「いつもの場所ではない、ある場所の外側にあるもの（または外側で起こる事象）」を示すときに使われる。子宮外妊娠の場合、〝外側〟の場所というのは、ほぼいつも卵管だ。受精卵が子宮ではなく卵管に着床するのはきわめて危険な状況で、現代医学以前の時代なら、たいてい母親の死を招いた。

卵巣から放出された卵子は、卵管の一つを通って子宮に到着する。ところが、精子とちがって卵子には、前進するためのムチのような尻尾（鞭毛《べんもう》）がない。また精子とちがって、卵子は放射冠と呼ばれる保護層を形成している何百もの濾胞《ろほう》細胞に囲まれている。これらの細胞も鞭毛がないので、卵子とそのクルーは自らの力で前進することができず、卵管をゆっくり、あてどなく漂いながら下っていく。ざっくり言うと、ひとまとめにつながれた複数の救命ボートが広大な海に浮かんでいるようなものだ。卵巣から子宮までは距離にするとわずか一〇センチメートルなのだが、卵子がそこに到着するまでに一週間以上かかることがある。

対照的に、精子はみなムチ型の尻尾を使って高速に前進する。卵子はゆっくり動き、精子は早く動くので、受精はほぼいつも、卵管内で起こる。つまり、排卵された卵子がまだ卵管でぶらぶらしているときに、精子が急いで進み、そこで出会うのだ。（じつを言うと、受精しなければ、卵子はたいてい子宮に達する前に死んでしまう。それほど卵子はゆっくり動くのだ。）

受精後、受精卵内で一連の化学反応が起こり、成長を開始する準備が整う。受精から約三六時間後、受精卵は速やかに二つに分かれ、その後も分裂を繰り返す。つまり、一つの細胞になった受精卵が二つの細胞になる。二つになった細胞がそれぞれ分かれて四つになる。四つが八つ、八つが一六になり、受精から九〜一〇日後に胚は二五六の細胞でできた中空の球になる。そのときになってやっと、胚は準備を整え、子宮壁にトンネルを掘り、母となる人の身体にシグナルを送って、月経を阻止する。妊娠の始まりだ。前に言ったとおり、月経の中止は、胚が直面する最初で最大の難関で、かなり多くの胚がこの試みに失敗し、月経とともに流れてしまう。

胚が子宮にたどり着くまでに一〇日というのは、十分な時間のようであるが、問題は胚が、卵子と同様にあてどなく移動することだ。ときどき、二五六の細胞の段階に達するまでに、胚が卵管を出て子宮にたどり着けないことがある。こうなったとき、胚は子宮にするように、卵管壁にトンネルを掘る。これが子宮外妊娠だ。妊娠初期の八週のあいだ、胚は驚くほど小さくて、胚が必要とする栄養分と酸素は、たとえば濃い液体と薄い液体が合わさると自然に混ざりあうように、周辺組織からの単純拡散という現象によって完璧かつ十分に提供される。それゆえに、子宮外妊娠の初期ステージのあいだ、胚も卵管も最初はまちがっていることに気づかない。ところが、胚が成長を続けるうちに問題が起こる。

卵管は、妊娠をサポートする能力しかないので、胚は侵入してきた寄生体のようになる。胚自身は問題に気づきようもなく、拡大と成長という積極的なプログラムを進める。しかし卵管は子宮とちがって、悲しい運命をたどる危険な妊娠をすっぱりと終わらせること（月経のこと）ができない。最終的には、成長中の胚が卵管の壁を圧迫し、持ちこたえられない状況が明らかになってくる。このとき初めて、なにか

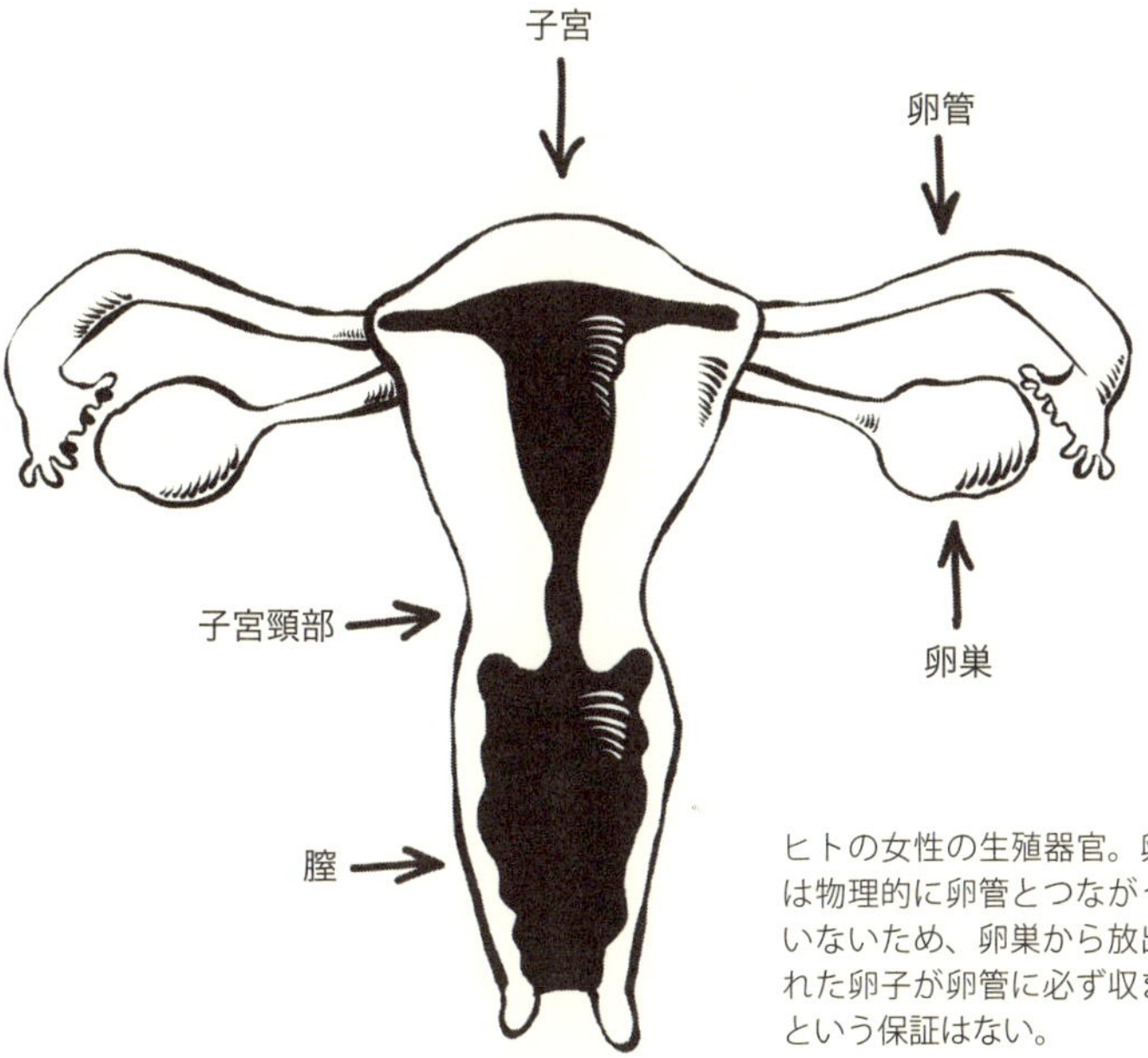

ヒトの女性の生殖器官。卵巣は物理的に卵管とつながっていないため、卵巣から放出された卵子が卵管に必ず収まるという保証はない。

おかしいと気づく女性が多い。圧迫が強まり痛みが出るが、女性が病院に行かないでいると、胚が卵管を破ってしまうことがある。そうなると、激しい痛みと内出血が起こり、緊急手術で損傷した組織を修復し、出血している血管を閉じなければ、女性は出血で死にいたり、着床すべきでない場所に着床した自分自身の子に殺されることになる。

さらに珍しく、奇妙で、危険な子宮外妊娠の形態がある。めったにないが、卵子が卵巣から放出されたとき、卵管にたどり着けないことがある。これが起こる理由は、本当に奇妙なことだが、**卵管が実際には卵巣につながっていないからだ**。小さい蛇口の下に口の大きなホースを当てるように、卵管の開口部が卵巣を包み込んでいる。この二つは密着していないので、ときどき卵子が卵巣から飛びだしたとき、卵管ではなく腹腔《ふくくう》に落ちることがある。

こうなっても、通常はなにも問題は起こらない。数日すれば、卵子は死に、腹腔を取り囲む高度な血管組織の薄膜、つまり腹膜に再吸収される。なにも問題はない。

けれども、卵子が飛びだし腹腔に入り、その一、二日以内に精子がひょっこり現れると、この卵子をみつけて受精することがある。もう一度言うが、これはめったにない出来事だ。精子は通常なら卵管という閉じられた空間にいるはずが、卵子を求めて下腹部中を探しまわるのだから。それでも、たまに起こる。その結果、胚は、本来の居場所からどれほど離れているかも気づかず、うっかり成長のプロセスを開始し、卵割し、周辺にあった組織——通常は腹膜だが、ときには大腸や小腸、肝臓、脾臓を覆っている漿膜——にトンネルを掘る。

腹腔妊娠は深刻な危険をもたらす。開発途上国では、この結末にはたいてい母親の死がやってくる。先進国では、超音波検査で簡単にみつかり、手術で不運な胚は取り除かれ、損傷したり出血したりした組織が修復される。

驚くべきことに、わずかな一握りの例で、腹腔の胚が母親を殺すことなく妊娠二〇週に到達し、手術によって超早期に出生し生き延びることがあるが、深刻な疾患や発達障害を合併することもある。彼らはいつも大衆紙で〝奇跡の赤ん坊〟と称されるが、それらの乳児は集中的で優れた医学の助けと多くの幸運によって生き抜く。

もしかすると、子宮外の奇跡の赤ん坊と対照的なのが、石児《せきじ》と呼ばれる現象かもしれない。ときおり、腹腔内で成長した胚が妊娠第二期を迎えたあたりで死に、その過程でどういうわけか、母親を殺しも傷つけもしないことがある。この時点で、死んだ胎児は、腹膜から再吸収されるには大きすぎて、流産や死産として通常の方法で排出されもしない。つまり、そこから動けなくなる。すると、母親の身体は感染を引き起こす可能性のある異物に対するときと同じように反応する。つまり、羊膜の外層と胎児を硬い殻で覆って石灰化するのだ。

石児は石胎《せきたい》とも呼ばれる非常にまれな現象で、これまでの歴史で記録されているのは約三〇〇例しかない。これらの石児は通常は手術で解消しなければならない医学的な問題を引き起こす。けれども、なんの症状も起きないまま安全に数十年間も石児を体内に保持しつづけていた女性が複数報告されている。**チリのある女性が腹部に二キログラム近くの石児をなんと五〇年間も保持していた**という報告さえあるのだ。その間、女性は五人の子どもを自然に出産していた。

石児と腹腔妊娠はきわめてまれだが、それらも一〇〇パーセント、まずいデザインの結果である。適切な配管が行われていれば、卵管と卵巣はきちんとつながっていただろうし、そうすれば、これらのような死にいたることが多い悲劇的な災難を防ぐことができただろう。同様に、想像力がひどく乏しい技術者でも、卵細胞になんらかの推進手段を与えるか、少なくとも、受精卵細胞を優しく子宮に導くために卵管壁に鞭毛を付けるだろう。どちらも卵管妊娠をなくすのに有効だし、体内のどこかにすでに存在している構造デザインだから実現可能だ。

けれども、もちろん、自然はこのような解決策をみつけださなかった。これは、なぜ子宮外妊娠が――

とくによくみられるタイプ（卵管に着床するもの）が、あなたが思っているより頻繁に起こるのかの説明になる。**受精卵の一〜二パーセントが卵管に着床する。**しかもこれは、過小評価である可能性が高い。なぜなら、卵管着床の少なくとも一〇パーセント（おそらく最大三分の一）が、しっかり着床する前に胚の死によって自然に解消され、その多くがきっと誰にも気づかれぬまま終わってしまうからだ。

けれども、気の毒な卵管のみを責めるのは、やめておこう。ヒトの生殖系全体に非効率でお粗末なデザインが散らばっているのだ。要約するとつぎのようになる。ヒトは、成熟が遅い、女性の排卵時期がわからない、精子と卵子は健康なのにトラブルばかり起こす、胚は着床しなかったり迷子になったり、余計な染色体を持ったりする。うまくいっていないのに妊娠を開始する。しかも、なにもかも順調なときでさえ、出産では衝撃的に高い率で赤ん坊と母親が命を落とす。

じつを言うと、人体の器官系や生理機能すべてのうち、生殖系はもっとも問題が多く、うまく作用していないことが多い。これは、種の保存と繁栄に、繁殖がいかに重要かを考えると、非常におかしな話だ。それに、これらの問題の多くがほかの動物には存在しないか、少なくともごくまれなことと考えると、もう屈辱的でさえある。僕たちの生殖系のお粗末なデザインを考えると、科学がそれらの問題の一部を解決できるようになった現代まで、僕たちが持ちこたえたことは、ある意味驚くべき奇跡だ。

結び：祖母仮説

最近、クジラ類の二種、シャチとゴンドウクジラに閉経期があることが明らかになった。ある研究によると、一〇五歳という高齢で死んだあるシャチは、最後に子を生んでから四〇年以上たっていたという。つまり、繁殖の効率の悪さと繁殖に伴う死の危険の多さに関してヒトは唯一の存在だが、閉経期に関しては仲間がいるということだ。

生殖老化とも呼ばれる閉経期は、女性の生涯のうち、月経周期が終わって生殖できなくなる段階だ。そして、一部のクジラがそれを経験するようだが、大半の雌の哺乳類は生涯を終えるまで高齢でも子を作りつづける。女性の繁殖の中断は、人生の後半とはいえ、自らの遺伝の遺産を受け渡す機会を減らすように思われる。そのため、閉経期は自然選択がいつも作用する方向に沿っていない。これは説明を必要とする謎であり、ヒトの繁殖力に関していうと、もう一つの不備だ。とはいえ、進化が閉経期をあえて僕たちの種に与えたのだから、人生の後半に繁殖活動を止めることで、高齢女性やその子孫にとってなんらかの利益があるのかもしれない。だが、どんな利益だろう？

一つの考えは、繁殖の負担から解放された高齢女性は、自分の子どもやその子ども（つまり孫）に積極的に時間を費やし始めるので、ただ多くの子どもを作るより、遺伝学的遺産の継承が大きく促されるというものだ。けれども、この可能性を検討する前に、閉経がどのように起こるのかについて少し説明しておこう。

以前は、閉経はヒトの寿命が最近延びたことに伴う、特殊な副産物にすぎないということが、まことしやかにささやかれていた。近代以前の時代の寿命はたった三〇～四〇歳だったため、女性は通常、閉経期を迎えられるほど長く生きられなかったという考え方だ。七〇～九〇歳代まで生きてあたりまえのいまだからこそ、閉経期が生じ始めたのだと。

この考えは、寿命に対する誤解に基づいている。中世や、古代、先史以前の平均寿命がたった二〇～三〇歳だったというのは本当だが、死亡年齢の平均が低いのは、乳児や子どものときに死亡する人が多かったせいだ。先史以前に生まれた大半の人は、生殖年齢まで生きられなかったが、現在の標準でみたとしても、多くの人がかなり長い人生を楽しんだ。古代の記録や、採集した骨格から、**七〇～八〇歳ほどの年齢のヒトが先史時代でさえ存在していた**ことがわかっている。推定によると、思春期を過ぎた人の死亡年齢の平均は五〇代後半あたりで、多くの人が六〇代まで生き、さらには七〇代まで生きた人も少数いたらしい。

つまり、中年以上の人々にとって、現代医学は、実際は人の生涯の最後を五～一〇年引き延ばしたにすぎない。それより大きな違いを作ったのは、生まれてから最初の一〇年で、その期間の生存率の向上が平均寿命を劇的に変化させた。ここで重要なのは、女性は数十万年ものあいだ、閉経期を経験するほど十分長生きしてきたということだ。それは最近起こった気まぐれではないため、僕たちはその迷信を排除できる。

ここ最近まで、**閉経は、女性が卵子を含む卵胞をすべて使い切ったときに起こると思われていた。**女性は各卵巣に二〇万ほどの決まった数の卵胞を持って生まれる。それらの卵胞はそれぞれ卵細胞を一つ持っていて、その女性が胎児だったときに成熟プロセスを中断する。その後、毎月、一〇～五〇個の卵胞がランダムに選ばれ、ある種競争するように、卵子の成熟を再活性化させる。成熟プロセスを最初に完了して〝勝った〟卵胞つまり卵子は排卵される。敗者はみな死に、おそらく入れ替えはない。

だが、この説明も、少なくとも二つの理由で満足のいくものではないことが明らかになった。第一に、五〇の卵胞（最大の見積もり数）が毎月活性化され、女性が月経不順や妊娠などで周期を欠かすことが一度もなかったとしても、六〇代になるころで、まだ三万個未満の卵胞（つまり生まれたときに持っていた数の六分の一）しか使っていない。第二に、ホルモン系避妊薬は排卵だけでなく卵胞の月ごとの活性化も妨げるので、毎月使用すれば、ほぼ好きなだけ閉経を遅らせられるはずだ。ところが、数十年ホルモン系の避妊薬を使った女性の閉経時期の遅れは、あるとしてもわずかだ。

閉経が、卵胞を使いきったことで引き起こされるのではないとしたら、いったいなんのせいだろう？卵胞がエストロゲンとプロゲステロンの生成を徐々に中止することはすでに知られている。卵胞はたっぷり残っているが、だんだん力つきていく。ホルモンの生成をやめ、成熟しなくなるのだ。閉経に伴う症状はこのようなホルモン値の急降下のせいなので、ホルモン補充用の錠剤で治療することができる。とはいえ、これは閉経それ自体を予防するものではない。四〇代後半から五〇代前半のあるとき、卵巣がホルモンの合図に反応しなくなり、自身のホルモンも分泌しなくなる。つまり、ギブアップするのだ。

閉経の厳密なメカニズムは、時限式で、各卵胞の卵子を取り囲む細胞の、ＤＮＡ修復酵素の発現が年齢

とともに減るせいらしい。それらの修復酵素の活動がなければ、DNAの損傷や変異が蓄積され、加齢プ

ロセスが加速し、細胞はやがて老化と呼ばれる状態にはいる。それらは死なない。ただ、濾胞細胞がする

とされている分裂や再生をやめてしまうのだ。卵巣はある種の昏睡状態になる。卵巣は元気なのだが永久

的に活動を休止する。

これは、肌の弾力がなくなったり、骨がもろくなったりするように、避けようのない普通の加齢による休止みたいに思えるかもしれない——が、じつはそうではない。肌や骨などほかの老化現象は、避けようもない損傷を修復するために組織があらゆることを行っているにもかかわらず、タンパク質が蓄積しDNAが損傷した結果だ。つまり、徐々に時間が勝ち、修復のメカニズム自体がダメージを受け、老化という死のスパイラルが始まる。けれども、卵巣の卵胞の場合は、DNA修復酵素の遺伝子のスイッチが単に切れるだけである。卵胞に起こる老化は、徐々に蓄積されるものではなく、時限式で突然起こる。

この状況を考えると、閉経にはなにか進化上の目的があるのではと思えてくる。人生の後半で卵巣のDNA修復機構をオフにする変異が起こったと想像するのは簡単だ。だがなぜ、自然選択はこの変異を消滅させずに支持するのか？　**閉経期がある理由としてもっとも興味深い説明は、これによって、我が子の子ども（孫）が繁栄するように、女性の取り組み目標を切り替えることが可能になるというものだ。**こういう理由から、この根拠は〝祖母仮説〟と呼ばれている。この仮説は恐ろしく人気を博した（僕としては、孫を溺愛する祖父母が孫を甘やかしすぎているという僕たちの文化に対する考えと、この説明はあまりマッチしていないのではないかと疑っているし、説明自体の説得力も疑わしく思っているが）。それで

も、ある現象の進化上の価値を検討するときは、その現象の良い点と悪い点のバランスを取らねばならないため、この理由づけは思っているより複雑だ。

高齢の動物が自身の繁殖活動をやめて、孫を世話することで我が子を助ける場合、孫はその助けから利益を得て、成長し繁栄する可能性が高くなることは明らかなように思える。だから、孫に貢献することは、自然選択のうえで明らかに有利である。ところが、閉経期の祖母が人生の後半に子作りを控えることで、子どもの総数は減る。一方、競争相手である閉経期が来ない祖母は、閉経期の祖母よりたくさん子どもを作り、その子どもはさらに多くの子を作る。祖母の助けが得られないとしても、助けを借りている母より数で勝る。とくに、（ヒトのように）仲間の協力行動が強くみられる動物は、孫を溺愛する祖母の助けがなくても問題がないだろう。

したがって問題はこうなる。祖母の孫に対する貢献は、繁殖率が低くなるという犠牲に見合った自然選択上の利益になるのか？　このやっかいな問題があるので、生物学者たちのなかには祖母仮説を支持しようとしない者もいるし、さらに、この理由づけに反する、とても大きく、明らかな根拠もある。それは、ほかの種ではプログラムされた閉経がないという点だ。祖母の投資がそれほどすばらしいものなら、それらの利益はヒトだけでなく多くの社会的動物にみられるはずなのに、閉経期のそのような行動を実際にしている動物はほかにいない。

祖母仮説がほぼヒトにしかあてはまらないことの一つの説明は、僕たちの社会的なグループの構成が昔もいまもかなり特殊だからというものだ。すべての研究が、過去七〇〇万年にわたって、僕たちの祖先は、流動的で社会的に複雑な、小さくて密接なコミュニティで暮らしていたことを示している。その期間を通して、異なる生活様式で膨大な試みが行われたのであろう。それは、さまざまなヒト族でみられた解剖学的特徴の、興味深いかけらの寄せ集めで示されている。そういった社会は、なにもヒト特有のものではないが、ある一点だけは独特だった可能性がある。それは労働の細かい分配だ。

僕たちの古い祖先は、知性が増し社会的に洗練されていくにつれ、すでに複雑になっていた霊長類の生活習慣の複雑さを、さらに拡大し始めた。道具の作成、組織だった狩り、共同体で行う育児などにより、生存していくための仕事の効率が大きく改善され、一部の人は自由に探究したり、新しいことを取り入れたりできるようになった。間もなく、初期の人類は住まいを作り、複雑な道具を加工し、周辺の植物や動物を巧みに扱い始めた。互いに技術を教えあい、グループ内で作業を振り分けた。この共同生活の環境では、祖母効果が進化するのに適切な環境が整っていた。

高度に社会的なグループでは、各メンバーが異なる方面で自分の役割を果たす。こなすべき作業は数多くある。誰かは狩りをし、誰かが採取し、誰かが家を建て、誰かが捕食動物や競争相手を見張り、誰かが道具を作り、誰かが子どもたちの世話をするなど、同時にさまざまな作業が行われる。とはいえ、共に暮らしているからといって、互いに競争がないわけではない。協力しあうことで、そのグループがほかのグループに負けない競争力がつくが、グループのなかでも、競争はある。けっきょくは、個人の成功や失敗を通じて自然選択が働くのだから。

このグループ内の競争を心にとどめて、さまざまな年齢の子どもたちがいる小さなコミュニティを想像してみよう。死亡率は子ども時代を通して高く、親からのケアや保護はもちろん、食べ物にありつくことでも子どもたちは競争する。女性が若いときは、ほかの女性の子どもたちと競争できるよう、できるかぎり多くの子どもを持つことで進化上の利益が最大限になる。共同体での育児というのは、子育ての負荷が全員に課されるという意味なので、その女性は自分の子を増やして、最大限の分け前を消費しようとする。

ところが、歳を取るにつれ、そして我が子の数が増えるにつれ、計算式が変化する。子どもたちは最終的に我が子同士で競争しあうし、女性は年齢が上がって虚弱になるので、子どもたちを助ける能力が低下する。ひとりの子どもの成功は、別の誰かの子どもではなく、別の我が子の犠牲のうえに成り立つこともある。そうなると、その女性にとってはプラス・マイナス・ゼロになる。子どもを生みつづけることは、その女性の繁殖の可能性にあまり影響を与えなくなる。むしろ、ヒトの母にとって出産がどれほど危険かを考慮すると、生むことで繁殖の可能性を損ないかねない。この状況では、さらに多くの子どもを作るより、すでに生まれている自分の子どもたちにもっと手をかける方向に切り替えるほうが、より良好にエネルギーとリソースを使えるのかもしれない。もちろん、この時期になると、その女性の子どもが子どもを産んでいる可能性もある。

ここで祖母仮説だ。ややハマりすぎという気もするが、分業で営まれる共同生活、乳児と母親の高い死亡率、そして長寿命という共通した文化的経験や人類の独特な面にもこの仮説は適合する。生物学的な因子が混じりあって完璧なカクテルとなり、それが自然な変異を経て人類に閉経期をもたらしたのかもしれない。

クジラに話を戻そう。その研究者らは、数千時間のビデオを含む三五年間のデータを解析し、ブリティッシュ・コロンビア沖に生息しているシャチの動きと活動を詳しく調べた。研究の結果、シャチは小さな採餌グループでエサを追跡することがわかった。そのグループのリーダーの多くは年齢の高い閉経した雌で、狩りのグループはそうした雌のリーダーとその息子で構成されていることが多かった。成体の雄のシャチは、自分の父親を含めたほかのクジラより、母親との狩りと獲物探しに多くの時間を費やしていた。

さらに驚くのは、**エサが乏しい期間には、閉経期の雌が狩りのグループのリーダーになる傾向がもっとも際立っていた**点である。厳しい時期、シャチたちは雌の指導者、たいていは自分の母に助けを求め、暗闇を進む先導者になってもらうのだ。年齢の高いシャチは何十年ものあいだ、狩りと獲物探しを行ってきた。クジラたちは恐ろしく記憶力がいいので、どこに行けばアザラシやカワウソをみつけられるか、いつサケが産卵のために川を遡上するのか、などの生態系の知識を生涯かけて蓄積している。これらの知識はエサが乏しいときにとくに重要だ。なぜ雄の年齢の高いシャチが同じように知識を仲間に伝えないのかは明らかではないが、年齢の高い雌は明らかにその知識を息子らに分け与えている。

閉経以外に、ヒトが経験する繁殖に関する気まぐれで、ほかの動物と共有している特徴はないようだ。女性の遅い成熟から最終的には閉経に達することまで、人類は著しく欠点が多く致命的でさえある生殖系を有している。これらの繁殖に関する容赦のない欠陥は、通常は種の繁栄に対するハンディキャップとなり、必要な修正が進化によって行われなければ、その種は消滅する。

けれども、ヒトはそれらの欠陥にもかかわらず持ちこたえた。ほかの欠陥に対するのと同じように、僕たちは大きな脳を使って、進化上の問題を乗り越えるための解決策を生みだした。ある意味、自然が問題を解決してくれるのを待つより、進化の運命を受け入れているとも言える。なにかを生みだす思考力や共同社会での生活が、人類の最初の数年間をなんとか生き延びるのに役立った。その後、言語の発生によって年月を越えて知恵を蓄積したり、子どもに賢明な策略を教えたりすることが可能になった。僕たちのうちの誰が、蓄積された社会的な知恵を蓄えているのだろう？　閉経した女家長を、僕たちは、「お祖母《ばあ》ちゃん」と呼んでいる。

ヒトは植物を栽培し、動物を家畜化し、工学技術を発明し、街を建設した。こうした革新技術とともに手に入れた強みを生かして、僕たちの低い生殖率と母子の高い死亡率を埋め合わせ、蓄積した知識が、科学時代の夜明けとともに指数関数的に急増すると、長いあいだ繁殖システムによって背負わされてきた致命的なパラドックスから、人々（の大半）は自由になった。

最終的には、この知識のおかげで僕たちは生物学的な限界を克服した。現代医学によって僕たちは祖先をあまりに早期に、あまりに多く殺してきた〝猛獣〟の多くを飼いならした。それゆえに、医療の標準ケアが一九世紀半ばに改善され始めると、ヒトの人口は爆発的に増えた。この人口爆発に伴って、成功という名の主人に付き従って邪悪な召使いもやってきた――資源の不足、戦争、人類がみたこともなかったような環境の悪化。

したがって、僕たちはいまやこれまでと正反対の問題を抱えている。仲間が少なすぎるのではなく、多すぎるのだ。コントロールできず持続しきれない人口増加ほど、〝ダメなデザイン〟を雄弁に語っているものはない。だから、もしかすると、これらの繁殖上の限界は、自然が作ったある種の対策なのかもしれない。

5 章

なぜ神は医者を創造したのか？

ヒトの免疫系が自分の身体をやたらと攻撃するわけ。発生過程でのエラーが全身の血流に大問題を引き起こすわけ。がんが避けられないわけ、などなど。

僕たちヒトは病弱な集団だ。この本の第1章で述べた、僕たちの妙な副鼻腔《びくう》の排液の仕組みのおかげで、ほかの哺乳類よりよく風邪を引くという話を覚えているだろうか。けれども、こんなものは氷山の一角で、ほかにも相当多くの病気に僕たちは苦しんでいる。その多くは僕たち特有のもので、またその多くの原因は副鼻腔に誤って作られた排液口ほど単純なものでもない。

たとえば、ヒトはよく胃腸炎にかかる。これはウイルス性胃腸炎としても（少なくとも米国では）よく知られるひどく不快な病気だ。胃腸炎というのは、吐き気や嘔吐《おうと》、下痢、活力と食欲の減退がみられ、食物の消化はおろか、食物を口に入れることさえできなくなる消化管の病気や炎症をひとくくりにした呼び名だ。

風邪と胃腸炎の二つの病気は、先進国で非常によくみられる病だ。命にかかわるようなことはまれだが、それでもしょっちゅう生じるため、これらのコストは年間数十億ドルに上る。その大半は従業員が仕事を休み、回復するまでに生じる賃金のロスに起因すると考えられる。マズいことに、それらの病気のなかにはずっと高くつく病態もある。たとえば下痢症（腸がやられる胃腸炎の一種で、開発途上国では、たいていたい下水汚染物が混じった水によって生じる）はいまなお、世界的に幅をきかせている殺人鬼だ。

風邪もウイルス性胃腸炎も下痢症も、ほかの動物ではあまり流行しない。もちろん、風邪は（副鼻腔のお粗末なデザインにより）進化に一部原因があるかもしれない。けれども、ときおりおなかの菌が悪さをするのと同様に、それらはいずれも感染症のプロセスだ。感染症に関して言えば、ヒトはまず自分たちを責めるべきで、自然はそのあとだ。なぜなら、それらの疾患は、高い人口密度と都市化によって作られた独特の生活状況に、少なくとも原因の一部があるからだ。

古代ギリシャ・ローマ時代を皮切りに、ヒトは急発展し、不潔な大都市で互いに接するように暮らし始めた。家畜を互いに密集させ（これはいまでもそうだ）、またヒトとも触れあうほど近くで育てた。祖先の食べ物には生物《なまもの》も調理したものも混じっていた。それらの衛生的ではない状況――これに人類は何世紀も耐えながら進歩してきた――の結果、あらゆる種類の細菌やウイルス、寄生虫がごたまぜ状態になった。いまでは現代的な上下水道システムの発明のおかげでこの壮大な混沌《こんとん》を、いくらか管理できるようになった。とはいえ、僕たちの生活様式が招いた疫病について考えると、文明が、よくぞここまで軌道に乗ったものだと、ちょっとした驚きさえ感じる。

子ども時代にそれらの病気にかかっても、どうにか生き延びた祖先たちはみな、抗体を持っている。抗体というのは、細菌やウイルスから防御するために免疫系によって作られるタンパク質の一種で、それがなければ死にいたることもある。それらの抗体は、周りの環境で病気を引き起こす病原菌のうち少なくともひどく悪さをする菌に対して人に免疫をつけさせた。ヨーロッパの大航海時代が始まると、ヨーロッパ人と接触した先住民は病気になった。先住民はそれまで、彼ら自身の環境に存在するひととおりの感染源に対する抗体ベースの耐性はあったはずだが、ヨーロッパの子どもたちが生き残るために作らねばならなかった抗体は必要としていなかった。そのため、侵略者とともに到着した目新しい病原菌のカクテルに対する準備はまったくできていなかったのだ。

現在のヒトにとって、感染性の病気は生活の日常的な一部と化していて、ヨーロッパやアジアの都市の密集した生活環境にはびこっている。だから、大半の感染症はデザインの不備とはいえない。さきに言ったとおり、この病気は僕たち自身のせいで、自然のせいじゃない。

それでも、病気を引き起こすデザインの不備もある。僕たちは、しょっちゅう誤作動しているように思える免疫系に悩まされている。**自己免疫疾患は、自分の細胞や組織をまちがえて攻撃するし、アレルギーは、害のないタンパク質に過剰に反応する。**中年期にさしかかると、心血管系は衰え始め、それは悪くなるばかりだ。そして間もなく、細胞に生じる損傷の蓄積の結果として、がんが攻撃をしかけてくる。

それらの病態はどれもヒトに特有のものではないけれど、大半はほかのほとんどの動物で生じるよりもずっと激しく、命にかかわるものが多い。僕らはペットよりも、動物園の動物よりも、野生の動物よりもはるかに、それらの病気にかかりやすい。論理に逆らう理由だけれど、僕たちは、病気になるように作られているのではないかとさえ思いたくなるほどだ。

遭遇した敵。それは僕たちだった。

進化した結果として、ヒトがかかるようになったさまざまな病気のうち、もっとも腹立たしいのが自己免疫疾患だ。抗菌薬で戦える細菌はいないし、抗体の標的になるウイルスもいない。切除したり、毒でやっつけたり、放射線治療をしたりできる腫瘍もない。病気の原因を追跡しても、みつかるのは自分自身だけなのだ。

自己免疫疾患は認識の誤りの結果だ。個人の免疫系が体内のタンパク質や細胞を、自分自身であって侵入者ではないことを〝忘れ〟てしまう（またはちっとも学ばない）のだ。免疫系が自分の細胞だと認識せずに、それらを活発に攻撃する。これは味方を攻撃する友軍砲火の悲劇だ。

想像がつくだろうけど、これはハッピーエンドではない。患者の身体が自分自身を攻撃し始めたら、免疫系を抑制する薬を与えること以外に医者ができることはほとんどない。この治療はきわめて危険なので、とても慎重に行って、じっくりモニタリングしなければならない。多様な合併症があるからだ。感染症の脅威や一般的な呼吸器の罹患率も高く、薬が免疫系の応答力も下げるので、にきび、震え、筋力低下、悪心と嘔吐、多毛、体重増加などの副作用を引き起こす。長期的な免疫抑制剤の使用は、顔面の脂肪沈着（ムーン・フェイスと呼ばれることがある）、腎機能不全や血糖値の高まり、糖尿病リスクの上昇などを招く。また、がんのリスクも増加させる。つまり、薬剤による治療が、疾患と同じくらい悪い影響を及ぼしうるのだ。

ほぼすべての自己免疫疾患が男性より女性でより多くみられるが、その理由は解明されていない。これだけではまだ残酷さが足りないとでもいうのか、自己免疫疾患はゆっくり少しずつ進んでいくことが多い。患者は痛みと不自由さに慣れ、自分の身体はどこも悪くないのでは、と疑うことさえある。そして、ほかの人、主治医にさえ訴えた症状を軽くあしらわれると、その思いが強まる。僕の友人は、おそらく自己免疫疾患に関連している慢性疲労症候群と関節リウマチのせいで、消耗性の一連の症状に悩まされている。彼女は複数の医学の専門家から、〝そりゃ、朝一番から気分爽快《そうかい》の人なんていませんよ〟とか〝もっと家から出て、運動したほうがいいでしょう〟とか、〝あなたが頭のなかで思い込んでいるだけのことです。いずれにしろ、寝てばかりいては、どうにもなりません〟とか言われつづけた。

驚くべきことではないが、抑うつは自己免疫疾患に伴ってよく生じる病気だ。症状のせいで身体が弱っているとき、治療法がほとんどないとき、治療でニキビや体重増加など解消しにくい副作用が現れたとき、あるいは、慢性疾患のせいで今後の人生に希望がもてなくなったとき、抑うつ状態になることがある。この症状は、周りにいる人々の理解がないときに悪化する。サポートがない状態で抑うつ状態になると、患者は社会から切り離されがちになり、そのせいで身体的な症状も抑うつもさらに悪化し、悪循環になって健康がますます衰える。さきほどの友人はこんなふうに語った。〝溺れそうになって助けを求めて手を伸ばしてるのに、手に重りを乗せられ、もっとがんばって泳げと言われる。そんな気分よ。〟

自己免疫疾患はひどくつらい病気というだけでなく、科学的にも不可解な疾患だ。症状は限局的なものと全身性のものがある。たとえば、限局性の疾患として有名なのが関節リウマチだ。これは特定の関節に痛みが出て炎症が生じる。全身性の疾患にはループス（全身性エリテマトーデス）がある。これは免疫細胞の一つ、B細胞が全身のあらゆる場所にあるほかの細胞を攻撃する疾患である。どちらのケースも、免疫系が自分の身体を攻撃している。そこには、考えられる理由はなにもない。なにかほかに利益をもたらす、進化上の不運なトレードオフというわけではないようだ。自己免疫疾患にはいい所がなにもない。単なるミス。免疫系がときどき失敗するのだ。

自己免疫疾患は増加傾向にあるようだが、ほかの慢性疾患と同じく、診断性能が向上し、寿命が延びたせいで増加した部分がどれほどあるのかは明らかではない。米国国立衛生研究所（ＮＩＨ）の推定では、米国人の二三五〇万人、つまり人口の七パーセントを超える人が、もっともよくみられる二四の自己免疫疾患のいずれかにかかっているという。さらに新たな自己免疫疾患が特定され、その多くが正式な科学的分類を待っている状態であることを考慮すると、きっとこの数値は実際より低く見積もられている。

そして、非常に奇妙なほかのいくつかの自己免疫疾患も、この進化上の欠陥を浮き彫りにしている。まずは重症筋無力症だ。垂れ下がった瞼《まぶた》と筋力低下から始まるこの神経と筋肉の病気は、完全麻痺《まひ》へと進行することがあり、治療しないでいると、最終的に死にいたることもある。

重症筋無力症の患者の筋肉にはなにも悪いところはない。ただ免疫系が、正常な筋肉の活動を邪魔する抗体を作り始めるだけなのだ。たとえば腕を曲げるとき、運動ニューロンは筋組織にある受容体へ、ごく小さな袋に入れられた神経伝達物質を放出する。すると、神経伝達物質が筋肉の収縮を引き起こす。これらはすべて、とてもすばやく行われる。ところが、重症筋無力症の人の場合、免疫系が神経伝達物質の受容体を邪魔するため、筋肉が徐々に弱体化していく。

重症筋無力症患者の免疫系は、筋肉にある神経伝達物質の受容体を攻撃する抗体を作りだす。いったいなぜか？　その答えはまだわからない。不幸中の幸いだが、そのあとに続くのは重大な全身性の反応ではない。もしそうであれば、重症筋無力症は患者をすぐに死なせていただろう。この病気の抗体がしているのは、神経伝達物質の受容体の道を阻むことだ。重症筋無力症が進行すると、免疫系はますますそれらの抗体を放出し、患者は徐々にどの筋肉も動かせなくなっていく。

それほど遠い昔ではないころでさえ、重症筋無力症になると、胸を膨らませて呼吸することが徐々にできなくなり、一〇年以内に亡くなる人が多かった。幸運にも、重症筋無力症は現代医学の多くのサクセス・ストーリーの一つになった。二〇世紀の前半、重症筋無力症の死亡率は約七〇パーセントだった。こんにち、先進国での重症筋無力症の死亡率は五パーセントをはるかに下回っている。一連の治療法が過去六〇年間に開発され、現行の免疫抑制剤療法と、まちがって作られた抗体の影響に対抗する特別な薬とを組み合わせた方法ができた。

ただ、この治療は楽なものではない。副作用が生じることに加えて、この阻害薬は厳密な間隔で服用しなければならないのだ。身体の具合が悪かったり、酒を飲みすぎたり、ただ疲れきっていたりして、薬を飲み忘れると、重症筋無力症の症状が再発しやすくなる。また、とても慎重な患者でも、ときどき急激な悪化が起こることがあり、そのときは入院が必要になることが多い。

重症筋無力症患者は米国に約六万人おり、欧州ではなぜかもう少し多く存在する。ほかの大半の自己免疫疾患と同様、原因についてはちょっとしたヒントさえもない。免疫系が単に勘違いして抗体を作り始めたら、もう止まらないのだ。この疾患の遺伝学的形態はみつかっているが、それは非常にまれだ。大半の症例は、僕たちの種の免疫系デザインになにか不備がある以外に説明がつかない。ありがたいことに、科学はいまや大半の重症筋無力症患者の命を救っているが、一つ前の世代より昔の何千もの世代にわたって、それは死を招く疾患だった。

重症筋無力症と同様、グレーブス病（日本ではバセドウ病として知られる）は、完璧に正常な、重要で豊富な分子に対して、免疫系が抗体を作りだして生じる自己免疫疾患だ。バセドウ病でも明確な理由はなく、患者の身体が、甲状腺刺激ホルモン（ＴＳＨ）と呼ばれるホルモンの受容体に作用する抗体を作り始める。その名前が示すとおり、ＴＳＨは甲状腺を支配するホルモンで、甲状腺に働きかけて甲状腺ホルモンの放出を促す。このホルモンは身体中をめぐり、大半はエネルギー代謝にかかわる無数の影響を及ぼす。ほぼどの組織にも甲状腺ホルモン受容体がある。だから、さまざまな体の部分に多くの影響を及ぼすのだ。

バセドウ病では、ＴＳＨ受容体に対する抗体がかなり奇妙なことを行う。受容体をブロックしスイッチをオフにするのではなく、おそらくＴＳＨ自体を模倣することで、その受容体を刺激する。そうすると、受容体は甲状腺を促し、甲状腺ホルモンを放出させる。

通常なら、甲状腺から放出される甲状腺ホルモンの量は身体が綿密にモニタリングしている。ところがバセドウ病の人の身体では、ＴＳＨを模倣している抗体が甲状腺をガンガン刺激する。それに反応して甲状腺がこれまでにないほど多量の甲状腺ホルモンを放出し、甲状腺機能亢進症《こうしん》といわれる病態が生じる。

バセドウ病は、もっともよくみられる甲状腺機能亢進症の原因だ。その症状には、頻拍や高血圧、筋力低下、震え、動悸《どうき》、下痢、嘔吐、体重低下などがある。大半の患者には、目視できる甲状腺腫があり、目が極端にうるんで、飛びだしてくることもある。甲状腺機能亢進症の女性から生まれた赤ん坊は先天性異常を抱えている率が高い。患者は不眠症や不安、躁《そう》状態、妄想症など精神医学的な症状を呈する可能性が

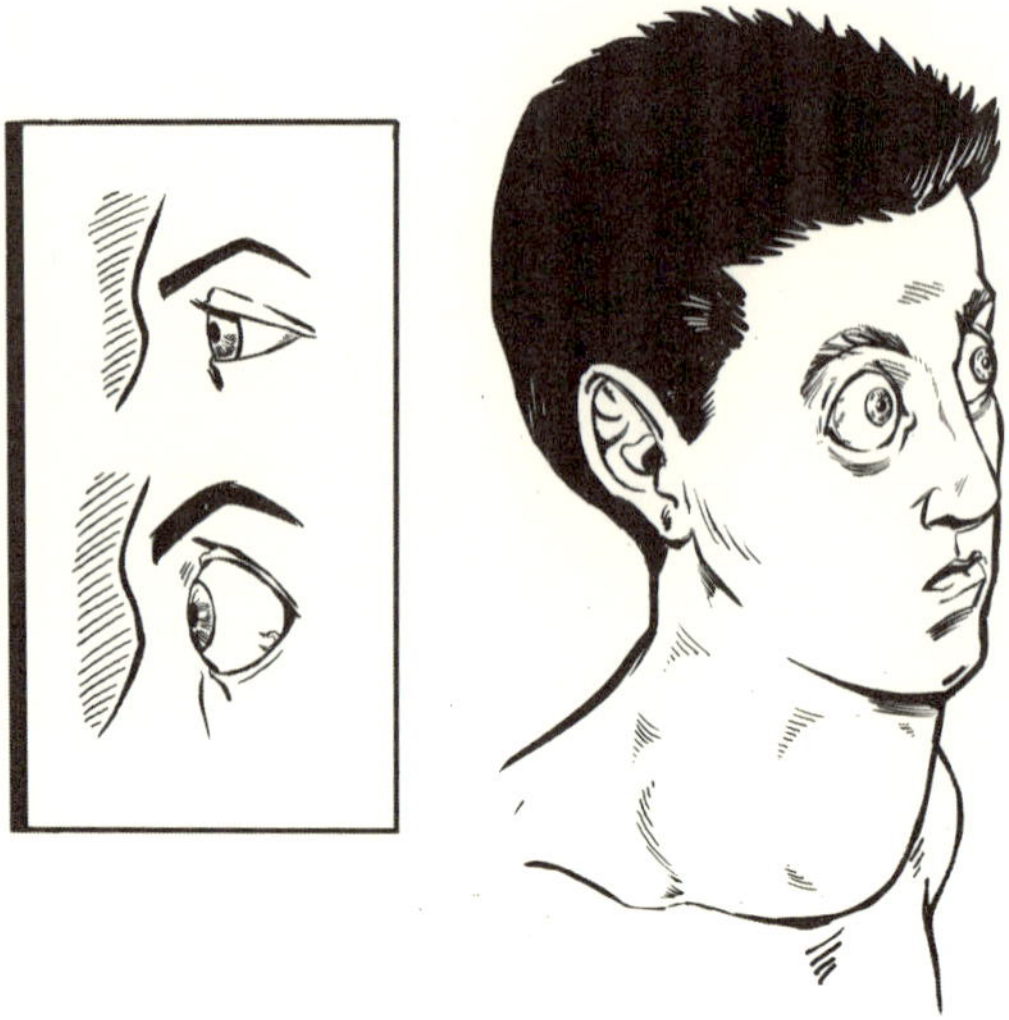

バセドウ病の患者の顔。突きでた目と肥大した甲状腺（甲状腺腫）が、この謎めいた自己免疫疾患の特徴である。現代科学がこの病態の治療法を特定する前は、多くの患者が悪魔的な憑依《ひょうい》を疑われ、サナトリウムで一生を終えた。

あり、また重症患者では精神病のエピソードを呈することもある。比較的共通した病態として、甲状腺機能亢進症はたいてい四〇歳以降から始まり、米国では男性の約〇・五パーセント、女性の約三パーセントにみられる。

バセドウ病は一八三五年に記述されているが、それまでは、診断されていないバセドウ病で死にいたることが頻繁にあったようだ。突きでた目と甲状腺腫とともにみられる、精神医学的な症状のせいで、きわめて迷信深い祖先が、悪魔の憑依《ひょうい》を疑ったのだろうと想像するのは難しいことではない。たしかに、中世のヨーロッパにあったサナトリウムの歴史の多くに、首が腫れ、目の突きでた妄想性の患者の話がある。それらの多くはバセドウ病の患者であった可能性が高い。その人々はかつて、健康で子どもも作れたが、家族や仲間に捨てられ、苦しみながら人生最後の数年を生きた。

幸いにも、現代の医学はバセドウ病に対し、通常は免疫抑制薬を必要としない効果的な治療をもたらした。一部の薬は甲状腺の働きを阻害するために用いることができる。また、非常に強い症状を防ぐ薬剤もある。たとえば、心拍数を減らし、血圧を下げるベータ遮断薬などがそれにあたる。それらの治療法は困難な副作用があまりない。さらに、放射性ヨウ素は甲状腺の一部を破壊する。この治療は必要に応じて繰り返すことができる。また、手術で甲状腺を部分的、または完全に摘出することで、病態から回復させることができる。その後は、甲状腺ホルモンの補充を行う必要があるが、これは一日一回の錠剤一粒で簡単にまかなえる。したがって、バセドウ病はいまや、身体が引き起こす問題を科学がみごとに解決した一例といえよう。それでも、過去に治療法がなく苦しんだ人々のことを思うと、この物語はバラ色とはいかない。

現代医学が、バセドウ病や重症筋無力症など一部の自己免疫疾患にほぼ勝利したとしても、このカテゴリのもう一つの疾患、ループスはまだ治癒不能のままで、ほぼ完全に謎に包まれている。正式には全身性エリテマトーデスと呼ばれているこの疾患は、身体のほぼあらゆる組織に影響を及ぼし、筋肉や関節の痛みから発疹《はっしん》や慢性疲労まで、患者によって大きく異なる多種多様な症状を引き起こす。実際、多くの科学者はループスを、単一の障害というより、関連した疾患の集積とみなしている。推定値に幅があるものの、米国では、少なくとも三〇万人〜一〇〇万人もの人々がループスにかかっているとされている。自己免疫疾患には性差があるが、ループスも例外ではなく、ループス患者は女性のほうが男性より四倍多い。

ループスの本当の原因はよくわかっていないが、最初のきっかけは、ウイルス性の感染症と考えられている。どんな種類のウイルスなのか？　そしてなぜ感染症が免疫系を永久にかき乱すのか？　これらの疑問への答えはまったく予想がつかない。現在わかっているのは、免疫系の抗体の工場であるB細胞が、身体の細胞の核にあるタンパク質を標的として攻撃する抗体を作り始めるということだけだ。要するに、免疫系が自分自身に戦争をしかけるのだ。

B細胞がその人自身の細胞を攻撃し始めると、攻撃された細胞はアポトーシス、つまりプログラムされた細胞死を遂げる。アポトーシスは管理された細胞の自滅形態で、細胞は、周りの細胞がパニックを起こさないようゆっくり慎重に自分自身を解体していき、ご近所の細胞に吸収してもらえるよう、リサイクル可能な材料はすべてきちんと梱包《こんぽう》される。アポトーシスは、胚発生、がんの防御、全身の健康と組織の維持に不可欠なのだけれども、体細胞がウイルスからほかの細胞を保護するための鍵でもある。一つの細胞が感染したと感知すると、その細胞は、ウイルスも一緒に死ぬことを望みつつ、アポトーシスによって自滅する。このようにして生命体の残りの細胞を助けるのだ。おおかたの状況でアポトーシスは、どちらかと言うと、はかなくて美しく詩的な命にたとえられる。つまり細胞たちは、属している生命体のために、献身的に自らを犠牲にしているのだ。

けれども、ループスでのアポトーシスはそれほど詩的ではない。大量の細胞が自殺し始めると、体内の死んだ組織を効果的かつ安全に処理する能力を超えてしまい、それらの残骸が山積みになり始める。この山積みになった残骸に加えて、感染した細胞を探しだしてくっつくようデザインされたB細胞の表面にある一部の受容体のせいで、活性化した状態のB細胞はベタベタしている。このベタベタしたB細胞は、細胞や細胞の破片とからみあって塊を形成する傾向がある。さらに、死んだ組織片を飲み込んで処理しようとするほかの種類の免疫細胞も取り込む。残骸処理の手助けをしようとしたほかの免疫細胞が、ときどき混乱に引き込まれるわけだ。その結果、炎症反応の連鎖が身体全体に生じ、とくにリンパ節と脾《ひ》臓などのリンパ系の組織に集中して炎症が生じる。

これがループスの臨床的なバージョンだ。簡潔なバージョンはこんな感じ――**ループスの患者はほぼいつも、調子が悪いと感じている。**

それらの微少な塊は身体中のどこにでも溜《た》まるので、ループスの患者は時間の経過とともにさまざまに変わる症状に苦しむ。ループスの臨床的な症状は次のようなものがある――特定の筋肉や関節に生じるが、胴体や頭などもっと広い範囲に及ぶことがある痛み。一時的または慢性的な疲労。全身が腫れる水毒や四肢の限局性の腫脹《しゅちょう》。発熱、発疹、口部の潰瘍、そして抑うつなど。多くの症状は、細胞の死体や組織片でできたくっつきやすい塊が、腎臓の微細なフィルター・システムや肺のガス交換を行う袋や、心臓を包んでいる線維性の袋（心膜）などに溜まって生じる。それらの塊は特定の組織の部品をベトベトにするだけではとどまらない。くっついて塊になりながら、活動的な炎症反応にもまだかかわっていて、近くの組織に炎症を広める。もう一度言うけれど、これは自己免疫疾患が引き起こすひどい混乱の一例にすぎない。

ループスは、診断される前の段階がとくにいらだたしい。というのも、**患者の症状がころころ変わるので、医師はその病気を特定しにくいし、患者は自分の問題を正確に特定し報告する能力に自信をなくすからだ。**ループスの患者はとくに精神医学的な疾患を含めて、数多くの疾患と誤診されることが多い。〝あなたは胸が痛いと言っていたのに、今度は関節が痛いのですか？　今回はまた別のところが？　おそらくあなたに必要なのは精神科医でしょうね。〟

まあ、たぶんそうかもしれない。ほかの自己免疫疾患と同様に、ループスは、不安や不眠症、気分障害などさまざまな精神医学的な症状を伴うことが多い。これらはたいてい、ループスに伴って起こる頭痛や疲労、慢性の痛み、錯乱、認知障害、精神病から生じる。ある研究では、ループスの女性の六〇パーセントが臨床的に抑うつでもあることが明らかになった。患者たちが直面するあらゆる問題を考えると、一〇〇パーセントでないのが不思議なくらいだ。

ループスの症状が人によって大きく異なるのと同じく、治療法もさまざまだ。ほぼすべてのループス患者があれこれ免疫抑制療法を用いているが、この療法では、それぞれの患者が呈している独特の症状や徴候に合わせて、特定の薬剤を組み合わせなければならない。ループス患者は、もっとも有効な組み合わせを求めてさまざまな薬剤を何年も試すことがあるが、そうしてやっとみつけた治療法が、その後なんの理由もなくふいに効かなくなることがある。

幸運にも、ループス患者の予後は、時間の経過とともに着実に改善してきている。時間と言えば、ことループスに関しては、その歴史はたしかに長い。この疾患は一二世紀からループスと呼ばれていたが、疾患の記録は、古代にさかのぼる。一八五〇年代以降は自己免疫疾患として認識されていたが、決定的な臨床検査法がみつかるまでそこから一〇〇年かかった。現在、ループス患者の期待余命は一般の人々と同じくらいになった。けれども、これには大きな犠牲が伴う。ループスに症状がない日などほぼないし、一度再燃すると、数週間寝たきりになることもある。

ループスはお粗末なデザインの結果としか考えられない。人類の免疫系はチェックとバランスの機能を備えていて、自分以外の細胞やタンパク質に対しては強力な免疫応答を開始し、自分自身の細胞やタンパク質は放置しておくように機能が制御されている。そして、ウイルスに感染したときは、細胞をハイジャックしたウイルスとさらに積極的に戦えるよう、制御の一部が一時的にゆるくなる。ループス患者では、攻撃のスイッチがけっして切られることがなく、患者は生涯、幻のウイルスと戦って暮らす。免疫応答そのものは元々プログラムされているもので、適切な状況では有用だ。壊れているのはスイッチのほうなのだ。自己免疫疾患というのは、どれも一貫性がない病気だが、ループスはもっとも不可解な病《やまい》だ。**免疫系が自分自身と戦い始めたら、いずれにしろ負けるのは自分じゃないか。**

重症筋無力症、バセドウ病とループスは、ヒトに生じる多くの自己免疫疾患のうちの三例にすぎない。NIHが調査しているのは、関節リウマチ、炎症性腸疾患、重症筋無力症、ループスとバセドウ病など二四のもっとも一般的な自己免疫疾患のみだが、米国自己免疫疾患協会（AARDA）の推定では、一〇〇を超える自己免疫疾患が存在し、五千万の米国人、つまり人口の約六分の一がこの疾患にかかっている。さらに、事実上、自己免疫疾患と確認されているか、自己免疫疾患であろうと強く信じられているその他の疾患には、多発性硬化症、乾癬《かんせん》、白斑とセリアック病がある。また多くの科学者が、少なくとも一部の一型糖尿病、アジソン病、子宮内膜症、クローン病、サルコイドーシスなどその他多くの疾患の根底に自己免疫がかかわっているのではないかと疑いを抱いている。つまり、僕らの免疫系がヘマをして、ひどく重い病気が起こる方法は数知れない。

公平に言えば、ヒトにみられる自己免疫疾患のいくつかは、ほかの動物種にもみられる。たとえば、イヌはアジソン病と重症筋無力症にかかることが知られているし、糖尿病はイヌとネコにもみられる。これらの疾患が、野生動物よりも家畜化された動物にずっと多いというのは興味深い。家畜化された種と同系の野生動物や、僕たちと同系の類人猿がなぜ自己免疫疾患という災難であまり苦しんでいないのかは、ヒントさえみつかっていない。

これまでのところ、ループスに似た症候群が、ヒト以外のいかなる種にも（家畜化された動物にさえ）みられたという記録はない。クローン病やほかの多くの病気も同じだ。生物医学的研究が一部の自己免疫疾患の動物モデルを作成しているが、ほかの動物ではそれらの疾患は一般的ではないようだ。自己免疫疾患について言うと、僕たちと僕たちが連れている動物たちは、野生動物より病気になりやすいが、その理由はまだわからない。

誤解しないでほしいのだけれど、**ヒトの免疫系はすごい**。何重にも張りめぐらされた防御細胞や分子に、防御戦略もあって、僕たちの多くは日々健康に保たれている。免疫系がなければ、侵入してきた細菌やウイルスにあっという間に負けてしまうだろう。その免疫系のデザインをヘボ呼ばわりするのは、僕たちが毎日生きているなかで免疫系が勝ちを収めている数百万、いや何十億もの戦いを侮辱することになるだろう。

だからと言って、僕たちの免疫系を完璧なデザインだと言うのも、同じくらい正確ではない。この地球上でかつては何の問題もなく生きていたのに、身体が自己破壊をし始めたせいで死んでしまう人々が何百万もいるのだ。身体が自分自身を相手に戦い始めたら、そこに勝者はいない。

過剰な過剰反応

最近では、ほぼ誰もがなにかのアレルギーを持っているように思う。重度のピーナッツ・アレルギーの人がいればこう言うだろうが、アレルギーはいつも同じ強さで起こるというわけではない。軽度のインフルエンザのような症状を起こしたり、食べ物のアレルギーなどでは舌がかゆくなったりなど、とくに害のないアレルギーもある。けれども、なかには命をおびやかすものもある。二〇一五年現在、米国では少なくとも二〇〇人が、食物アレルギーが原因で死亡し、その過半数がピーナッツによるものだった。入院患者は数万人を超える。

アレルギーは自己免疫疾患ほど不可解ではないが、この二つの病態には共通のつながりがある。どちらもヒトの身体の免疫系がまちがえることで起こる。とはいえ、自分自身に過剰反応する自己免疫疾患とはちがって、アレルギーは異物（と言っても、まったく害のない物質）に対する免疫系の過剰反応の結果だ。

免疫応答の引き金となる分子を抗原と呼ぶ。これはたいていタンパク質だ。抗原はどこにでもある。僕たちが食べたり、触れたり、吸いこんだりするものすべてに抗原になりうるものが含まれているが、僕たちが出会うほぼすべての異物は、まったく無害だ。

僕たちが、無害なタンパク質と危険なタンパク質を見分けられなければ、どの異物にもアレルギー反応を起こしてしまうが、幸運にも、僕らの身体は、たいていは有害な分子と無害な分子を区別することができる。外から入ってきたタンパク質が無害なとき、免疫系はだいたいそれを無視する。けれども、有害な細菌やウイルスだったら、免疫系はその侵入者を中和（無力に）するために、攻撃を開始する。このような攻撃は、免疫応答と呼ばれる（攻撃なのに応答とは、誤解を招きそうな言葉だが）。

その免疫応答のおもな現象の一つであり、アレルギーの重要なメカニズムの一つが炎症だ。炎症には、身体全体に起きる全身性と部分的に起こる局所性の二種類があるが、いくつかの特徴は共通している。炎症のおもな特徴は古代から知られている次の四つで、医学生などはいまだにラテン語名と併せて教わることが多い——*rubor*（赤み）、*calor*（熱）、*tumor*（腫れ、または浮腫）、*dolor*（痛み）。これらの四つの特徴は、感染性の傷をみれば簡単にわかるが、たとえばインフルエンザになったときなど、全身性の免疫応答時にも現れる。顔が紅潮（*rubor*）し、熱（*calor*）が出て、肺に水が溜まり（*tumor*）、全身が痛くなる（*dolor*）。

それらと同じ症状の多くが免疫応答時に現れるが、その症状は感染性の侵入者自体のせいではない。むしろ、それらは侵入者と戦う免疫系が働いているせいなのだ。赤みと腫れは、免疫細胞と抗体を感染部位に早く送達できるよう、血管が拡張し血液が漏れやすくなっている状態だ。熱は細菌の増殖を抑えるための取り組みの一つとして起こる。痛みは、あなたが感染した傷をかばって保護したり、横になって身体を休め免疫が戦うためのエネルギーを保持したりすることを身体が後押しする方法だ。炎症の症状はどれも、あなたを悩ませるものと身体が戦った結果なのだ。

このように、炎症は感染症と戦うときにはたしかに有用だけれど、アレルギーの場合はまったく役に立たない。アレルギーの抗原は、たとえばツタウルシ植物から抽出した油で、身体には実際の脅威はない。だから、ツタウルシ油に免疫応答を起こすのは、まったくバカげた話なのだ。それなのに、ツタウルシに触れたときはいつも、ほとんどの人に免疫応答が起こる。

少し立ちどまって、アレルギーがどれほどバカげていることか、もう一度考えてみよう。**ハチに刺されると身体がとても激しく反応し、死んでしまう人がいるが、これはハチの一刺しのせいで死ぬのではなく、免疫系の反応のせいで死ぬのだ。**ハチの針が本当に危険だったとしても（そうではないのだが）、命を危うくするのは過剰な反応のように思う。過敏性のアレルギーのせいで、一部の人々の免疫系は、時限爆弾が時を刻んでいるような状態になる。人生で出会ったこともない健康上の最大の危険が、自分の身体のなかにあるのだ。

アレルギー反応の主犯の一つが特定の種類の抗体だ。これらの抗体は、通常は寄生虫と戦うためにのみ使用されるため、少なくとも先進国ではなかなか使われることがない。この抗体のおもな機能は、炎症を誘発しそれを最大化することなのだが、なんらかの理由で、寄生虫と戦うためのこの抗体が、アレルギー反応時に放出される。そのため、アレルギー反応時に起こる炎症は、標準的な炎症反応よりずっと激しくなる。この抗体は炎症を起こすことしか知らない。米国のことわざで言う〝自分がカナヅチだったら、なにもかもがクギにみえる〟状態だ。

僕たちはつねに異物から攻撃を受けているから、アレルギーの問題は非常にやっかいだ。僕たちはさまざまな植物や動物に由来する食物を食べているし、さまざまなものや場所から発生する花粉や細菌、微粒子を吸っている。肌は、衣服や土、細菌やウイルス、ほかの人々の身体など物質や物質をまとった多種多様な宿主と接触している。僕たちは猛攻撃してくる異物とうまく戦っているけれど、ピーナッツ・アレルギーがある人がピーナッツ・バターを食べると、命をかけて自分自身と戦うことになる。

ではなぜ、身体は異物の違いを区別できるときもあれば、できないときもあるのだろう？ それはまだ明らかになっていない。けれども、正しく区別するために身体は稽古する必要があり、稽古する環境が重要なのだということはわかっている。免疫系のトレーニングには二つの段階がある――最初は母親のおなかにいるあいだ、二回目は乳児期だ。

子宮内にいるあいだに、未熟な胎児が免疫細胞を生成する。それらの細胞が最初に行うのが、〝クローン除去〟という現象に参加することだ。クローン除去とは、胎児の身体内の免疫細胞に、胎児自身の身体に由来するタンパク質の小さなかけらを提示するプロセスである。そのとき、自分のタンパク質のかけらに反応した免疫細胞は排除される。つまり、免疫系から〝削除〟されるのだ。このプロセスは何週間も繰り返され、最終的には自分自身の身体に反応しそうな免疫細胞をすっかり排除する。こうしてやっと、免疫系は活動の準備が整う。

生まれる前に免疫系が機能していなくても問題はない。子宮は完璧に無菌というわけではないが、ほぼそれに近いからだ。この安全な環境で胎児は、自分の免疫系にワナをしかける。つまり、自己抗原の小さなかけらをみせびらかし、それに襲いかかる免疫細胞を殺すのだ。その結果、**異物だけを攻撃する細胞が**

集まった免疫系ができる。出生が近づいたとき、それらの細胞は活性化され、胎児は危険な微生物に満ちあふれた、汚れた世界と向きあう準備を整える。

乳児が生まれると、課題はもう一段階難しくなる。赤ん坊が菌まみれの世界に飛び込むと、免疫系はみたこともない抗原から攻撃される。免疫系は、どれが味方でどれが敵かを学ばねばならない。しかも大急ぎで。免疫系は、新生児として生まれた人生最初の日から、優しくすべきか、厳しく扱うべきかわからないさまざまな感染性の物質に直面する。**身体はどのようにして、ある種の黄色ブドウ球菌株とは全力で戦うべきで、別の株は無視していいとわかるのだろう？**　本当のところはまだ解明されていない。だが、確かなことが一つある。それは、早期の免疫系はゆっくり反応して〝成り行きを見守る〟方法を採用しているという点だ。

多くの科学者が、これを第二期免疫トレーニングの鍵と考えている。最初は免疫応答をゆっくり進めて、感染症が起こるかどうかを見定めることで、異物のタンパク質が危険かどうかを判断する。感染症が生じたら、そのときはギアをトップに切り替えて攻撃をしかける。症状が出なければ、異物は取るに足りないものとみなされる。免疫系は記憶力が抜群にいい。それは、非常にまれな感染症のワクチンを受けてから何十年もたっているというのに、いまだに効果が発揮されるという事実に裏づけられているとおりだ。けれども、最初は誰が味方で誰が敵かを学ばねばならず、まずは経験して学んでいくしかない。

このゆっくりした免疫応答の結果、じつに危険な感染症が乳児の免疫応答よりさきにスタートを切ることもある。どの親も、子どもがしょっちゅう病気をしているとこぼす。これは一部には、風邪を引き起こすウイルスに対する免疫をまだ確立している最中ということもあるが、免疫系が戦うべきウイルスがどれで、どう戦うべきかを学んでいるところだからでもある。免疫系が行動に移ると決めたときは、スタートの遅れを取り戻そうとして、たいていはとても激しい反応が始まる。だからこそ、子どもは大人よりずっと高い熱を出す傾向があるのだ。一度、息子がただのレンサ球菌咽頭《いんとう》炎で四一度を超える熱を出したことがある（当時は子育てを始めたばかりだったから、息子が大変な伝染病にかかったと思い、気が気じゃなかった）。一方、僕自身は、熱が三八度を超えただけで死にそうな気分になる。

大切なのは、僕たちの免疫系が、地球上の生命の単調な日常に耐えるように学ぶことだ。空気中や食物中や、肌の上に乗っている異物分子の大半はまったく無害だ。細菌やウイルスの大多数も無害だ。僕たちの免疫系は異物がつねにやって来ることに慣れ、それとは戦わなくていいことを学ぶ。生まれて数カ月でこの活動を開始し、最初の数年間これを続けると、そのうち無害なものはほとんどみたとみなして、成熟の状態に落ち着き始める。

ところが、免疫系は乳児期の学習期間から移行するにつれ、変化し始める。初めて接触する新たな異物に対して、もっと敏感になるのだ。このとき、アレルギーがその険悪な頭をもたげだす。「ピーナッツの油は健康上なんの脅威もない無害な物質だ」と学習する代わりに、免疫系はこれと戦うと判断し、接触が増えるとさらに強く反応する。言いかえると、免疫系がすべきこととは正反対の教訓を学ぶのだ。

なぜアレルギーを起こすのかについて、進化上で説明のつく理由はなく、どの動物でもアレルギーになりうる。とはいえ、自己免疫疾患と同様に、ヒトほどアレルギーに苦しめられている種はない。**食物アレ**

ルギーとぜんそくは、過去二〇年で急上昇し、いまでは米国の子どもの一〇パーセント以上に少なくとも一種類の食物アレルギーがある。僕が小学生だった一九八〇年代前半に、僕の知っている子どもでピーナッツ・アレルギーを持っているのは、一一学年上の姉しかいなかった。最近では、たとえば、僕のふたりの子どもどちらのクラスにも、ピーナッツやほかのナッツに致命的なアレルギーを持っている子が毎年何人かいる。多くの学校や保育所は、アナフィラキシーを引き起こしかねない悩ましいナッツからアレルギーの子どもたちを守るために、いつも気を使いながらその食物を扱うより、いっそナッツをまったく使わないようにする傾向がある。

いかに免疫系が訓練されるのか、アレルギーが生じると何がいけないのかはわかった。ではアレルギーの率が非常に高くなった過去数十年間に、いったい何が起こったのだろう？

衛生仮説と呼ばれるものが、その答えになりそうだ。一九七〇年代はじめから八〇年代にかけて、人々は極端に子ども、とくに乳児をできるだけ微生物に近づけないようにし始めた。こんにち、親たちは赤ちゃんの哺乳瓶を殺菌し、来客には赤ちゃんを抱いたり触れたりする前に手を洗うように言う。乳児はたいてい屋内で過ごし、土がむきだしの地面から離れている。腹を下さないように清潔な食べ物と飲み物だけを与え、いつも洗いたての服を着せる。おしゃぶりが床に落ちたら——ダメ！　すぐに消毒しなくちゃ！

これは、まことにけっこうな心掛けで、日々の習慣のどれにも異議を唱えるのは難しい。僕は子どもたちに、床に落ちたものは食べない、公衆トイレは使わないようにする、地下鉄に乗っているときは何も触らないように、ときつく言い聞かせてきた。これらの注意事項を言って聞かせたのは、子どもたちに病気になってほしくなかったからだ。

また、風邪を引いているときに生後二週間の乳児を抱くべきではないというのも常識のように思える。一部のサークルやグループでは、小さな子どもを家族にもつ人が、新生児のいる家を訪問するのは不作法とみなされてさえいる。子どもを家に置いていくかどうかは関係ない。あなたの服や身体についた細菌で赤ん坊が病気になるかもしれないからだ。これも、善意から子を守ろうとする親の反応だ。

善意はわきに置いておくとしても、保護もこのように極端にやりすぎると、進化が形づくって発展してきた免疫が知らぬ間に台無しにされてしまう。

いまや、乳児期に行われる殺菌が、アレルギー発生増加の裏の理由である可能性が明らかになりつつある。複数の研究から、乳児期の極端に清潔な環境が、その後の食物アレルギーの発症に関係していることが示されたのだ。これが衛生仮説だ。免疫系の機能について、一つわかっていることは、うまく機能するためにはたくさん訓練しておかねばならないということだ、この仮説は非常に理にかなっている。だからこそ、大半のワクチンは生まれたての子には打たない。まだ免疫系の準備が整っていないからだ。ワクチンが乳児に害を及ぼすからではない。ただうまく作用しないからだ。同じ原理が他の方面にもあてはまる。抗原への接触を最小限にすると、子どもの免疫系はそれらに慣れることができない。**有害な異物も無害な異物も多くに出会って初めて、僕たちの免疫系は違いを学ぶことができる。**

この仮説が正しいのなら、僕たちは、デザインのごく小さな不備であるアレルギーを、大きな問題に膨らませていることになる。これに関して、僕たちは自然を責められない。責任は僕たちにある。

ハートの問題

心血管の病気は、米国と欧州の自然死の死因第一位だ。全体として、冠動脈疾患、脳卒中、高血圧は、欧州先進国の最終的な死亡原因の約三〇パーセントを占める。それらの死亡の大半は、心臓自体の問題に起因していると考えられているが、血管の機能不全もしばしば原因とされる。（たとえば、腎臓病のほとんどは、じつを言うと血流の問題なのだが、腎臓に多くの血管が集中しているため腎臓で生じる。）

心臓の病気には、加齢によるものや良好ではない生活習慣の結果起こるものがある。つまり、十分に長生きしたか、不健康な行動を続けているとそれらの心血管の病気が生じる可能性が高くなる。これは、デザインの不備ではない。自分以外の誰も責められないし、リスクについても、もうこの話題についてはさんざん聞かされているだろうから、ここで繰り返す必要はないだろう。（知ってるだろう？　健康的な食物を食べるだけじゃなく、運動もたくさんしなくちゃいけないんだって！）

けれども、心臓に関しては、いくつか風変わりなデザインの欠陥がある。たとえば米国だけでも、心臓に文字どおり穴が開いた赤ん坊が毎年、約二万五千人生まれている。

心臓の穴は医学用語で中隔欠損といい、心臓の上の二つの部屋（心房）の仕切りか下の二つの部屋（心室）の仕切りの壁に生じることがある。これが起こると、通常なら血流の順序として互いに交流することのな

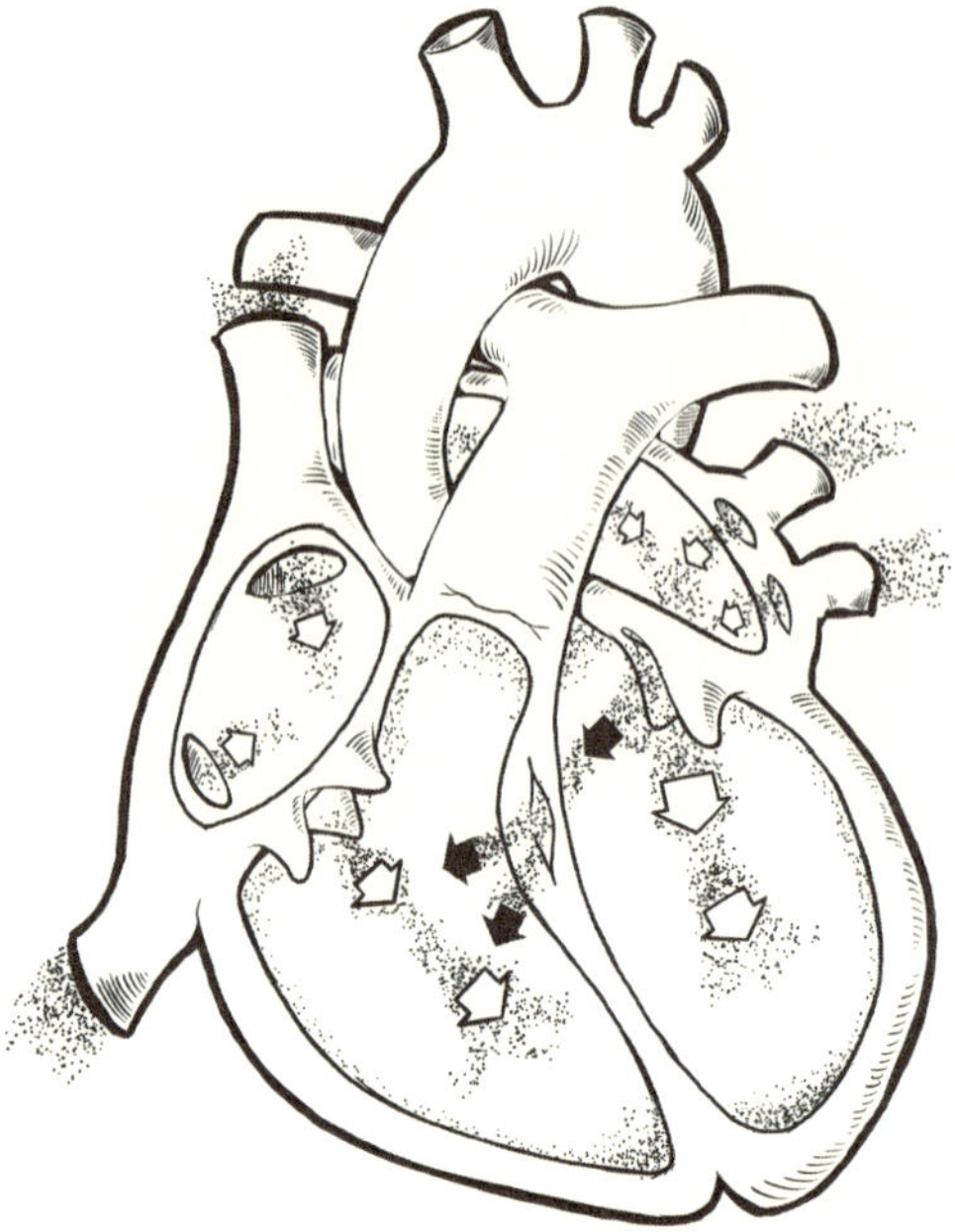

心室中隔欠損があるヒトの心臓：中隔にある穴から、血液が心臓の左心室から右心室へ流れ込む（黒い矢印）。この生命をおびやかす先天性異常は、遺伝子がつかさどるヒトの心臓の発生が、ちっとも微調整されていないことを示唆している。

い二つの部屋のあいだを血液が行き来してしまう。心臓が収縮しているとき、血液は穴を通って左側から右側へ流れる。心臓が収縮していないとき、血液は穴を通って右側から左側へと戻る。このようにして、穴があると、動脈血と静脈血が不適切に混じりあってしまうのだ。

通常は、身体全体の組織に酸素を運んで戻ってきた血液は、心臓の右側に流れ込む。心臓の右側から血液は肺へと流れ、そこで酸素を拾って二酸化炭素を降ろす。そのあと血液は心臓に戻るが、このときは左側に入り、そこで圧力をかけられ、ポンプで押しだされて身体中に流れる。血液が身体へと流れだすには高い圧力で押しだされる必要があるが、各組織ではガス交換を行うための時間がいるため、低圧で身体を巡る必要があり（そもそも血液の目的はガス交換だからね）、この二段階のプロセスが重要になる。ポンプで押しだし、ガス交換（肺）、ポンプで押しだし、ガス交換（身体全体）。こういうパターンだ。

ところが、中隔に欠損があると、血液は二つのステップの途中で混じりあう。通常の血流に近道ができたようなものだ。小さな穴なら最初は正常な心臓と差がみられないが、時とともにそこを通る血液の摩擦で穴が大きくなることがある。大きな穴は血流を大きくかき乱すため、その子は胎内で、または出生直後に死にいたる恐れがある。要するに、中隔欠損は血流の効率を悪くするため、心臓に余分な負担がかかる。血液を十分に循環させるために、心臓は通常よりかなり激しく働かねばならなくなるのだ。

現在では、中隔欠損を持って生まれた子どもの経過は非常に良い。多くの欠損は非常に小さいので治療は必要がない（とはいえ、定期的な検査は必要だ）。それより大きい欠損は手術で修復する必要があるが、手術が選択肢の一つになったのは、一九四〇年代後半になってからだ。中隔壁は心臓の部屋の奥にあるので、手術では心臓を切開しなければならない。これを行うには、手術中にこの手術と同じくらい侵襲的な、人工心肺装置の使用が必要になる。つまり、あらゆる種類のリスクがついてまわる。それでも、医師たちはその手術の技術を磨きつづけ、先進国では、中隔欠損を持って生まれた子どものほぼ全員が生存し、完全に通常の生活を送れるほどのレベルになった。

数十年前までは、そうはいかなかった。かつて重度の中隔欠損は出生直後の重大な死因だった。赤ん坊の心臓に大きな穴が開いていると、たいていはたった数時間しか生きられなかった――十分な酸素が身体を巡らないため、あえぐように呼吸し、その後ゆっくりと窒息していくのだ。

もちろん、大半の人は心臓に穴がないけれど、この発生上のエラーが起こる頻度からすると、心臓の発生を担当している遺伝子はいささか腕が鈍っているように思える。中隔生成の欠損は散発的に起こることだが、これは散発的な変異のせいではなく、胎児の心臓発生時の散発的な失敗のせいだ。単なる不運という部類だが、この非常に特異的な種類の不運には、そうなりやすい素因があるようにみえる。

いかにして、ある人が特定の問題を経験しやすくなるのかを理解するために、靴ヒモを例にしてみる。靴ヒモがきちんと結ばれているとき、つまずくことなく一〇〇歩歩ける確率（オッズ）は非常に高いが、つまずく可能性はゼロではない。靴ヒモはほどけているがヒモがとても短いとき、つまずかずに一〇〇歩歩ける可能性はあり、もしつまずくとしてもその回数は数回にもならないだろう。ところが、ほどけている靴ヒモが非常に長いとき、一〇〇歩のうち、何度もつまずくことはほぼまちがいない。それでも、一歩ごとにつまずく可能性は低い。

この例が示しているとおり、問題、つまりつまずく確率はさまざまな因子によって低くなったり高くなったりする。まったくつまずかない完璧な状況はないし、一歩ごとに必ずつまずく保証のある状況もない。さまざまな確率の幅があるだけだ。

遺伝子が発生に及ぼす影響は、靴ヒモがつまずきに及ぼす影響と似ている。赤ん坊が心臓に穴が開いた状態で生まれてくる確率は低い。けれども、心臓に穴の開いた赤ん坊が米国だけで毎年数万人生まれているという事実は、遺伝学的な靴ヒモがほどけていることを示唆している。心臓発生のための遺伝子のどこかで、なにかがあるべき姿になっていない。靴ヒモは短いかもしれないが、ほどけているのはまちがいない。

とっぴな話だと思うなら、次の例を考えてみてほしい。赤ん坊のなかには、血管や心臓の左右が逆になった状態で生まれる子がいる。心臓の左右が逆になっている場合は、血液循環は閉鎖的なシステムであるため、原則として、血液は正しい場所に向かう。つまり肺で酸素を得て一新され、全身に送られたあと、肺に戻ってまた酸素を得て、というように。けれども、心臓の筋肉は異なるシステムの必要性と圧力に合うよう構築されているため、血液が効果的に流れないことがある。心臓の右側は肺に血液を送りだし、外から心臓に戻ってくるためにのみ作られていて、右心室は全身に行きわたるよう血液を押しだせるほど強くないからだ。また、血管が逆になっている場合、通常は血液を肺へ送る肺動脈は、通常は全身に血液を運ぶほかの大動脈とはまったく作りが異なる。その役割が逆転すると、どちらもうまく機能を果たせない。

医科学の劇的な勝利の一つとして、大血管転位症として知られるこの疾患になってしまった一部の子どもは、現在では命を救われている。外科医はいくつかの血管をつなぎかえ、血液が正しく流れたときに耐えられるよう、強さや厚さ、弾力性をマッチさせる。乳児にこの手術を行っているあいだは、人工心肺装置を使用しなければならないため、生まれて数時間か数日の赤ん坊に行うのはきわめて危険な手術だ。それでも、最近では、大半の子どもがこの手術を生き延び、比較的正常な生活を送っている。自然がしでかしたヘマを、いまや科学が解決できるのだ。

心臓の穴や逆についた血管は命にかかわる疾患だけれど、心血管系の形成においてはまれな欠陥だ。一方、もっと多くの人にみられる小さな先天性異常で、同じくらい危険になりうるものがある。その一例を動静脈吻合《ふんごう》という。**大動脈が静脈と近道を作るようにつながり、血液が無駄に循環する回路を作る血管の**

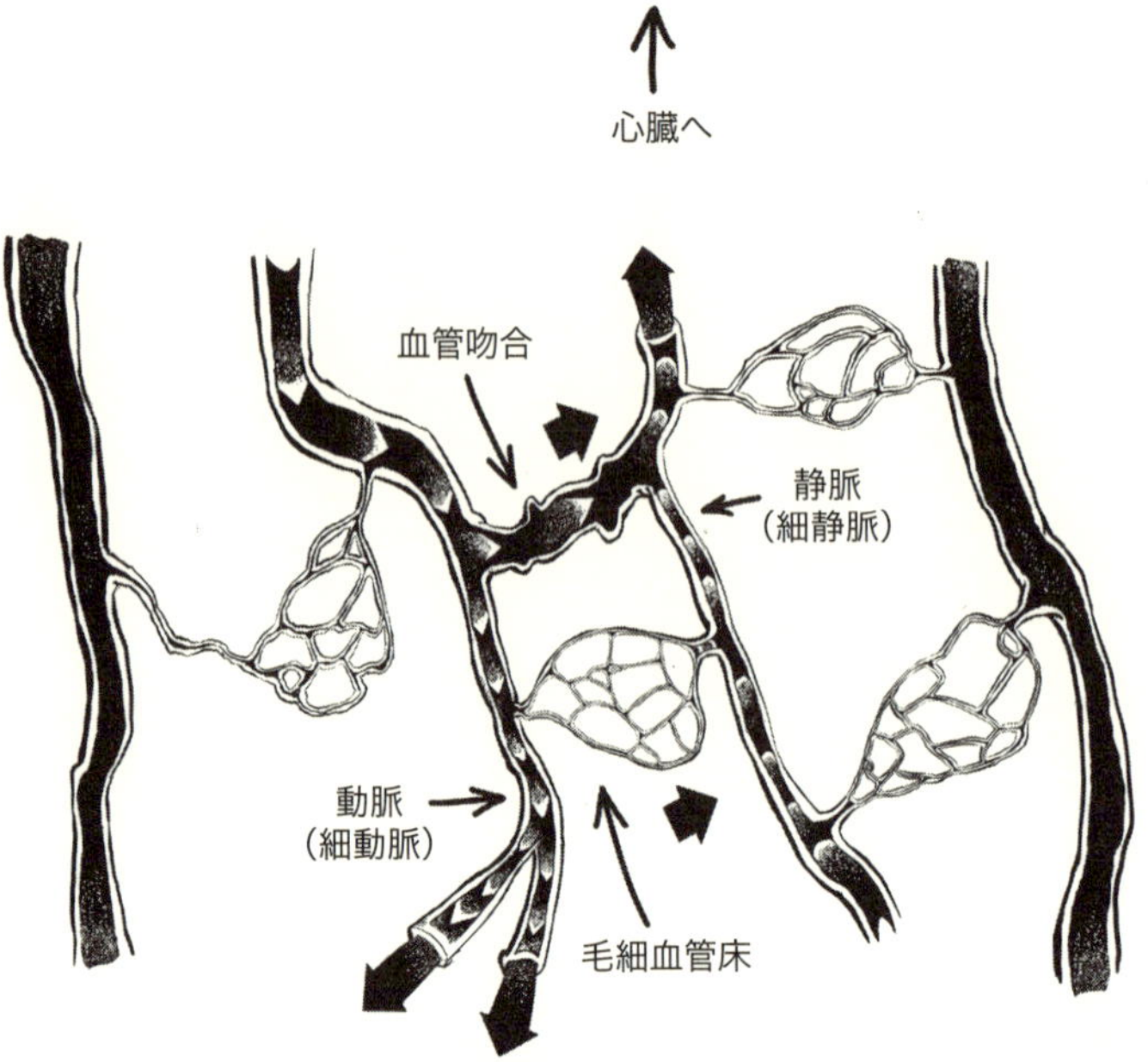

動静脈吻合とは、動脈が毛細血管床を通らずに静脈へつながる、血管の短絡状態をいう。これによって周囲の組織は酸素が不足し、それがさらなる吻合を引き起こし、暴走サイクルへと進む。

奇妙な病態だ。この役に立たない血管は大きく成長すると命をおびやかすことがある。この回路には意味もなく大量の血流が流れるため、血液が充満した血管にたとえ小さな傷ができても、短時間で大量の血液を失ってしまうことがある。

動静脈吻合の多くは無害なのだが自然に治ることはない。活性が高く増大していく場合は、その塊が深刻な健康リスクになる前に、除去する必要がある。もっとも危険な動静脈吻合のなかには、枝のように分岐を形成し、最終的にはクモの巣状に血管が織りあわされて、もつれあうものがある。時代が違えば、これらで死にいたることもあったし、体力を消耗させるものが多かった。動静脈吻合は放っておくと、次第に大きくなり、よどんだ血液の詰まった、大きく腫れた腫瘤《しゅりゅう》を形成する。それゆえに、たいていは非常に小さな段階で、手術で摘出されるか放射線で破壊される。けれども、この修正は、腫瘤が大きくなるほど危険になる。分断された血管から、大量の血液が噴きだすからだ。

この構造が知らぬ間に形成されると、増殖の暴走サイクルが始まる。役に立たない血管を取り囲む組織では皮肉にも、酸素が豊富な血液が不足するからだ。心臓から血液を運び、毛細血管に枝分かれし、身体のさまざまな組織や器官に貴重な酸素を輸送する正常な血管とは異なり、吻合した動脈血管は、枝分かれして別の種類の血管、つまり血液を心臓に戻す静脈につながる。吻合のせいで毛細血管へ動脈血が流れるステップが飛ばされるため、周辺の組織では、これらの組織のあいだをつねに大量の血液が通り抜けているという事実にもかかわらず、むしろ酸素が枯渇し、低酸素状態になる。すると、低酸素状態の細胞はホルモンを分泌し、そのホルモンが吻合している血管にさらに増殖するよう働きかける。血管がさらに大きくなると、さらに分枝を形成し、すると組織はますます低酸素状態になり……こうして悪循環が続く。

多くの発生障害と同様に、どのように、なぜ吻合が形成されるのかは、まったくわからない。なぜか生じるのだ。これは発生遺伝子や組織構造のプログラミングがかなりお粗末なせい、つまり、靴ヒモがほどけているせいだ。

結び：僕たちに忍び寄る猛獣

多くの人々はアレルギーがなく、脳卒中も起こさず、自己免疫疾患という惨禍からも免れているだろうが、がんは僕たちみんなに忍び寄る猛獣だ。基本的に可能性は一〇〇パーセント。**長生きすれば、がんになる。**なにかほかの原因で死ぬ場合は別として、最終的に僕たちはがんに追いつかれる。

人口におけるがんの率は急上昇している。これは、単に人々がほかのことでは死ななくなり、がんになるほど十分長生きしているからというのが大きな（だが唯一ではない）理由だ。さらに、多細胞動物はいずれの種もがんになる。これに関してはヒトは唯一の存在ではない。一部の動物よりもがんになる率は高いが、僕たちよりがんの発生率が高い動物もいる。

がんについては、ヒトはなにも特別なところはない。例外は、僕たちが昔と比べてがんにかかるほど長生きしている点くらいだ。ではなぜ、そもそもこの話を持ちだしたのか？　アテローム性動脈硬化症みたいに、なぜ飛ばさないのか？

それは、がんが自然の究極のバグであり特性でもあるからだ。有性生殖やＤＮＡや細胞寿命を持つ生物にとって、がんは切っても切れない存在だ。がんの偏在性はまさに、自然のバグとしての一端を示している――つまり、このデザインの不備はヒトだけでなく、ほかの多くの生物にも同様に影響している。

自己免疫疾患と同じく、がんは僕たち自身の細胞の産物だ。細胞の行動ルールに混乱が起こると、がんが生じ、成長し、コントロールを失って増殖する。その結果、固形腫瘍の場合、プログラム解除された細胞の塊が正常な機能を失い、がんが生じた器官を窒息死させる。血液のがん、つまり白血病とリンパ腫の場合は、がん細胞は血液細胞を押しのけ、骨髄の機構でさらにがん細胞を作らせる。どちらのがんのタイプも、がん細胞はたいていほかの組織に広がり、身体を乗っ取り、最後には身体を維持できなくなるほど破壊する。したがって、**がんは基本的に、細胞の成長コントロールがきかなくなる病気なのだ。**

体内の細胞の大半は必要に応じて、成長し、分裂し、増殖する。細胞のなかには、肌や腸や骨髄のようにほぼいつも増殖しているものもあれば、神経細胞や筋肉細胞のように、基本的にはけっして分裂しないものもある。そして、その中間で、つねに分裂するわけではないけれど、傷の治癒や組織の維持などのときには分裂できる能力を持っている細胞もある。したがって、細胞は自身の増殖を管理しなければならない。必要なときは増殖し、時が来たら増殖をやめなくてはならない。がんは、ある細胞がそのルールを無視して絶え間なく増殖しつづけるときに生じる。この意味で、がんは僕たち自身の細胞が堕落した状態だ。細胞が自分勝手に行動し、適切な持ち場を放棄し、自身の成長と増殖だけに専念するようになるわけだ。

以前に、飛行機でグレゴリー・モーマン神父というベネディクト会の修道士と隣りあわせたことがある。会話の流れで、僕はがん研究に関する会議から家に帰るところだと話した。とても博学な彼は、その話に興味津々で僕の研究やがんの性質自体について多くの質問をしてきた。そのあと、彼はがんに対する考えについて雄弁に語った。ここにそれをまとめておく。

わたしには、がんは究極の、生物学的な悪魔の顕示に思えます。がんは細菌やウイルスの攻撃の結果ではなく、外からなにかの力で身体に損傷を受けたものでもありません。それはわたしたちなのです。わたしたち自身の細胞が、悪魔の力にそそのかされたかのように、身体の適切な場所を忘れ、自分勝手に生き始める。がんは利己主義を体現し、自分のために何もかも乗っ取り、ほかのためには何も残さない。けっして満足せず、どんどん増え、ほかの領域へと広がり、成長し、乗っ取り、殺しつづける。これらの堕落した細胞と戦う唯一の方法によって、わたしたちの身体の具合も非常に悪くなります。なぜなら、それはがんを攻撃すると同時に、わたしたち自身をも攻撃するからです。わたしたちの生身の身体を乗っ取っている悪魔と戦う方法はほかにないのです。だからこそ、わたしはつねづね、腫瘍学者やがんの研究者を高く評価しています。あなたがたは、悪との戦いを専門とされているのですから。

この修道士の言葉に僕は息を飲み、以来その言葉を忘れたことはない。皮肉にも、がんに関する論文や教科書の最初のパラグラフは、彼の詩的だがこの上なく簡潔な言葉とまったく同じことが述べられていることが多い——もっと医学的で、面白みにかける言葉遣いではあるが。がんはたしかに、自然のお粗末なデザインの結果だ。ある生物自身の細胞が、その生命体を殺すほどの機能不全を起こすのだから。(ただし、子宮頸《けい》がんを引き起こすヒト・パピローマ・ウイルスは例外だから、注意してほしい。ごく少数だが、がんのなかにはウイルスが引き起こすものもある。)

がんが非常に扱いにくいのには二つの理由がある。第一に、モーマン師が指摘したとおり、がんは外からやってきた侵入者ではなく、自分自身の細胞が悪行を働いているので、がん細胞と戦う一方で正常な細胞への攻撃を控える薬剤は、実現が難しいからだ。第二に、がんは進行性で、たいていは精力的に進行する。**がん細胞はつねに変異しているので、時がたつと、ある意味、同じ疾患ではなくなる。**がんは成長し、変貌し、侵入し、最終的には身体じゅうに広がる。最初は効いていた治療法が徐々に効かなくなる。腫瘍が一千万の細胞でできているとして、医師が放射線照射や化学療法でがん細胞の九九・九パーセントを殺したとする。それでも、まだかなり残っている細胞があるため、再度成長して腫瘍になる。しかも、そのときにはもともとがん細胞を退縮させるために用いられた薬剤に対して、積極的に耐性を作るようにさえなっている。

体細胞がコントロールを失い始めるきっかけはなんだろう？　身体のほぼどの細胞も、DNA配列のランダムな変化である変異が偶然生じることがある。変異のいくつかは、環境に存在する毒に攻撃されて起こるのだけれど、大多数は、細胞がDNAをコピーするときに起こるミスが原因だ。毎日起こる何千億もの細胞分裂で、日に何万ものエラーが起こる。

こうして多くのがんが生じる。毎日、永続的な変異が何千と起こり、ときおり、そのうちの一つがある遺伝子に生じ、それによってある細胞が適切な増殖のコントロールから、がんのような状態へと引き込まれる。変異はデタラメだ。変異の影響を受けやすくさせるいわゆるがん遺伝子はとくに、特別なものはなにもない。多くの変異した遺伝子は細胞をがんへと誘導しない。けれども、なかにはそうする遺伝子もあり、がん変異が起こると、その細胞はコントロールが効かない状態で増殖し始める。

ここまでくると、自然選択による進化の原理が支配権を握る。変異した細胞が周辺の細胞より少し早く成長すると、その子孫は周辺の細胞の子孫より数で勝ってくる。成長速度が速ければ、DNAのコピー回数も増え、さらにエラーが生じる機会も増えるため、変異も加速する。そのエラーの大半はなんの影響も及ぼさないが、たまに、ますます細胞の成長を早める変異がランダムに起こる。するとその細胞は、子孫をさらにすばやく作るので、その子孫はまたほかの細胞より数が多くなる。がんは変異、競争、自然選択という連続した波の結果で、その一部は腫瘍が検知できるほど大きくなる前に起こる。

がんは細胞分裂のバグでもあり特性でもあるため、すべての多細胞生物が生きるうえで避けようもないことと広く考えられている。単細胞より多くの細胞でできた生物が生じて間もなく、細胞の増殖を調整する問題が始まった。細胞分裂と、それに伴うDNAのコピーは、危険なゲームだ。ゲームをすればするほど、最終的に負ける確率は高くなる。自分のDNAを失敗せずにコピーする能力をどうにかして獲得しないかぎり（まちがいなく生物学的な幻想だが）、長生きすれば、生涯のどこかのポイントでがんの攻撃を受ける。

残酷な皮肉だが、がんはある意味、生命に欠かせない部分が必要とする副産物なのだ。進化がくれたすばらしい機能や形態はみな変異のおかげだ。デタラメに起こった複製のエラーによって多様性と変革が導かれる。進化の観点からすると、変異は遺伝学的な多様性を生みだす。多様性はある系統の生物が長期的に生き延びるための強みになる。だから、がんは究極の特性でありバグなのだ。

だからこそ、進化はがんとぎこちないバランスを保ってきた。変異によってがんが生じ、それで人が死ぬが、変異によって多様性と変革がもたらされるので、その集団全体にとっては都合がいい。ヒトやゾウなど特定の種は、繁殖が可能になるまで成熟に何年もかかるため、それらの種の動物はがんから積極的に身を守らねばならない。そうでなければ、子孫を残す前に滅びてしまう。マウスやウサギなど寿命が短い種は、それらより高い変異率に耐えられるし、がんに対する防御もゆるい。まさしく、がんは最終的には僕たちをみな攻撃するが、それは妥協の産物なのだ。**進化は、がんで死ぬ個々のことをほとんど気にかけていない。これは変異によってもたらされる多様性に対する、いわば生贄《いけにえ》なのだ。**

医師で作家でもあったルイス・トマスもこう言っている。〝ちょっとばかりヘマをやらかす能力についでは、ＤＮＡは驚くほど秀でている。この特別な性質がなければ、われわれはいまだに嫌気性細菌のままだったろうし、音楽も生まれなかっただろう。〟

6章

だまされやすいカモ

ヒトの脳がほんの小さな数しか理解できないわけ。僕らが目の錯覚（錯視）で簡単にだまされてしまうわけ。考えや行動、記憶に間違いがよく起こるわけ。進化が若者、とくに少年に愚かなことをさせるわけ、などなど。

ヒトの弱点に関する本に、脳についての章があるのは妙だと思われるかもしれない。だって、ヒトの脳は地球上でもっとも強力な認知マシンじゃないか？　たしかに、いまやコンピューターはチェスや碁で僕たちを負かすことができる。それでも、ほかの多くの点で、僕たちはまだ機械よりたいてい一歩先んじている――考えることがおもな目的である脳でもそれは同じだ。

ヒトの脳は、過去七〇〇万年にわたって、もっとも近い同系動物の脳に比べ、指数関数的に進歩してきた。僕たちの脳はチンパンジーの脳より三倍大きいけれど、大きさが僕たちとチンパンジーとの違いを示しているわけではない。ヒトの脳が経た発達のほぼすべては、いくつかの主要な領域、とくに高度な論理的思考が行われる新皮質に占められているからだ。僕たちの高度な処理センターは、ほかの種のそれよりかなり大きく、もっと相互接続している。現代のスーパーコンピューターでさえ、脳の処理の速さや機転とは比べものにならない。

脳の魅力は、生データの処理能力はもちろん、自己訓練能力にある。たしかに、先進国で暮らす人間は、最近では高度な公教育を受けてきたが、もっとも強力で印象的な学習は、教室の外で行われている。人類の言語の習得技術は、学校で学んだことよりもずっと重大かつ微妙なニュアンスが必要で、自然にほぼなんの努力もせずに身につく。さらにその技術は、情報を集め、合成し、自身のプログラミングに組み込むという脳の目覚ましい能力によって、磨きがかけられる。機械学習の進歩は、脳が到達したレベルにはまだ遠く及ばない。二カ国語を使いこなせる人が、誰でも使用可能な翻訳プログラムとしてもっとも洗練されているグーグル翻訳を使ってみれば、コンピューターよりヒトの脳がどれほど賢いかが簡単にわかるだろう。たった数カ月のレッスンで、ヒトの脳は最速のコンピューターより上手に、複数言語の翻訳ができるようになる。

とはいえ、脳は完璧ではない。**ヒトの脳はたやすく混乱し、だまされ、注意をそらされる。**それほど高いレベルではないのに習得に苦労する特定のスキルもある。それ以外は目を引くようなスキルを持っている人でも、きまりの悪い間違いをするし、複雑な世界を理解しようとするほど、ときに失敗し、脳を混乱させる奇妙な認知バイアスと先入観に悩まされる。特定のインプットには非常に感受性が高いのに、ほかのことには頓着しない。もっとも基本的な論理的反論があるにもかかわらず、古臭い教義や迷信に固執する（ね、星占いに目がない、そこのあなた）。その一方で、たった一つの逸話が、ある問題の全体的な世界観を形づくることもある。

脳の限界のいくつかは、純粋な偶然の産物だが——キャパが限られた処理装置の、説明のつかない点火ミス——、ほかは、脳がいかに働いたかの結果だ。人類の脳のパワーと柔軟性は、現代人が暮らしているのとはまったく異なる生活をしていたころに進化した。過去二〇〇万年の大半の期間、僕たちの種の系統は、単なる一類人猿にすぎなかった。ヒトが現在の解剖学的なサイズに達したのは、ほんの二〇万年ほど前で、現代の生活方式へとシフトし始めたのは、たった六万五千年前だ。人類は文化的な生活を送るようになって以来、大きな遺伝的変化を経験していない。だから僕たちの身体と脳は、現在とはまったく異なる世界に合うよう形成されている。僕たちの知的な能力は、現在は哲学や工学、詩などに使われているが、もともとはまったく異なる目的のために使われていた。

ヒトの進化上でもっとも重大な時代は、およそ約二六〇万年前に始まり、氷河時代の終わりまで、つまり一万二千年あたりまで続いた更新世時代で、この時代は文明の夜明けと呼ばれることもある。更新世の終わりまでには、ヒトは地球全体に広がり、主要な人種群の大半が確立され、農業が多くの場所で同時に発達し、遺伝子プールは現在とほとんど変わらない状態になった。

言いかえれば、**ヒトの身体と脳はここ一万二千年のあいだ、たいして変わっていないのだ。**だからある意味、僕たちは現在の生活に適応していない。僕たちは更新世の生活に適応している。ひょっとすると、これをもっとも明確に表しているのは、僕たちが周りの世界を認識している方法かもしれない。

空白を埋めよ

目の錯覚（錯視）は、遊園地のビックリハウスや博物館、サーカス、手品ショー、絵本、そしてもちろんインターネットでもよく登場する。視覚のトリックが認知的不協和の感覚を引き起こし、僕たちの目をくらませる。脳が問題の解決策を探しつづけてもうまくいかないとき、僕たちはなんだか落ち着かない。楽しさより眩暈《めまい》を感じるかもしれない。大半の人は脳があまりにも長く混乱しつづけると不快になる。

目の錯覚には数十の種類がある。たとえば、物理的に不可能な物体（みる方向によって、フォークの枝分かれしたさきが、三本になったり四本になったりするものなど）、曲がったり折れたりしてみえる直線、立体的にみえたり動いているようにみえたりする二次元の絵、さらには対象からの目の距離や位置を動かすと現れたり消えたりする点や画像などがある。それぞれに少しずつ異なるメカニズムがあるが、これらはどれも、情報が欠けている（またはまぎらわしい）とき、不正確ながらも完全な絵を描くために〝空白を埋め〟ようとする脳の原理をしばしば軸にしている。感覚器から、生で未処理の、ほぼ理解しがたい情報が伝達されると、脳はこの情報の寄せ集めを整合性のある一つの絵に組み立てなければならない。それは、信号がコンピューターのモニターに伝わるのとはちがう。コンピューターは大量の電子が一と〇の二値コードを送達し、ビデオ・カードがぼやけを取り除き、高度に組織化された画像を作りだしているにすぎない。

けれども、コンピューターのモニターとはちがって、ヒトの脳は以前から持っていた情報を外挿するという魅力的な能力がある。これは無意識のうちに行われる。たいていの場合、これは便利な能力だ。たとえば、**僕たちは複数の顔をかなり正確に見分けられる。**人類は顔の形や構造が驚くほど多様だが、ヒトの脳はこれらの微妙な差を即座に見分けることができる。大半の人は名前を覚えるのに苦労するが、顔を忘れることはあまりないし、多くの人が一部の特徴、片方の目や口などから友人を見分けることができる。それは、言語が発達する前の長い更新世の時代に、この特技が社会性の鍵だったからだ。ヒトは顔を使って、互いを認識し、表情でコミュニケーションを取った。これは無生物のモチーフに顔をみつけてしまうというヒトの面白い傾向を導いている。

初期のヒトは、不完全な絵から推論を導いたり、過去の経験から未来を予測したり、部分的な出来事などを垣間《かいま》みて状況を判断したりなどの知的な能力が驚くほど高く、それによって命が救われることも多

このように同じ形のパターンは、ヒトの脳に動きの感覚を呼び起こすことがある。
目で捉えた静止した画像から、脳が滑らかな〝動画〟を作るためだ。

かった。ところがときおり、この印象的な脳の特性が心のなかで誤った絵を描き、まちがった道に導くことがある。

愉快な目の錯覚は、このような精神的な機能を活用している。たとえば、止まっているのに動いているようにみえる絵をみてみよう。これは、一般的には、角のとがったブーメランのような形が連なっているパターンからなっている。この効果は、同じパターンがいくつも並び、さらに逆向きにもパターンが並んでいるときにのみ作用するようだ。パターンが強いコントラストを示しているとより作用しやすい。多くのほかの生物と共有している脳の革新的な進歩の副作用として、僕たちの脳は、この形にみえるのは物体が動いているせいだと考える。そして、物体の動きを取りつくろうのだ。

網膜内のニューロンは視覚的な情報を捉え、

それをできるだけ速く脳に伝達するが、この伝達は瞬間的ではない。僕たちにみえているのはたったいま、この瞬間の世界ではなく、約一／一〇秒前の世界だ。この遅れはニューロンが発火する最大頻度に左右される。

この最大発火頻度から、網膜内のすべてのニューロンを考慮すると（それらすべてが同時に情報を送るため）、僕たちの目が対応できなくなるほど早い頻度の限界値（フリッカー値）が導かれる。目が検知できないほど速く視覚的な情報が変化すると、脳はこの情報を〝滑らかにつなげ〟て、ある物体が安定して動いていると認識する。ある意味、僕たちは実際には動きをみていない。**僕たちは動きを推理しているのだ。**目はスナップショットを撮り（薄暗い光のもとでは毎秒約一五枚）、そしてそれを脳に送る。すると、視覚皮質は、昔の映画がやっていたように静止した写真をつなぎ合わせて滑らかな動画を作りだす。

これはつまらないたとえなんかじゃない。実際に、僕たちがみている多くの視覚媒体は、すばやい瞬間的な画像を映しだしている。テレビも映画にもフレーム・レートという、一秒あたりの画像数があり、それは通常は二五〜五〇だ。このレートが、目の働きより早いかぎり、脳は入ってきた情報を滑らかに取りつくろって、流れるような動きを認識する。フレーム・レートが少し遅くなれば、人々はテレビ番組や映画の本当の姿——発光させた写真の連続——を認識するだろう。イヌやネコがテレビにあまり興味を示さない理由の一つが、彼らの網膜のニューロンはヒトのそれよりずっとすばやく働くので、じつは彼らには写真の連続がみえているからだ。イヌやネコたちはテレビにひどくイライラさせられているにちがいない。トリのフリッカー値は哺乳類より高い傾向にある。だから、魚や飛んでいる虫などすばやく動く獲物を捕らえられるのだ。ヒトを含む類人猿やそのほかの霊長類は、色覚は優れているが、フリッカー値は低い。これは、すばやく動く獲物を狩ることがあまり優先されていなかったことを示している。（ヒトは持久狩猟を行う。これはすばやい動きよりも耐久性と独創性がモノを言う。）それでもヒトの脳は、ほかの動物より時間はかかるが、止まった絵から幻想の動きを作りだす。

滑らかに動いているという認識を生みだす脳の同様の機能によって、ある種のパターンをみたときには、失敗もやらかす。僕たちの脳は、このような特定の形状にだけだまされる。チェス盤をみたとき、通常は動いているという錯覚を引き起こさない。動作を生みだす機能に引き込む傾向のあるパターンは、前方に突きでた、鋭い角のある形だ。サバンナの広大な平原で、さきのとがったものが、開けた視界に飛び込んできたら、確実に動きと関連している。僕たちの脳はこの状況に適応しているのだ。

芸術家は昔からこれを知っていて、自分の作品に、動性錯覚を起こす脳の能力をよく活用している。一四〇年前の油彩は静止しているが、たとえば、エドガー・ドガの有名な踊り子など代表作の多くは、対象が動いているような感覚をみる人に呼び起こす。

僕たちの視覚は誤りを起こしやすいが、これは、僕たちの知的資産が本能的にしくじる唯一のパターンではないし、もっとも印象的な欠陥でもない。ヒトの最大の特徴であり、僕たちの高度な処理装置でもある脳はバグに満ちている。それは認知バイアスと言って、僕たちを大混乱に陥らせることがある。

生まれつきバイアスにかかりやすいカモ

認知バイアスとは、いつもなら合理的で〝正常な〟意思決定の能力が、間違いを犯すことだ。したがって、ヒトの意思決定におけるこの欠陥は、ヒトの脳くらい奇跡的に高度なものがなぜ、これほど信じがたいほど多くのミスを犯し、予測精度が悪くなるのかを理解しようとする心理学者や経済学者、その他の研究者から大きな注目を集めている。

ヒトの脳は概して、論理と理性に満ちている。子どもでさえ、論理的に推理し、〝もし○○ならこうする〟という形式の単純なルールを身につける。数学は、ヒトが生まれつきもっている基本的な能力で、理論を展開するのに欠かせない。**理性からは逃れられないとは言わないまでも、一般的には、ヒトは論理的に考えて行動する。**だからこそ、認知バイアスは奇妙な現象で、研究が行われているのだ。それは、脳が働くはずの合理的な道から外れている。

行動経済学という名前で知られている経済学のサブフィールドがあるが、これは、これらのバイアスを探求するためにここ数十年で確立されてきた。この分野の第一人者のひとり、ダニエル・カーネマンは、この分野の研究でノーベル賞を受賞した研究者だ。カーネマンは著書『ファスト&スロー——あなたの意思はどのように決まるか?』(早川書房)で、僕たちのバイアスの多くについて説明している。定義が重複しており、共通の原因を持つ認知バイアスなど、文字どおり多くのバイアスが含まれているものの、それらは次の三つの大分類に分けられる——信条や決意や行動に影響を及ぼすもの、社会的相互作用や偏見に影響を及ぼすもの、ゆがめられた記憶に関連しているもの。概して認知バイアスは、世界を理解しようとする際に脳が近道をした結果だ。周りで起こっている状況をすべて完全に分析するのを避けるために、あなたの脳は過去の経験に基づいてルールを作り、すばやい判断を下すのに役立てる。時間の節約がつねに優先されてきて、**脳はできるだけ時間を節約するように進化してきた**。心理学者はこの時間節約のトリックをヒューリスティクスと呼ぶ。

意外なことではないが、すばやい判断を下すように作られた脳は、頻繁にミスを犯す。仕事が速いのはずさんだからだ。その点からすれば、僕たちの脳はほとんどの場合、かなりうまく機能しているのに、それらのミスの多くをデザインの欠陥とみなすのはフェアではないかもしれない。限界は欠陥とはちがうのだから。

ではなぜ、認知バイアスを欠陥と呼べるのだろうか？　それは、**認知バイアスがシステムに大きな負荷がかかった結果ではなく、何度も繰り返されるパターン化されたミスだからだ**。なお悪いことに、それらはとても根強く、なかなか修正することができない。間違いを起こしがちだと人々がわかっていてさえ、またそれを正すために必要な情報をすべて与えられていてもなお、何度も繰り返されるミスがいくつかある。

たとえば、確証バイアスといわれているものを、僕たちはみな、たいてい犯している。これは、自分がもともと信じていることを裏付けるような情報を得たとき、公平で客観的な評価を経ずに真実と解釈するという、非常に人間らしい傾向のことだ。確証バイアスには、選択記憶をはじめ、自分の考えと反しているエビデンスを認めようとしない帰納法におけるエラーなど多くの形態がある。それらはすべて、たとえ誰かから指摘されたとしても、通常は自分がそうしているとは気づかないが、ほかの人がしていると、ひどくもどかしい思いをする、情報処理のちょっとした事故だ。

政治的方針や社会的方針に関して、多くの人々は、示されているデータにかかわりなく、変化に強く抵抗する傾向がある。古い例だが、社会科学者が個人をランダムなグループに分け、二つの（でっちあげた）研究を示した。一方の研究は死刑が暴力的な犯罪を効果的に抑止することを示し、もう一つは抑止効果がないという結果を示すものだった。研究者は被験者に各試験の質と妥当性の格付けを行うように依頼した。全体的に、参加者は自分自身の見解を支持する研究に高い点数をつけ、逆の見解を支持する研究に低い点数をつけた。また参加者のなかには、とくに逆の意見の研究について欠点を述べる者さえいたが、その欠点はその人の見解と一致する研究でもみられるものだった。別の実験では、科学者はさらに研究を進め、積極的差別是正措置と銃規制という、政治的にホットな二つのトピックに関する偽《にせ》の研究結果を参加者に示した。これらの研究はさらに包括的かつ強力で、これまでに行われてきた本当の研究より明確な結果を示すものだった。それでも違いはなかった。人々は、研究が自分の意見を支持している場合にのみ、それが良好にデザインされた研究だと評価したのだ。（この研究は確証バイアスに関する別の事実も映しだしている。つまり、この傾向は僕たちの政治的な見解にも浸透している。だからこそ、ある問題についてフェイスブックで議論したとしても、誰も意見を変えたりしないのだ。）

確証バイアスとして、もう一つみられる現象が、バートラム・フォアラーの名前を取ったフォアラー効果と呼ばれるものだ。バートラム・フォアラーは、大学生の一グループに、いまでは有名なあるデモンストレーションを行った。フォアラー教授は学生に、とても長く、細かい内容の性格試験、つまり関心度診断検査を受けさせ、その結果を用いて各自の性格を完全に言い当てると話した。一週間後、教授は、各自の性格を言い表したと説明して、箇条書きの文章を学生に渡した。ここに示すのは、その箇条書きの一つだ。

（一）あなたは他人から好まれ、称賛されたいと考えています。（二）あなたは自分に厳しい傾向があります。（三）長所になりうる、まだ発揮できていない能力が多くあります。（四）いくつか性格上の欠点がありますが、それらをほぼ埋め合わせることのできる長所もあります。（五）あなたの性的適応度が、あなたの問題を示しています。（六）表面上は規律を守り、自制心があるようにみえますが、内面は心配性で不安定な部分があります。（七）ときどき、正しい判断ができたか、正しいことをしたかと真剣に悩むことがあります。（八）ある程度の変化と多様性を好み、規制や制限ばかり課されると不満を感じます。（九）自分自身の考えに誇りを持っていて、納得のいく根拠がないかぎりは他人の考えを受け入れません。（一〇）他人にあまりにも率直に自分をさらけだすのは賢明ではないとわかっています。（一一）外交的で、愛想がよく、社交的な面もありますが、内向的で用心深く、控えめな面もあります。（一二）あなたの野望のなかにはまったく非現実的なものもあります。（一三）安全はあなたが生活で重視しているものの一つです。

実際は、学生全員が同じ性格診断の箇条書きを受け取ったが、学生らはそのことを知らなかった。知らないというところがこの実験のミソだ。全員に〝個別〟に〝各自に合わせた〟という触れ込みで性格診断の箇条書きを渡したとき、この診断がどれほど正確かを一～五の尺度で点数をつけるように学生に依頼した。平均スコアは四・二六だった。あなたも僕と同じく、さきほどのレポートがとても正確に自分自身を言い表していると思っただろう。実際そうなのだ。この記述は誰にでもぴったりあてはまる。なぜなら、記述がとてもあいまいで一般的なので、まったくの精神病質者でもないかぎり、ほぼ誰にでもあてはまる。〝安全はあなたが生活で重視しているものの一つです。〟そうじゃない人なんているだろうか？

自分に合わせて作られたのだと考えながら記述を読むと、本当に言っていることはなにか（または言っていないことはなにか）について批判的に評価しなくなる。むしろ、その記述はあなたがすでに自分について考えていたことを裏づけているようにみえるのだ。もちろん、学生たちは、いま読んでいる記述は性格の特徴をただランダムに並べたリストだと聞かされていれば、おそらく、いくつかの項目はまったくあてはまらないと言っただろう。けれども、特別にあなたのために書かれたのだと聞かされたから、書かれたことを信じたのだ。

情報処理能力のこのエラーのせいで、僕たちは現実の問題に巻き込まれることがある。占星術師、占い師、霊媒、サイキックなどは、フォアラー効果のより細かい特性に精通している。少し練習を積めば、ペテン師は、ちょっとした人の徴候や特徴から得た漠然とした情報から、気味が悪いほど正確で相手にあてはまるようにみえる念入りな話を作ることができる。重要なのは不運な犠牲者が、**聞いた話を信じたいと**

思ってしまうことだ。このため、フォアラー効果はP・T・バーナムの名前を取って、バーナム効果と呼ばれることも多い。バーナムは、〝だまされやすいカモが分刻みで生まれてくる〟という有名な言葉を残した。確証バイアスがどれほど普遍的かを考えると、バーナムの警句は控えめすぎる表現だ。現在の地球規模の出生率からすると、分刻みで生まれるカモは二五〇人、つまり、一／四秒ごとに一人が生まれてくる計算になる。

さあ記憶を作ろう

論理的に考える能力と同じく、ヒトの脳の記憶力は途方もなく優れている。中学一年生で覚えた世界の首都から、小学校時代の親友の電話番号や、旅行や映画、心を揺さぶられた経験などについての鮮やかな記憶まで、文字どおり何十億もの情報のかけらが頭のなかを跳ねまわっている。だがこの驚くべきヒトの特性にもバグが満ちあふれている。

記憶を形づくり、保存し、呼びだす脳の経路には、あらゆる種類の不備が備わっている。たとえば、大半の人はこういう経験があるだろう。何年も思いかえしては楽しんでいた鮮やかな思い出を、改めて記録やほかの人の言葉と比べたりすると、かなりちがっていて愕然とすることがある。人々はときどき、ある出来事の傍観者だったのに、いつの間にか自分の身に起こったことと記憶していることがある。また、記憶にあった時間や場所、関係した人々が入れ替わっていることもある。

それらの小さなエラーは無害なようだが、大きな影響を及ぼすことがある。このエラーを探すなら、刑事裁判の世界に目を向けてみればいい。

検察側に犯罪の目撃者がいるなら、簡単に有罪判決を勝ちとれるのでは？　とか、犯罪行為を目にした目撃者が加害者をはっきり特定した場合に、その記憶がまちがっていることなどあるのか？　とか、被告人や犠牲者にそれまで会ったこともない目撃者が、ウソをつくわけがないだろう？　とあなたは思うかもしれない。

だが、法医心理学分野の研究者は、目撃者証言の信憑《しんぴょう》性に関して驚くべきことを発見した。警察や検察がいかにして目撃者の証言から証拠を探して提示しているのかは、はっきりとはわからないが、**少なくとも三〇年間の研究によって、とくに暴力的な犯罪に関して言うと、目撃者による犯人の特定はきわめて偏見に満ちていて、しばしばまちがっていることが示されたのだ。**

心理学者たちはシミュレーションを使って、なにか出来事が起こったあとでいかに簡単に記憶がゆがめられるかを示し、多くの目撃者の脳がどのように間違いをしでかすかに光を当てている。たとえば、ある研究者は志願者をつのって、ランダムに二群に分け、どちらの群の人にも、シミュレートされた暴力的な犯罪の傍観者として、視界が固定され制限された映像をみせた。その後、両グループの人に加害者の身体的な特徴を述べるように促した。その後、一つのグループは一時間そのグループだけで過ごさせ、もう一方のグループの人には加害者かもしれない人々の面通しを行い、犯人を特定できるかと尋ねた。しかし、その面通しには少しトリックがあった。面通しの対象はいずれも実際の犯人ではなかったが、ひとり、そうひとりだけは、身長、体格と人種の点でそれぞれの目撃者が述べたおおよその身体的特徴と適合していた。たいていの目撃者はその人物を犯人と特定し、その人だと特定した目撃者の大多数が、自分の特定が正しいと〝かなり確信〟していた。

当然だが、これはやっかいな結果だ。けれども、この実験のもっとも憂慮すべき部分ではない。しばらく時間がたってから、二つのグループに再び、その犯罪の犯人について説明するよう促した。面通しを行わなかったグループの人々は前に話した特徴とほぼ同じ特徴を述べた。ところが、もう一方のグループの大多数は、最初の説明よりずっと詳しい説明をしたのだ。面通しを行ったことで、犯人についての記憶がいくらか〝改善〟されたわけだ。彼らが述べた新たな特徴はどれも、目撃した犯罪の実際の犯人役ではなく、面通しに並んでいた役者に適合していた。研究者が目撃者に、犯罪のことを思いだすようさらに強く促したところ、彼らは精一杯の記憶を正直に報告していることがわかった。要するに、目撃者の記憶はゆがめられたのだ。

この研究は多くの興味深い方法で拡大され、米国の多くの州の面通し方法に影響を及ぼした。目撃者の記憶に関する専門家によると、面通しを行う際の唯一の有効な方法は、目撃者が提供した身体的特徴のすべてに適合する被疑者だけでなく、（雇われの面通しの役者がいると知られているとおり）偽者の被疑者を必ず含めることであるという。もし目撃者の証言が被疑者と完全に適合していなかったとしたら（これがまたよく起こるのだ！）、偽の被疑者は、証言のほうではなく本物の被疑者と特徴を一致させるべきだ。また、さらに、特定しやすい目立つ特徴や衣服も面通しの対象者のあいだでできるかぎり統一すべきだ。

傷跡やタトゥーは覆い隠す必要がある。目撃者が、犯人の首にタトゥーがあったと覚えていて、面通しに並んだうちのひとりだけに首のタトゥーがあれば、たとえ無実だとしてもその人物を特定する可能性が高くなる。その後、面通しでみた新たな人物の顔が過去の犯罪の記憶にはめ込まれ、目撃者の記憶が編集される。装身具さえも、この脳の記憶編集の機能に働きかけることがあり、しかもこれらはみな、自覚がないまま起こる。**ウソの記憶が本当の記憶と同じくらい鮮やかに刻みつけられる。**むしろ本物より際立っているくらいだ！

傍観者の記憶も十分ひどいが、自分自身で経験した記憶はさらにひどい。たとえば、**個人的な心的外傷（トラウマ）も記憶のゆがみの影響を受けやすいことがわかっている。**これは、性的暴行など単独のトラウマを引き起こす出来事に関する場合と、戦争での経験など複数のトラウマが混じった長期的なストレスの場合とが報告されている。トラウマに関してよくみられる記憶のゆがみでは、人々は、実際に経験したときより、記憶を思いだすときのほうが強い苦しみを感じる傾向がある。通常は、覚えている出来事に対するトラウマが強くなるにつれ、だんだんと心的外傷後ストレス障害（ＰＴＳＤ）の重症度が悪化していく。

意外なことではないが、これによってトラウマに伴う苦しみが深くなり、長引く。一例をあげると、湾岸戦争に参加した退役軍人に研究者が特定のトラウマになりそうな経験（スナイパーの攻撃から逃れた、死んでいく兵士のそばについていた、など）について、兵役を終えて戻って来てから一カ月後と二カ月後に尋ねた。退役軍人の八八パーセントで、少なくとも一つの出来事についての回答が変化した。六一パーセントは二つ以上の出来事について変化を示した。重要なことは、それらの変化の大多数が、〝いえ、それは自分の身に起こったことではありません〟から〝はい、自分の身に起こりました〟に変化したことだった。このいわば、過剰な記憶は、ＰＴＳＤの症状の悪化に伴って起こる。

ニューヨーク市立大学ジョン・ジェイ・カレッジの僕の同僚ダーリン・ストレンジ教授をはじめとする研究者らは、この記憶のゆがみを優れた実験によって実証した。教授らは志願者に現実に起きた自動車事故を詳細な画像で表した短い映像をみせた。その映像は空白の場面がところどころ挿入されていて、いくつかの場面に分かれていた。それらの空白の部分、削除された場面は欠けている要素として表された。それらの欠如した場面のいくつかはトラウマになりそうなもの（たとえば、子どもが親を求めて叫んでいる場面）と、そうでないもの（たとえば、救助のヘリコプターが到着した場面）だった。二四時間後に戻ってきた参加者は、みせられた映像の記憶と、映像についての考えと覚えていることを調べる抜き打ちテストを受けた。

参加者はみせられた場面を認識する能力については高い成績を収めた。けれども、映像全体の約四分の一で、実際にはみていない場面を〝認識〟した。参加者は、平凡な場面より、トラウマになりそうな場面を過剰に記憶している割合が高く、しかもその記憶に自信を持っていた。

さらに、参加者のなかにはＰＴＳＤに似た症状を報告する人もいた。彼らは、思いだしたくないときにトラウマになりそうな場面をふいに思いだすので、映像を思いださせるものを避けたと報告した。興味深いことに、ＰＴＳＤのような症状を示した人々は、そうでない人より、実際にはみていない映像のトラウマになりそうな場面を過剰記憶している割合が高かった。これは、ＰＴＳＤの症状と記憶のゆがみのあいだの関連性を示すさらなる証拠だ。

このように記憶形成について一貫した傾向があるのはなぜなのか？　なにか理由があるはずだ。優れた認識能力を持つ脳が、なぜ、過去のトラウマを誇張して自分を傷つける行為に加担するのか？　これは単純なエラーというだけなのか？　ヒトの脳は、最近やっと、この複雑な認知機能を進化させたばかりだから、大きな精神的ストレスを受けたとき、圧倒されてずさんな間違いを犯してしまうのか？

そうかもしれない。けれども、もっと興味深い理由があるのではないだろうか。偽の記憶が形成されるこのプロセスは「適応」である可能性がある。誇張された心的外傷性の記憶の有用性が一つあるとすれば、危険な状況への恐怖を強化することだろう。**恐怖は危険を回避するための強力な刺激であり、危険を避けるメカニズムに非常に重要だ。**通常、なにかに対する恐怖や嫌悪感は、繰り返しそれに接しないでいると次第に弱まっていく。トラウマ的な出来事を時間が経過するごとに、さらにトラウマ性を強めながら思いだすという奇妙な特性は、恐怖が次第に薄れるという通常の傾向に対抗するために生まれたのかもしれない。つまりこれもまた、バグのような特性、あるいは特性のようなバグなのだ。

勝つのはいつも賭博場

ヒトは過去に起こった出来事を正確に覚えるのが苦手なのと同じくらい、目下経験している最中のこともうまく評価できないことがある。僕たちの種の保存と幸福の実現に、この基本的なスキルがいかに大切かを考えると、これはかなり重大な問題だ。

日常生活のなかで、あなたは周りの世界からの情報につねに攻撃されている。あなたは、より良い判断を下せていることを願いながら、数えきれないほどの決定を非常にすばやく下すことでしか、この知覚の嵐を進むことができない。このような決定を下すためには、さまざまなものや人、考え、生じる結果に対して、それぞれがどれほどの価値があるかを判断しなければならない。その判断で生じる結果の価値を推定し、価値を高め維持できるよう決定を下す。

心理学者と経済学者は、賭博台での人々のふるまいが、ヒトが価値を測る、とくにお金の価値を測るときに失敗するわけをもっともよく示しているという見方で、意見が一致している。**大半の人はお金をそれほどうまく扱えていない。**お金があっという間に簡単に増えたり減ったりするギャンブルは、価値を判断する問題に僕たちがいかに取り組んでいるかについて、深遠な真実を探索するのにぴったりの方法だ。したがって、ギャンブルをしているときに、人がどのように選択肢を決めるかに焦点を絞った心理学的研究や経済学的研究は数多くある。

これは単なる学術的な一課題ではない。ギャンブルでのふるまいは、ほかの多くの領域に変換される。がっかりさせてしまうかもしれないが、賭博台での意思決定について研究者たちが学んだ教訓は、人々がいかに人生を生きているかに一般化できることが多い。

第一に、**大半の人はギャンブルの基本的な論理がわかっていない。**もちろん、ギャンブルという事業全体がそもそも非論理的だし、オッズはつねに賭博場のほうが高い。人々はそれを承知している。カジノは人々の出費によってお金を儲けている。それでも人々はギャンブルをする。スリルを味わえるなら、それなりに価値があると考えているからだ。スリルを味わうことに価値を置き、ギャンブルをほかのゴルフや映画鑑賞などの趣味と同じように考える。賭博台で失うお金は入場料のようなもので、たいしたものではない。みな、はじめはこれを承知していて、大きな報酬を得るために賭けに参加する興奮を楽しむ。

けれども、ギャンブルは、ある重大な点でほかの娯楽と異なる。人々は劇的に、一貫してギャンブルに余分なお金を使う。カジノに向かう人の大半が、予定していたより多くのお金を失って出てくる。夜のはじめに、ギャンブラーたちに今夜はいくら準備して来たか尋ね、夜の終わりに、いくら使ったかを尋ねると、たいてい最初に決めた限界より多くお金を失っている。カジノに行く前に、実際に使うことになる金額がわかっていたら、大半の人はカジノに行かないだろう。たしかに賭博台で賭けを楽しんでいるにはちがいないが、楽しむために使っただけという説明は、お金を失ったあとの常套句《じょうとう》だ。そんなものは、マズい選択をしたことを（自分自身にも）否定するために、あとからつけた言い訳にすぎない。

ギャンブルのときに人々が下す浅はかな選択は、ヒトの精神にある欠点の一つを示している。ひょっとすると、もっとも明らかな、そしてもっとも注目に値することは、それが日常生活のほかの面にもあてはまることかもしれない。

多くの人はギャンブルを始める前に、使ってもいい額を設定している。たとえば、あるギャンブラーの場合、それが一〇〇ドルだったとしよう。その男性が、賭け金の最低額が五ドルのブラックジャックの賭博台の前にすわったとする。彼はたいていチップを一枚か二枚賭け、いくらか勝ち、いくらか負ける。奇妙なことが起こるのは、勝ち始めたときだ。彼はなんと、賭け金を増やすのだ。これはもっとも非論理的なことだが、誰もがやりそうなことでもある。五〇ドル儲かっていることに気づいて、それまでどおりの五ドルではなく二〇ドルを賭け始めたとすると、一〇回賭けて得た金額をたった二、三回で失うことになる。長く遊べば、最終的には賭博場が儲かることを思いだしてほしい。勝っているときに賭け金を上げると、自分の勝ち分を賭博場に返すペースを速めることになる。

かなりの額を儲けたと気づいたら、賭け金の額を増やすのではなく減らして、幸運を祝うべきなのだ。そうすれば、負けずに家に帰れる望みがわずかながらも残る。**もちろん、勝つための唯一の現実的な方法は、勝っているときに勝負をやめることだが、そんなことをする人はほとんどいない。**論理的な人々は、そもそもめったにカジノに行かない。

カジノ側はこれをよく承知している。賭博台で連勝している人がいたら、カジノは何をするだろう？無料の飲み物を提供するのだ。その人が勝ちつづけたら、豪華なビュッフェの割引券をプレゼントする。幸運がいくらでも湧いてくるようにみえる人には、ホテルの無料の部屋が提供される。そして、勝てば勝つほど、いい部屋になる。カジノは大金を賭ける人を、デラックス・スイートに招待し、VIP客としてもてなす。

賭博場はなぜ、自分たちのお金を奪った人々に、そのような派手な贈り物を気前よく与えるのか？それは、カモが去らないようにするためだ。贈り物を差しだせばそれだけ、ギャンブラーはカジノに長くとどまろうとする。長くとどまればそれだけ、勝ったお金を多く吐きだす可能性が高くなる。じつのところ、財布が膨らんでいるあいだは自分のスキルに誤った感覚を持っているため、最終的にはきっと、最初に勝っていなければもともと限界になっていたはずの額より、かなり多くのお金を失うことになるだろう。

　賭けを始めたときは用心深くて意志が強かった人でも、勝ち始めると優れた判断力はすっかりどこかに行ってしまう。勝った分をカジノに返そうとでもしているみたいに行動し、まさにそうなるのだ。

　この行動上の欠陥は、日常生活でもみられる。資源が豊富なときほど人は軽率になって、せっかくの豊かな資源にさっさと別れを告げることになる。知ってのとおり、年中金欠になる人の多くは、たとえば学生であるとか、賃金の低い仕事に就いているとか、財政的に負担がかかる家族や出費があるなど、それなりのまっとうな理由がある。ところが、それらの人々は、ちょっとした額の金が転がりこんできたとき、どうするだろう？　じつは、せっかくのタナボタを台無しにしてしまうことが非常に多いのだ。

　なぜそうなるのか。まとまった金がやっと手に入ったのだから、やっかいな借金を支払ったり、車やアパートメントを買い換えたり、長く使えるものを買ったり、賢明な投資をしたりできるのに、そうしない。豪華な服や、高額なディナーや、どんちゃん騒ぎに浪費するのだ。これは理性的なふるまいではない。大胆にお金を支払うことで得られる喜びはつかの間だが、積もった借金はいつまでも続く。**僕たちの大半は、そうせざるをえないときは上手に節約することができるが、プレッシャーがないときはつつましい選択ができないものだ。**臨時収入は、長期的な利益になる分別のある買い物に用いることができるし、さまざまな方法でお金の節約に役立つことさえあるのだが、大多数の人はその状況で賢明な選択ができない。

とくにカジノでみられる一般的な心理学的認知エラーの一つが、〝賭博者の錯誤〟である。これは、ランダムに起こる出来事がしばらく起こらなければ、起こる確率が上がると考えたり、ランダムに起こる出来事が起こった直後は同じことが再び起こりにくいと考えたりすることだ。出来事が関連していないと仮定すると、この考えは完全な思い違いだ。人生の多くの状況と同じく、ギャンブルでは過去と現在とはなんの関係もない。

僕はカジノにいるとき（そう、僕だってときどきカジノに行く。ほかのみなさんと同じく、完全に合理主義の人間というわけではないから）、ルーレットをしている人々を観察するのがお気に入りだ。たとえば、**ルーレットのボールがルーレットテーブルの00に一度落ちても、次のゲームで00が当たる確率が低くなるわけではない**。確率はどのゲームでもまったく同じだ。反対に、いくどもゲームをしているあいだ、ある数字にぜんぜんボールが落ちていないとしても、将来その数字が当たる確率が過去の確率より高くなるわけではない。これは基本的な論理だ。けれども、必ずと言っていいほど、00に賭けて当たったプレイヤーは次の数ゲームはその数字を避ける。あるいは、この同じ数字が長いこと当たっていなければ、プレイヤーが毎回その数字に多くの金を賭ける様子がみられるだろう。そしてとうとうその数字が当たると、プレイヤーはすぐさま別の数字に賭け始める。再び、しばらくその人は勝てない。カジノ側はすすんで、ルーレットテーブルで当たった過去の数字の一覧を示す。彼らはそれが実際には重要でないとわかっているが、この仮説上のカモみたいな不幸なギャンブラーは、その一覧が重要だと考える。

なぜ人々はそのようなトリックに引っかかるのだろう？　ボールやルーレット盤がなぜか過去のゲーム

を知っていて、次の回では別の結果を出すことになっているとでも思っているのか？　もちろん、意識的にそんなことを考えているわけではない。だが、人々はどういうわけか、宇宙は純粋な偶発性を生みだすより、もっと意味があることをすると考えるのだ。たしかに賭博者の錯誤はヒトの精神の根っこに居座り、ときどき直感力のような振りをする。ある人が三人続けて女の赤ちゃんを産んだとすると、多くの人が次は男の子だろうと考える。男の子が生まれると、彼らの直感は妥当だったとされる。そうでないときは、「おっと、また女の子か。確率はどれくらいだろう？」と言いだす。だが、実際の確率は約五〇パーセントだ。卵子に向かって競争する三億五千万の精子は、ありがたいことに、すでに生まれた赤ん坊が三人とも女の子だったことなど知りもしない。赤ん坊の誕生は毎回コイン・トスをしているようなものだ。前回どんな結果だったかコインは知らない。一〇回続けて表が出ることだってある。一一回目に投げるとき、もう一度表が出る確率は五分五分だ。

　賭博者の錯誤はなんのせいだろう？　進化だ。僕たちの脳はコンピューターみたいなもので、それが進化してヒューリスティックというプログラムを動かしている。ヒューリスティックは脳が確立しているルールで、（願わくば）正しい決断を下せるよう世界をすばやく理解するためのアプリケーションだ。なにかを観察しているとき、あなたは無意識にそれをもっと大きなパターンに解釈し、観察したことはもっと大きな真実を示しているとみなす。このスキルはこれまで非常に有効だったし、いまも有効なのはまちがいない。たとえば僕たちの祖先が、低木が多い草むらに隠れているライオンをみたとき、低木の多い草むらはライオンのいる場所だと推定し、それ以降はそのような草むらを注意して避けるようになるだろう。その人は単一のデータ要素からより大きな真実を推定し、そうすることで自身の命を救ったのだ。

ヒューリスティックと同じくらい役に立つのが、精神的近道（メンタル・ショートカット）だが、これは、僕たちが無限のデータの集合に出会ったとき、僕たちの足元をすくうことがある。ヒトの脳は無限のものを理解するようには作られていないからだ。**僕たちは有限の数学の限界に縛られる。**たとえば、コイン・トスに関して言えば、僕たちは、結果は五分五分の確率になるはずだとわかっている。だから、誰かが四回続けて表が出たことを観察したとすると、その人の脳は小さい数のデータにこの観察結果をあてはめ、〝四回続けて表が出たということは、五分五分の率にするには、間もなく裏が出る必要がある〟というような無意識の理論が働く。この小さな数字の思考はおそらく、僕たちの祖先にとってはパターン認識と学習に役に立っただろうが、現代では、さまざまな失敗を引き起こす。とくに大きな数の確率や計算に直面したときに。

ギャンブラーに話を戻そう。人々は、勝っているときに勝負をやめられないだけでなく、すでに落とし穴にどっぷりはまっているときも、なかなかやめられない。誰かが（あるいは自分が）こう言っているのを何度か耳にしたことはないだろうか？「あと一回だけ。そうしたらきっと取り戻せる」とか、明らかにまちがった考えの「これだけ負けつづけたのだから、そろそろ勝つはずだ」とか。まるで記録台帳かなにかがあって、カード（やサイコロやルーレットのボール）が過去の損害のバランスを取るはずだとでもいうような言葉だ。これは真実からほど遠い。連敗の最中なら、次に勝つよりも、その連敗が続く確率が少し高いということを思いだしたほうがいい。なぜなら、確率はつねに賭博場に有利に働くからだ。

　調子が悪いときにやめられないのは、サンク・コストという心理的錯誤と関係があるのかもしれない。人々がブラックジャックのテーブルでお金を失っているのに、なかなか立ち去ることができない理由の一つは、勝ってお金を取り戻すまでテーブルにとどまらなければ、失ったお金を〝無駄に〟してしまうという考えだ。もちろん、そのときの手がどうだったにせよ、次の勝負の確率を上げることはできないのだから、これは認知バイアスのなかでもトップの認知バイアスだけれど、人々はこのようにしか考えられないのだ。**サンク・コストの認知バイアスは、たとえば、お金を儲けるためにはまずお金を費やさねばならないという概念や、将来の報酬に対する投資などという、もっともらしい言葉で包みこまれることが多い。**

　けれども、思いだしてほしい。費やすお金がすべて投資というわけじゃない。一部のお金は単なる損失でしかないから、お金を失っている状況にとどまる理由として、損失を取り戻すためという言い訳は、けっして使ってはいけない。ディーラーがブラックジャックを引いたとしても、賭博場も世界も、あなたに借りなどない。これは、次にあなたが勝つ可能性が高くなることを意味してはいない。あなたの状況はまったく同じで、少しお金が減っているだけだ。ディーラーが一〇回続けて二一を引いたとしても、その次も二一を引く可能性はある。あなたの失ったお金がその後の確率を上げてくれるわけではない。お金はただ失われるのみだ。

　サンク・コストという心理的錯誤は、カジノのみならず、ヒトの活動のさまざまな面でみられる。たとえば、多くの素人の投資家（ほぼ全員、税金が優遇される確定拠出年金制度を利用している）は、株を売るかどうか決定する前に、いくら費やしたかを考える。これはまったく意味がない。株を売るか保持するかを決定するときに検討すべき要因は、その企業の将来のパフォーマンスについてどう思うかだ。株を買ったのが一日前、一カ月前、一年前、一〇年前かは関係がない。株が時間とともに上がると思うなら持っておくべきだし、下がると思うなら、売ればいい。単純明快だ。

それでも、下がる株を保持する妥当な理由があるかもしれない。価格の下落は、慣れない投資家がふいに不安に駆られて株を手放したせいで人為的に下がったのかもしれないし、今後持ち直す可能性が高い、一時的な市場の落ち込みのせいかもしれない。さまざまな理由がある。最初にその株を買ったときいくら払ったかは関係がない。それでも、人々が一番考慮するのはそこだ。実際、大半のポートフォリオ（資産）管理アプリケーションでは、簡単にこれが考慮できるようになっている。たいていは現在の株価の右隣に、その株に支払った額を示す欄がある。これは残念なことだ。これによって、今後どうするかを決定する際に、過去の額よりいくら得をしたか損をしたかが重要という概念が強められてしまう。株がゆっくり安定して下がっていくなら、それは売る時期だというサインだ。ところが多くの場合、人々は売るという避けられない決定を先延ばしにして、上向きになる時期や少なくとも支払った分を取り返せるタイミングがないか様子をみようとする。それを待っているあいだに株価は下がりつづけ、さらに金を失うことになる。

これは株式市場に限らない。サンク・コストという心理的錯誤は、多くの財政的決定に、たいていは悪い影響を及ぼす。たとえば不動産を売るとき、損をする取り引きは非常にためらわれる。家や不動産を長いあいだ保持し、支払った額を取り戻せるくらい市場が回復するのを待とうとする。それは、堅実な財政上の行動のように聞こえるかもしれないが、不動産は、年一回の税の支払い、共益費など、維持するためにお金がかかる。必要以上に家を長く保持している人は、それらの費用がかかることをあまり考慮していない。さらに、その不動産が住まいとして使われておらず、収入を生みだしてもいないなら、なにかに使えるはずの資本が無駄に放置されているにすぎない。

サンク・コストの錯誤は、人々が個人としてだけでなく、社会の一員として下す決定も左右する。米国のイラク侵攻の直後、その国を軍事的に占拠しつづけるのは、どの関係者にとっても有効ではないことがはっきりした。米国軍は、それまでの政治体制を追放し、非武力化することで戦争に勝ったが、この無秩序な状況のあと、その国は広範な暴力とテロのカオスに支配された。米国は反乱者を根絶やしにして、この国に秩序をもたらすことを目標として占拠を続けた。ところが徐々に、米軍の長引く駐留自体が秩序を乱す圧力になり始め、急進化とテロリストへの参加のエサとなっていった。それでも、誰もがこの残酷な現実に気づきだしたときでさえ、軍をイラクから撤退させることには強い抵抗があった。政治的な議論はいつも〝命の喪失〟と〝金の浪費〟に関する言い争いを引き起こした。米国はすでに多すぎるほど多くのものを費やしていた。それをすべてなかったことにはできない。米国にはたしかに、イラクの人々を助けるという道義的な責任感があったが、秩序をもたらすという、もう一つの課題の解決策は軍隊ではなかった。

サンク・コストの錯誤は、人がなにかに時間と努力と金を費やし、それを無駄に使ってしまったと思いたくないときにいつも現れる。もちろんそれは理解できるが、理屈とかけ離れている。どれほど投資をしたかは問題ではない。失敗しかけている計画に固執すると、もっと費用がかかることになる。そのような場合、意固地になっているとなかなか気づけないものだが、ロスを抑えるほうが賢明だ。

価格のトリック

お金やほかのリソースという面では、賭博者の錯誤とサンク・コストの錯誤は、二つとも僕たちの人生を台無しにしかねない認知バイアスだが、ものの価値という視点でみると、僕たちはもっと根っこの部分で間違いを犯している。つまり、そもそも価値を割り付けるプロセスでいつも間違いをしでかすのだ。

たとえば、小売業者はときに値札を使って一計を案じることがあるのだが、その策がいかに効果的かみてみよう。多くの研究によって、実際の最終的な価格がどうあれ、消費者は割引の値札が付いている商品に引きつけられることが示されている。**二〇ドルのシャツは、四〇ドルという値札に五〇パーセント割引と表示されているほうがずっと早く売れる。**人間は絶対値ではなく相対値で価値を測る。

アンカリング・バイアスというバイアスもある。人々は、信頼性にかかわりなく、最初に与えられた情報を重要な情報として価値の基準にする。このバイアスによって、その後の情報の価値は、厳密に判断される代わりに、最初の情報との相対的な差で決められる。さきほどの例では、最初の情報は、シャツの元の（上乗せされた）価格だ。この価格との比較によって、二〇ドルというセール価格がずっと安くみえるのだ。

賃金交渉や住宅の購入でも同じことが言える。**最初の人がつけた価格がいつも基準ラインに設定され、交渉している団体はみな、すべての提案を最初の値段と比較して価値を判断する。**だから、抜け目のない賃金交渉者はいつも、希望額より高い額を最初に要求する。これによって経営者は、たとえもともと意図していた支払い額より高くても、最初の額より五パーセント～一〇パーセント低い額なら受け入れて契約しようという気になることを、彼らは知っているのだ。

この認知バイアスは、ヒトの社会心理にとても根深く浸透しているため、人々はほとんど疑問にさえ思わない。僕が太陽電池パネルの会社と連絡をとり、我が家をみせて見積もりを取ったとき、まさにこれを経験した。僕は毎回、最初に提案された見積額と比較していたのだ。最初の見積もりは、その会社が僕の望む類のシステムを作った経験がなく、基本的にその仕事をほしがっていないせいもあって、高めの額になった。そのあとそれより低い見積額を数回受け取った僕は、太陽電池パネルの設置は安いものだという感覚になったのだ！　そのあと妻と話しあって初めて、それらの見積額はどれも、もともと支払うつもりにしていた額より高いことに気づいた。

なぜ、最初の会社はその仕事を単純に断らずにバカ高い額を提示したのだろうか？　ひょっとすると、高い額を請求すれば、本当は得意分野ではない仕事を受けることで費用が高くついたとしても、それで埋め合わせができると考えたのかもしれない。いやおそらく、かなり高い額を提示することで、一流の太陽光発電会社という印象を与えたかったのだろう。実際、その効果はあった！　数週間後、僕は友達に「なあ、もし予算があるなら、質の高い会社はおそらく……」とその企業の宣伝をしていたのだから。いったいなぜそんなことをしたのだろう？　その企業はおろか、どの会社の質もろくに知らなかったというのに。僕が知っていたのは見積額だけだった。でもそれで十分だったのだ。その会社は、**価格を上乗せすることで、優れた会社だと思わせた**。僕はすっかり信じ込み、うかうかと無給でその会社の宣伝をしていたのだ。

評価バイアスは、マーケティングの専門家や営業の達人によく知られている。飲料業界は、その道の専門家が、多くの商品を売ろうと科学的研究を活用している数ある経済領域の一つだ。たとえば、あまりに価格の安いワインは、その価格が味や質の悪さを表していると思われて、人々に避けられることが複数の研究で示された。試飲の実験では、偽の値札をボトルにつけたとき、人々の認識が変わることがわかった。偽の高い価格のついたワインはより好まれ、低い値札のついたワイン（でも実際は安いワインではないもの）は、鼻であしらわれた。偽の価格だったことが明らかにされると、研究の参加者の多くはとまどいながら、高い値段のワインのほうが確かにおいしく感じたのだと述べた。それは参加者の、価格につられた苦しい言い訳ではない。偽の価格は、味覚などの感覚に実際に影響を及ぼすのだ。

ワインの販売員ならご存じのとおり、評価バイアスは逆の方向に向かうこともある。今度素敵なワイン販売店に行ったら、価格をメモしてみるといい。中くらいの価格の棚のワインを安くみせるため、同じ棚に高額のワインが一本紛れていることがよくある。その一本は実際にはそれほど高級品でないかもしれない。非常に安いワインに思い切り吹っ掛けた値段をつけていることもありうる。いずれにしろそれは単なるはったりだ！

同様に、安い値段をつけられたワインのボトルが一本紛れ込んでいるだけで、ほかのワインが比較的いいものにみえることがある。このときも、安い値段は偽りかもしれない。ワイン販売店で、一本売れ残りがあったとき、店主はそのワインの価格を下げ、ほかのあまり売れ行きが良くないワインを売るために利用することがよくある。たとえば、売れ行きの悪いメルローの一〇ドルのボトルがあるとする。そのワインの隣に六ドルの値札のついたワインボトルを一本置くと、ふいに一〇ドルのメルローが良さそうにみえてくる。もちろん、その六ドルのボトルが売れたときは、メルローに一五ドルの値段をつけて、それに大きなバツ印を書いておくだけでいい。数分で売り切れるだろう。

ここまででみなさん、おそらくお気づきだろうが、ヒトによくみられる多くの認知バイアスやエラーは、ギャンブルであれ、株であれ、財務計画であれ、お金を扱う際に非常に顕著に現れる。もちろん、通貨はヒトの発明した仕組みで自然界と直接の関係はない。ヒトの歴史の大半で、物々交換という経済は、人々に有用なものや人々が利用するものを扱ってきたのであって、気ままに値段をつけるために通貨があるのではない。だから、通貨を管理するための認知スキルが進化していなくても、意外なことではない。通貨は生物学的な基盤のない、純粋な概念上のシステムだ。このシステムがあるからこそ、多くの人々が借りる家や、買う車を選べるわけで、認知バイアスを利用するために通貨があるのではない。

とはいえ、金そのものは比較的新しい概念ではあるものの、そのまちがった使い方は、僕たち人類の知的回路内の古い不具合を表している。この主張は、次のことを考慮すれば驚くにはあたらない。つまり、ヒトの認知力は通貨が存在しない世界で進化したが、リソースは確実に存在していたので、価値という概念もあっただろうし、それが意思決定に及ぼす影響もあった。ヒトはつねに、物資やサービス、不動産、つまり持ち主に価値をもたらす実体のあるものとかかわってきた。物資とは食べ物や道具、小さな装身具などであり、サービスとは、協力や協調、身づくろい、助産術（そう、助産師はずいぶん昔から存在したのだ）などである。不動産とは、建物や野営地、狩猟時の隠れ場所などとして、ほかの場所より望ましい場所を意味する。つまり、経済は通貨が普及するずいぶん前から広がっていたのだ。

過去のリソースの価値と現在のリソースとの関係を比較するのは容易ではないが、できる範囲で比較してみれば、僕たちがしているミスと同じ多くのミスをほかの動物たちもしている。多くの動物が、エサやその他の贈り物で性行為を〝購入〟している。たとえばペンギンは、巣を作る材料と引き換えに性交を行う。（興味がおありなら、僕の著書『似た者同士（Not So Different；未邦訳）』に、動物のあいだで行われる売春行為について書かれた箇所があるので、どうぞ）。トリの群れでは、巣の位置は、社会的な地位に相関していることが多く、活発な不動産マーケットと同じく、立ち退きや略奪がみられる。自然には、動物たちが繁栄・繁殖するために必要な量をはるかに超えるリソースを支配しようとする様子を示すさまざまな例がある。欲と妬みはヒトにしかみられない特徴ではないのだ。僕たちの種は通貨を発明したが、経済的な取引に携わった最初の種ではないし、したがって経済心理学の問題に直面した最初の種でもない。

系統の近い霊長類に関する研究のおかげで、経済に関する僕たちの欠陥だらけの認知スキルが、ほかの動物たちのそれといかに似ているかが明確になってきている。動物行動主義心理学者で進化心理学者でもあるローリー・サントスは〝モンキーノミクス〟を確立するのに何年も費やした。ある環境でオマキザルを訓練し、通貨を理解させて使えるようにした。この魅力的な研究に関して発表された多くの論文から得られるもっとも重要な教訓は、リソースに関することになると、サルもヒトと根本的には同じふるまいをよく示すということだ。サルたちはロスを嫌い、すでに手に入れた〝お金〟を失いそうな場面に直面すると、愚かなリスクを冒すが、同じ額を稼ぐためにリスクは冒さない。僕たちと同じように、彼らも純粋に相対的にしか価値を測れず、ワインの店で僕たちがだまされるように、サルもトリックにだまされ、価格操作につられて選択を変える。

サルも僕たちがするように多くの同じ認知的な間違いを犯すという事実は、僕たちの不備のある経済心理について、進化上の深い真理を指し示している。僕たちが目にする、間違いが多く合理的ではないふるまい――たとえば、確証バイアスを信じ込んだり、サンク・コストの錯誤に基づいて決定を下したりというような――は、まだ発明されていなかったルーレット台や浜辺のコンドミニアム的なものに対して、農耕時代以前の祖先でも、同じようなふるまいがみられた可能性が高い。同様に、リソースが社会的なステイタスや快感、権力よりも物質として純粋に用いられるときは、価値を測るシステムは純粋に相対的で、おそらく妥当なものだっただろう。

さらに、賭け金（つまり進化の選択圧）は野生に生きる動物では高いが、それは僕たちの祖先も同様だ。現在の先進国で暮らす大半の現代人にとって、お金を失うことは、一般的に、自分の生活様式の一部を縮小する程度のことを意味する。ところが更新世時代にリソースを失うことは、飢餓を意味していたのかもしれない。したがって、失うことを極端に嫌うのは、妥当なふるまいだったのだ。別の選択がほぼ確実に死を意味するなら、リスクを冒すことはそれほど愚かなことではない。せっぱつまったときには思い切った方法が必要だ。

だから、経済に関する概念の不備は、進化の目的には適《かな》っている。けれども、ワイン販売や、カジノ、その他多くの抜け目のない商売人がよく承知しているとおり、現代人にとってこの特性は重大なバグだ。

エビデンスより経験

ヒトの不合理性を示すもう一つの形態は、経験に極端に影響を受けやすいところだ。人生のなかで起きた特定の出来事や、誰かほかの人から聞いた話によって、問題になっている現象に関するほかの知識がすべて抑え込まれることがよくある。この影響は〝確率の無視〟として知られる、より大きな認知バイアスの一タイプである。

以前に友人の車の助手席に乗せてもらったとき、友人は街の通りから、州間ハイウェイに合流しようとしていた。車が合流地点に近づくにつれ、友人は肩越しに振り返り、後方からハイウェイを走ってくる車をみようとして、車のスピードを落としていき、最後には完全に止まってしまった。僕は信じられない気持ちで叫んだ「何やってるんだよ！」。するとこんな答えが返ってきた。「前にハイウェイに合流したとき、事故に遭った。だから、いまは完全に車が途絶えるまで待ってから、合流するようにしているんだ」

友人は経験のパワーに屈したのだ。運転の講習でも道路交通法でも、車を走らせながら車列に合流するほうが安全で効率がいいとされているし、州間ハイウェイはこれができるよう十分広い道路になっている。むしろ、止まるほうが危険だ。後ろから高速で近づいてくる車があれば、道路や外灯の状態によっては、止まれずに衝突してくるかもしれない。友人は、自分やほかの人が運転している車で、問題なくハイウェイに合流したことが何度もあるはずだ。それでも一度遭った事故のせいで、考え方とふるまいがガラリと変わり、もっと安全に運転しようとして、安全でない運転になってしまったのだ。

もちろん、大規模なデータの塊は、単なる個人の経験の集積だ。けれど、そのサイズがデータを非常に強力なものにする。大量のさまざまなデータポイントを集めて解析することで、研究者は統計学的なパターンや隠された真実をみつけだすことができるのだ。その事実は、自分の限られた経験の蓄積のみに頼っている個人にはおそらくみえてこない。けれども僕たちは、統計学の数値では納得しないのに、経験談を聞くと納得する。それは、データは僕たちの感情を揺さぶらないが、物語は心を動かすからだ。一般化された統計学よりも物語のほうが影響が強い。物語の主人公とは心を通わせ、共感することができる。

データには共感できない。

宝くじを買うのは、統計学より経験談を崇拝していることを示すまた別の形態だ。僕の両親は思いだせるかぎりずっと前から宝くじを買いつづけている。スクラッチタイプのインスタントくじや少額支払いのピック3やピック4にはお金を費やさない。ちがうのだ。両親は高額の宝くじを好んでいる。人生が変わるような高額くじだ。何年もかけて、もっと有効なものに使えたかもしれない何万ドルもの金をつぎ込んでいるが、一方で、両親は倹約家でその他の面ではお金を節約している。僕がこの件に触れるたび、母は〝夢と希望を買っている〟のだと、常套句だが貧弱な言い訳をする。だけど、夢と希望は無料じゃないか？

宝くじを買う人がみなそうであるように、両親も一〇〇万ドルを手に入れた看護師の話に影響を受けた。テレビで小切手を受け取っている人をみて、〝わたしも当たるかもしれない〟と考えたのだ。彼らは、数百万人がそれぞれ宝くじを買ったことで、数ドル貧乏になっている事実をみようとはしない。経験談のパワーは抜群の影響力を誇る。

人はよく経験談のパワーと確証バイアスを組み合わせて、多くの社会的な問題に関する自分の考えを補強する。たとえば、あなたが政府の福祉政策は無駄だと考えているとすると、おそらく手近な例を持ちだして、自分の意見を証明するだろう。ある企業が環境破壊を無視していると考えたときは、不道徳な企業によってもたらされた惨事を並べ立てるだろう。また、米国のアメリカン・フットボール・リーグのNFLで一番優れたクオーターバックは誰かという話になれば、誰々で、なぜその人が一番かを詳しく述べることができるだろう。大規模なデータとそれに付随する統計学的解析と同じくらい強力な証拠を持っている人など誰もいないのに、議論では滔滔《とうとう》と意見を述べる人のほうがずっと説得力がある。話がうまいというだけなのに。

経験談がデータよりずっと影響力がある理由は、またしても有限の数字と小さな数字の世界に、僕たちの頭が囚《とら》われているからだ。**僕たちの脳は、人生のなかでせいぜい数百人の人々としか接触しない地球上で進化した。**僕たちにとっては、自分がみたことや他人から学んだことから結論を導きだすことが非常に重要だった。これによって、自分自身ですべての教訓を体得する必要がなくなるからだ。僕たちの種が形になりつつあったとき、人々は、まさか将来、政府の方針をいかにして数百万もの人に浸透させるか？というような課題が生まれるとは予想だにしていなかっただろう。現在では、ペンと紙（あるいは、そう、コンピューター）を使って数字を計算することができるが、僕たちの脳は、たとえ数学の問題を頭で解くことができても、大きな数字を本当にはけっして理解できない。**あなたは頭のなかで一千万×三千億を計算することができるかもしれないが、一千万ものなにかを本当には理解できていない。**

　初期のヒトの社会は数百人を超えることはなかったため、それより大きい数学的概念を理解する必要はなかった。したがって、そのスキルが単純に進化しなかったのだ。なかには、ヒトの脳はもともと三つの数字、つまり一、二、〝たくさん〟しか理解できないという人もいる。南米のピラハ族の言語にはそれらの三つの数字しかないということが発見されて、この論争に拍車がかかった。ヒトのハードウェアに組み込まれた数字の概念は、それがあるとして、どれほどかということについては活発に議論されているが、ヒトの脳は数学的処理に向いたデザインではないということについては、ほとんど議論されていない。

　宝くじに夢中な人は、文字どおり、その代償を支払っていることが多い。とはいえ、もう一つの認知障害に関していえば、その代償はいくぶん大きくなる。

若者は若さを無駄づかいする

この言葉はよく知られている。たとえば年を取った人はゆっくり注意深く車を運転し、つねにシートベルトを装着している。若者は向こう見ずで不注意な運転をする。

これらの意見はあまりに明らかで、僕たちはこの言葉がいかに矛盾しているかを忘れてしまう。若者は、その後の人生が長いのだから、命にかかわる危険な乗り物を操作するときは、もっと注意深く運転すべきではないか？　一方、年を取った人々は、残された時間が短く貴重なのだから、早く目的地に着きたいのでは？

しかし、この難問は単なる常套句だけにとどまらない。これはデータに裏付けられている。若者はたしかにもっとも危険なドライバーで、シートベルトを締める率が最低で、購入する車を選ぶときにも安全面にはたいてい無頓着だ。若者の無謀な運転は、経験のなさが作用しているわけでもない。比較的年齢が高い初心者ドライバーが運転を開始したときは、経験豊富なドライバーと同じくらいあまり事故を起こさないことが複数の研究で示されている。ハンドルを握ったとき、注意深く用心するようになるのは、スキルではなく年齢のせいだ。これは、レンタカー会社がずっと前から認識していたことで、それらの会社は二五歳以下のドライバーには車を貸さないことが多い。経験だけの問題なら、運転経験が八、九年未満のドライバーはお断りという方針にすればいいだけだが、そうはしていない。年齢のせいで、一部のドライバーはリスクが高まるのだ。

もちろん、この現象は車の運転に限ったことではない。**若者はどういう面でもより大きな危険を冒す。**危険で非合法なドラッグに手を出す割合がずっと高い。セックスのときに避妊具を使う割合がずっと低い。若者は、バンジー・ジャンプやスカイダイビング、ロック・クライミング、高いビルからパラシュートで降りるベース・ジャンプなど、危険なエクストリーム・スポーツを楽しむ割合がずっと高い。安全対策が適切に施されているとしても、それらのスポーツは非常に危険で、だからこそ、そのスポーツに参加する人々に危険という認識を与え、それがますますスリルをあおる。心理学者は、習慣的にスリルを求める人を依存者――危険に伴って放出されるアドレナリンに依存している人――として扱うことが多い。

若者はたしかに危険な状態にいることを楽しんでいるようにみえる。この現象の一つの徴候は喫煙だ。タバコは命にかかわる危険があるとわかっているのに、若者はこの習慣に手を出す。初めてタバコを吸うときはかなり不快感を伴うものだ。僕は初めて吸ったときのことを覚えている。ざらりとして刺すような痛みを喉に感じ、すぐに咳が出た。ニコチンのせいでめまいがして、しまいに吐きそうになった。初めてのタバコを楽しんでいるときに嘔吐する人もいる。そんな不快感にもかかわらず、僕は吸うのをやめなかった。むしろ、タバコに慣れようと懸命だった。吸うたびに少しずつ楽に吸えるようになり、吐き気は消え、軽くリラックスできるようになった。そのころには、タバコにハマり、そのあとこの習慣から抜けだすのに二〇年かかった。すっかりタバコをやめて六年になるが、いまだに、そもそもなぜタバコを吸い始めたのだと自分をののしりたくなる。

二五歳までタバコを手にせずに過ごせた人は、それ以降タバコを始める可能性はほとんどゼロだ。二一歳に達するころには、非喫煙者というラベルがかなりしっかりみえてくる。成熟していくにつれ、人々は賢明になり、喫煙というバカらしい習慣を始めなくなる。とくに、最初に試したときにひどい経験をするのだから、これを続けられるほど分別のない人などいるだろうか？　いや、そのとおり。僕はそのひとりだったし、何百万というほかの若い子たちもそうだ。だから、問題は「誰が」ではなく、「なぜか」だ。

危険なふるまいを理解する鍵は、もう一つの基本的な事実にある。つまり、タバコを吸うのは若者が多いだけでなく、男性に多いという事実だ。若い成人男性は、人口統計学的にもっとも危険な集団で、その理由は危険なふるまい自体よりもさらにバカバカしい。彼らは他人に自分を印象づけるために愚かな行動をするのだ。

男性に限らずとくに若者は、自分の〝強さ〟をアピールするためにとんでもない危険を冒す。これは必ずしも身体的な能力を示すという意味ではないが、もちろんそれを示すこともある。強さのアピールという言葉は、動物の行動学の研究に由来し、交尾の相手やライバルに対する動物のコミュニケーション方法として使われる。つまり、〝わたしは強いから、こんな危ないことをしてもぜんぜん平気だ〟と周りに知らしめるための方法なのだ。

喫煙を例にすれば、暗号化されたメッセージは、〝わたしはきわめて強いので、非常に不健康なことだとみんなが知っていることをしても、生き抜くことができる〟ということになる。若い男性が純粋に自分自身のスリルのためだけにこのようなリスクを冒すのなら、ひとりのときにすればいいが、（タバコの場合は、ニコチン依存症になるまでは）ひとりのときにはその行動を起こさない。この極端なふるまいはいつも、誰かがみている前で行われる。**見物人は多ければ多いほどいい。**

強さのアピールには長い進化の歴史があり、さまざまな種類があるが、僕たちの目的には、生物学者が〝コストリー・シグナル〟と呼ぶ特別なカテゴリがあてはまる。コストリー・シグナルは、自然界でみられる性選択（訳注：つまり生物が配偶者を選ぶ要因になるような身体的特徴が進化する現象）の非常にわかりやすい例をいくつか作りだした。たとえば、クジャクの巨大な尾と雄ジカの大きな枝角は、雌を引き寄せることだけが目的だ。しかもそれらはコスト（犠牲）を伴う。大きな尾や角を保持するにはカロリーを多く燃やさねばならないし、動くスピードや可動性も低下する。角のある哺乳類は同種同士で戦うときにその角を使うものもいるが、多くはめったにその目的で角を使わない。枝角と尾はおもに、自分たちがどれほど強いかを雌に示すための飾りなのだ。いかにして巨大な尾が強さを示すのか？　想像してみてほしい。彼らは巨大なものを引きずって歩きながらも、餓死したり殺されたりしないように生きているのだ。

ハンディキャップ原理という説では、性選択がときに、雄が強さを誇示するためだけに存在する生存には障害になるバカげた進化を導くことがあるという。これらの性選択の例は、種の全体的な健康や活力にとってはあまりいいことではないが、それらの巨大な枝角は本当に強さの誇示になっているのだろうか？

効果はてきめんだ！　雌ジカは大きくて精巧な枝角に強く引かれる。重要なのは大きさだ。雄クジャクの尾も同じ。雌クジャクは大きな尾に夢中になる。

ハンディキャップ原理をふるまいにあてはめるには注意が必要だし、ヒトにあてはめるのはもっと注意が必要だ。けれども、そうしてもいいだけの強い根拠がある。複数の研究で、若い女性は、危険なふるまいを示す男性、とくに身体的な強さをみせつけるふるまいをする男性に強い性的魅力を感じることが確認されている。若い女性は、男性がピアノを弾いているときより、同じ男性がアメリカン・フットボールをしている姿をみたときのほうがより魅力的だと判定したのだ。

さらに言えば、男性は仲間の男性がリスクを冒しているのをみると感銘を受けるという事実もある。ドラッグ・レースや断崖からの飛び込み、タバコを吸うというような行為は、若い男性が友達を作り友情を維持するのに役立つ。進化学的な言葉で言うと、これは男性同士の提携であり、ヒトを含めた生物種の社会的な順位として重要な立場を確保するのに非常に有用であることが判明している。あなたが男性なら、順位階層が高くなるほど、繁殖が成功する可能性が高まる。僕たち人間はほかの動物より高等だと考えがちだが、高校時代を生き抜いた者なら誰もが、このセクションで読んだ現象をどれも、なじみ深く感じたのではないかと思う。

対照的に若い男性は、危険を冒さない女性に性的に引かれる傾向がある。これは、女性に比べて男性のほうがなぜ危険を好むのかについての説明にもなるだろう。男性には危険を冒すことで報いを得られる可能性があるが、女性にはそれがないのだ。これは、哺乳類では個体の雄は犠牲にされうるが、雌は種の保存と繁栄のための有限な要素であるという考えを補強するものでもある。この視点で言うと、雌はそれぞれみな大切な存在で、雄は一般的に、確実に子を生存させることができそうな、用心深い雌に引かれる。ところが雌は、相手の雄の用心深さはさほど気にしておらず、子孫のために良い遺伝子を求める。

もちろんこれは、かなりおおざっぱに一般化しすぎた見方だけれど、年齢についてや危険を嫌うことについての警句みたいなもので、ある程度は真実に基づいている。高校時代はアメフトのキャプテンみたいな若者が女子学生にもてるが、コンピューター・オタクは対象から外されるのは自明の理だ——たとえ、そういうオタク系の男子がのちの現実世界で成功する可能性が高くても。そのころには形勢が逆転するが、多くの女性や男性はすでに子を作っているので、もう手遅れだ。さらに最近は、最初の子をもつ年齢が上がっていることで、若者のあいだで、コストのかかる強さを誇示する行為が減っていく（そして、賢く、感受性豊かな若者が仲間にとってもっと魅力的になる）と考えたくなるかもしれないが、このことがそれほど早い影響を及ぼすとは思えない。そのような進化の転換が行われるには、リスクを冒す者と安全を維持する者のあいだの遺伝学的な差が必要で、何世代も選択圧が続く必要がある。それらの要因がないなら、若い男性はある一定の期間、バカげたことをするものだと考えておくほうがいいだろう。

　脳のこのバグが示唆する重要な点は、喫煙や飲酒、ドラッグの使用やその他の危険な行為の率を低下させることを目的とする、国民意識を高めるプログラムの大半は、そのアプローチの方向性がてんでまちがっているかもしれないということだ。高校生にドラッグの危険性を説明することは、ドラッグの使用を思いとどまらせる論理的な方法のように思えるが、もしかすると逆効果かもしれない。**ドラッグが危険という説明によって、子どもたち、とくに少年たちは余計にドラッグに引きつけられる可能性がある。**たしかに、古い言いまわしの奥にも、格言が隠れている——「興味をもたせる一番の方法はそれを禁止すること」だ。霊長類の少年の脳のなかでは、ドラッグが危険で違法なものなら、それを使う人々は本当に強くて勇気があるに違いないということになる。これほどはっきりした認知上の欠陥があるだろうか？

結び：聖人と罪人

ヒトがいかにして、これほど短期間に同系のいとこたちに比べてはるかに高い知性を得たのかは、進化の大きな謎の一つだ。高い知性は生存に有利なので、自然選択を味方につけたことは明らかだが、一つの種が進化していく特徴としては、実際にはあまり現実的ではない。

第一に、進化によってより賢くなっていくには、頭蓋骨の拡大、脳自体の成長、脳の領域の相互連絡性の発達など、多くの変異がかなり順序立てて進む必要がある。第二に、少なくとも哺乳類では、出産時に大きい頭蓋骨に合わせるために雌の生殖器の解剖学的構造も変化させなければならない。第三に、脳は、激しくエネルギーを消費するので、生命体はそれを支えられるよう十分なカロリーを取り入れなければならない。たとえばヒトの脳は、人体の一日のエネルギー消費量の約二〇パーセントという、どの単一器官よりも大きいエネルギーを消費する。サメやカブトガニやカメなど、非常に長い歴史を持つ系統が大きな脳に進化していないという事実をみれば、大きな脳はいかに犠牲が大きく奇抜な進化であるかは明白だ。

それでも、ヒトの大きくて賢い脳は、その犠牲と解剖学的な制限にもかかわらず進化した。したがって、これは、実際は不備ではなく良いデザインの勝利のようにみえる。けれども、詳しくみてみると、**大きくて強力な脳は、やっぱり最大の欠陥なのかもしれない**ことが明らかになる。

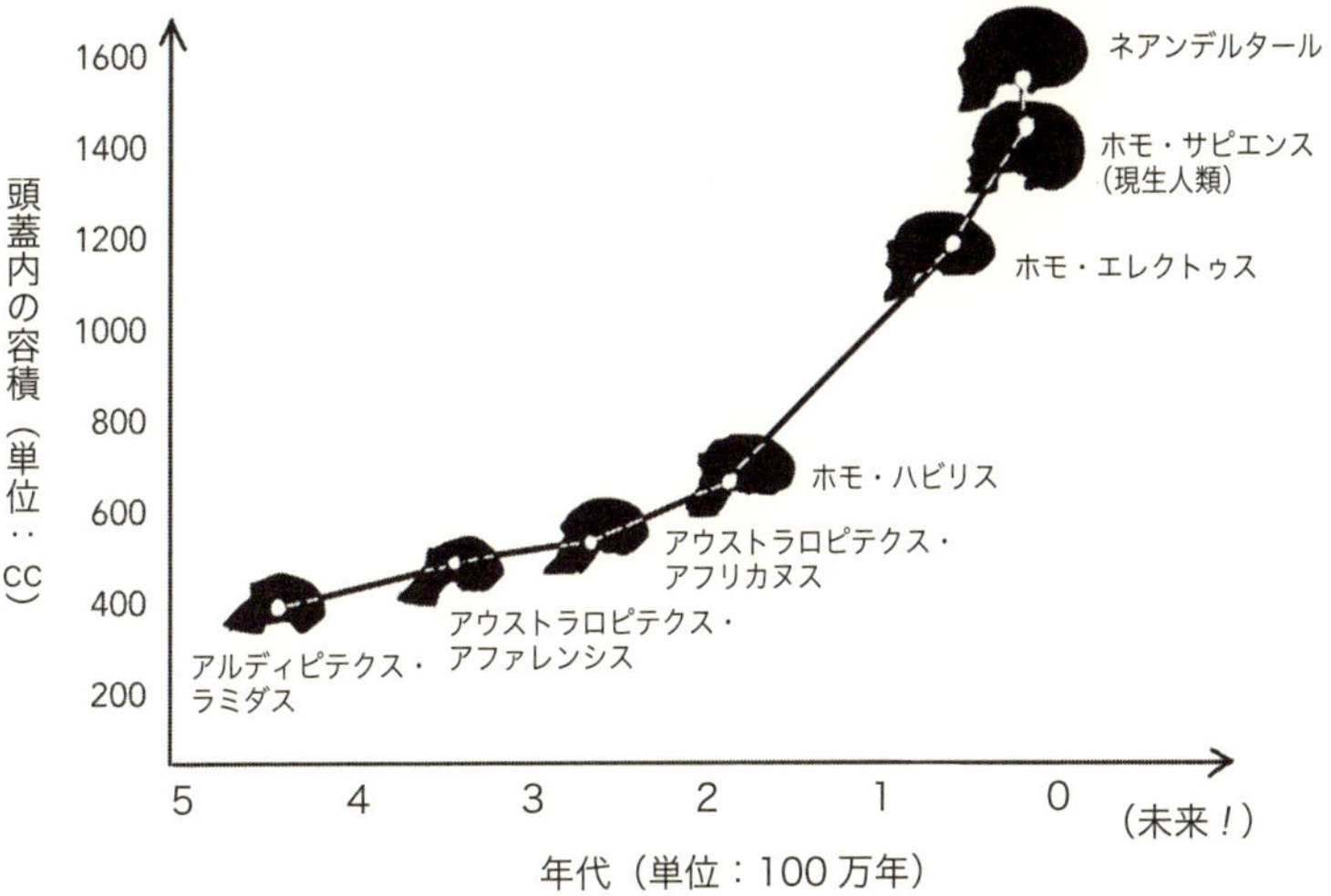

祖先の頭蓋内容量は過去500万年間に徐々に拡大したが、その後、過去150万年あたりで加速した。この劇的な加速は、反社会的な新たな競争戦略の発達を反映しているのかもしれない。

多くの人類学者の一致した意見によると、僕たちの種の知性が拡大した最初の期間は、チンパンジー系統から種が分岐したあとの最初の四〇〇万〜五〇〇〇万年間あたりで、それは、より大きくより複雑で協力的な社会グループへの変換によって示されているという。僕たちの祖先は二足歩行に変化していき、密生した熱帯雨林と草に覆われたサバンナの中間領域でなんとか生活を営んでいくにつれ、より広範な生存技術を発明し習得し始めた。複雑なスキルを使いこなすだけでなく、それを学ぶには、より発達した認知能力が必要だった。ヒトの系統全体にわたって、ヒトのふるまいやスキルは、あらかじめプログラムされたものから徐々に学習して体得したものへと変化していった。学習はたいてい、ひとりが別の者に教えるという形で社会のなかで行われた。したがって、技術と社会的な相互作用には関連があり、両方が一緒に進化し、ヒトの脳をかつてないほど優れた能力をもつ装置へ近づけた。

二足歩行によって僕たちの祖先は両手を自由に使ってものを運んだり、道具を作ったりできるようになり、脳が拡大し、より大きなグループによって社会的な学習が促されていき、気がつくと、コミュニケーションと協力のさらに複雑な形態を発生させるのに完璧な環境が整った。**協力しあうには、他人の視点でみることと共感が必要だ。**つまり、あなたと真に助け合うためには、あなたの視点で、ものごとがどのようにみえるのかを想像できなくてはならない。人々がチームで効率よく作業するためには、グループの各メンバーが、ほかのメンバーがなにをみて、考えて、感じているかを、いくらかなりとも認識していなければならない。僕たちの祖先は、劇的に高まった新たなレベルで協力しあい、社会性を身につけ、彼らの強力な知性がその際に大きな役割を果たした。やがて……

約一五〇万年前、僕たちの祖先系統の脳の拡大速度がとつぜん劇的に速まった。ヒトの脳は、過去一〇〇万年で、それ以前の五〇〇〇万年かけて拡大してきた大きさから、二倍も大きくなった。それほど急速な変化をもたらしたのはいったいなんだろう？

最近の研究によると、僕たちの祖先の脳が急速に大きくなったのは、生存のための戦略がより競争力の高いものへ切り替えられたことが原因である可能性が高い。この時期、同じような生息地とリソースを求めて競いあうヒト科のいくつかの種があった。さらに、同じ種のなかでさえ異なる社会グループのあいだで、テリトリーが重なったとき競争が起こった。

もちろん、動物の群れのあいだの競争は目新しいものではないが、僕たちの祖先は劇的な新しい認知能力を使ってこの競争に取り組んだ。ここで事態が暗転する。

ヒトは競争になると、マキャベリ流のどこまでもずる賢い行為をする。ごまかし、だまし、ワナにかけ、威嚇する。このために、相手の立場に立ち、次の動きを予想するなど、協力しあうときに使ったのと同じスキルを存分に利用する。別の言い方をすれば、僕たちの進化の歴史を通して、最初は良いことのために優れた認知能力を使っていたのに、その後、ダーク・サイドに転換したわけだ。そして、スター・ウォーズのアナキン・スカイウォーカーがダース・ベイダーになったときみたいに、転換が起こったのは、僕たちのパワーが非常に強くなったときだった。

この進化上の適応の遺産をみたければ、今日のトップ・ニュースを読むといい。ヒトは言葉では言い表せないほどの暴力を互いにふるうことができる。僕たちは、冷酷なずる賢さを駆使して、他人の苦しみを完全に無視して互いをだましあう。驚くのは、祖先がそれほど冷酷になっていく過程でも、協力的で社交的で利他的な性質をなくさなかった点だ。彼らは両方の面を持っていた――つまりジギルとハイドの種になったのだ。

ヒトの性質の二面性は、ヒトの歴史にはっきり表れている。僕たちは無限の愛や強い自己犠牲の精神を持った人から、一瞬で冷酷な殺人鬼や大量殺戮《さつりく》者にさえなりうる。たった数世代前の米国やその他多くの国には、優しい父や愛情あふれる夫でありながら、ほかの人間を残忍に奴隷にすることによって財産を築いていた人が暮らしていたのだ。聞いた話では、アドルフ・ヒットラーは、無意味な未曾有《みぞう》の虐殺を命じていたときでさえ、エヴァ・ブラウンに対しては寛大で優しいパートナーだったという。

いったいどのようにして、このような言語を絶する怪物と誠実な愛情が、ひとりの同じ人間には言うまでもなく、同じ種に存在するのだろうか？　それは、**進化が状況に合わせて、協力と競争のあいだを機敏に切り替えられる祖先に報酬を与えたからだ。**僕たちは社会性が高く、協力的で利他的であると同時に、冷酷で抜け目がなく薄情な動物に進化した。後者は、僕たちの大きくて優れた脳の進化を促したようにみえる一連の形質だ。だからこのさき、誰かの知性を称賛することがあったとしても、彼女がこの賢さを得るためになにを、あるいは誰を犠牲にする必要があったのかについては、考えないこと。

エピローグ

人類の未来

賛否両論あるにせよ、ヒトがいまだに進化していると言えるわけ。僕たち自身のものを含め、すべての文化が、無限のサイクルで崩壊と再建を繰り返すよう運命づけられているわけ。それほど遠くない未来に、永遠に健康な生活を送れるようになるかもしれないわけ。技術の進歩による自滅の可能性とそれを回避する方法がやはり技術の進歩によって得られるわけ、などなど。

本書は人体の欠陥のほんの一部を解説しているにすぎない。ここでは述べなかった無数のさまざまな欠陥のうち、ほかにも多くの精神的なバイアスがあるし、DNAにはほかにも数えきれないほどの問題があり、何の役にも立っていない（または無駄に複雑だったり壊れやすかったりする）身体の部位もまだ多数ある。一冊の本でヒトの不完全さをすべて網羅しようとするなら、もっとずっと分厚い本になるし、値段だってもっとずっと高くなる——いえいえ、どういたしまして。

とはいえ、僕たちは、**多くの欠陥があるからと言って、それで自分のことが嫌になるわけではない。**けっきょく、生物の進化はランダムな変異と、もっとも適応した者の生存によって進む。だが、その適応は完璧じゃない。このような生命へのデタラメなアプローチでは、けっして完璧なものは生まれない。どの種も、正と負のあいだを綱渡りしている。ヒトほど優れた生物も例外ではない。

けれども、不完全さという点に関して言うと、ヒトの物語は独創的だ。僕たちはほかの動物に比べて欠陥が多いようにみえる。その理由は、逆説的なのだが、本当は「改善」になるはずだった「適応」が欠陥の原因になっているせいだ。たとえば、ほかの動物が単一の種類のエサで生存できるのに、僕たちが健康を保つためにさまざまな種類の食事をしなければいけない理由は、僕たちの祖先がその地域の産物を常食にするという単調さから解放され、優れた認知能力を使って食糧を集め、狩りをし、採取し、地面を掘り、あるいは複数の生息環境で考えられるかぎりのあらゆる食物源から栄養を求めることができたからだ。これはいいことのように聞こえる。けれども問題は、**祖先の知性が発達すればするほど、身体が怠惰になった点だ。**栄養豊富な食事を食べるようになると、身体は、これまで作ってきた栄養素を作る手間をかけなくなってしまった。これによって、祖先は栄養豊富な食事を〝楽しんでいた〟状況から、生き残るために栄養豊富な食事を摂らねば〝ならない〟状況に切り替わった。これは、不運な変化だ。はじめは、貪欲な雑食者であることは明らかに利点だったが、それがかえって足枷《あしかせ》になってしまったのだ。

同じロジックがヒトの解剖学的構造と生理学にも広くあてはまる。僕たちの種の身体的な形態は、ヒトが多方面に才能を発揮する究極の万能家になるにつれ、進化によって整えられた妥協の産物だ。僕たちより速く走れる種や、高く登れる種、深く掘れる種はいるけれど、ヒトは走ったり、登ったり、掘ったりもできる特別な種だ。**器用貧乏という言葉は、まさに僕たちを完璧に言い表している。**地球上の生活がオリンピック競技のようなものだとしたら、ヒトが勝てそうな競技は十種競技しかない。（チェスがオリンピック競技に含まれないかぎりは。）

身体に関連した問題が生じるのは、祖先が進化してきた環境とヒトが現在暮らしている環境とのあいだに多くの違いがあるせいだ。これらの差が、いわゆるミスマッチ病と呼ばれる肥満やアテローム性動脈硬化症、二型糖尿病やその他多くの病気を引き起こしている。環境のミスマッチというその問題の多くは、祖先の食事と僕たちの食事の違いから起こっているけれども、前期旧石器時代の祖先の生き方と現代人である僕たちの生き方のあいだには、もう一つ大きな違いがある。それは、技術とのかかわり方だ。技術によって僕たちは、身体の物理的な限界を越えて移動することができる。だから、これはまったく有利な現象のようにみえる。ところが、**身体にほとんど頼らなくなると、適応や進化への圧力がほとんどかからなくなる。**いまや、僕たちは問題の多くを生物学ではなく技術で解決しているので、僕たちの身体が申し分のない形状になっていなくても、驚くにはあたらない。

もちろん、技術を使うのは僕たち人間だけではない。便宜上、ここで言う技術とは、タスクを行う際に有用になるよう作られた方法や、システムや道具のことと定義する。この広い意味で、多くの動物が技術を活用している。たとえば、マカクザルは木の実を割るために石を使うし、チンパンジーはシロアリを捕まえるためにアリ塚の穴に合った木の棒をみつけてくる。僕たちの種の場合、原始のヒトは単純な石の道具を使っていた。だが、何百万年間も同じ道具を使いつづけているマカクザルとチンパンジーとはちがって、ヒトの石の道具の発明は、地球上のその他の動物と僕たちを引き離す新たな種類の進化の到来を告げ、これによって僕たちはもう引き返すことができなくなった。これが文化進化だ。

文化進化とは、世代を越えて伝達される、社会的な行動、知識、言語のことである。動物はたしかに、互いからなにかを学びとるが、ヒトは文化という概念を極めてきた。僕たちが人生で行い、経験することは、ほとんどすべて文明の結果で、ずいぶん昔からそれは続いていた。現生人類は岩を削り、住まいを作り、植物を植え、生物学的な特性ではなく文化的な特性に基づいて、成功したり失敗したりし始めた。

ある意味、僕たちは自分たち自身の進化の管理を引き受けているとも言えるが、本当に管理しているのは僕たちだろうか？　技術と文明が進歩していくにつれ、僕たちはどのような変化を蓄積してきたのだろうか？　僕たちはいまや、生物学的進化や文化進化がどう進んできたかを理解することで、それらを自由に使いこなし、周到かつ意図的にヒトの運命を形づくれるようになったのだろうか？　それとも、過去七〇〇万年間してきたとおり、ランダムでデタラメな方法でコツコツ進みつづけるのか？　要するに、僕たちの種の未来は、誰が（なにが）握っているのだろうか？

僕たちは進化しきったのか？

デヴィッド・アッテンボローなど、科学界で注目を集めている人たちのなかには、ヒトは文明や技術をずいぶん発展させたので、いまや進化の影響力から完全に逃れていると主張する人もいる。そのような人々によると、僕たちはもはや進化しておらず、僕たちが達成する意図的な微調整は別として、この種は多かれ少なかれ、生物学的には同じものでありつづけるらしい。

この見解は、ある意味真実かもしれない。実存の問題こそが進化論の特徴だし、ダーウィンを大発見に導いた重要な観察結果の一つだ。だが何千世代前のヒトと比べたら、いまの僕たちが直面している実存の問題は非常に少ない。今日生まれる赤ん坊の大多数は、生殖年齢まで生存するだろう。餓死は少なくとも先進国ではまれだ。身体的なケガや病気はいまや現代医学によって通常は克服されるし、ケンカで死にいたることもめったにない。殺人は罰せられる。戦争行為さえも大きく減ってきている。現在生きている大半の人々が健康に長生きするのはほぼ確実だ。

さらに、繁殖はかつてのように競争的ではない。身体的な強さとスタミナのある人は、より望ましい相手を引きつけるが、概して、より多くの子孫を残すわけではない。知性や強い労働倫理や優れた外見にも同じことがあてはまる。更新世のヒトにとって、視力、器用さ、機敏さ、持久力、知性、人望、健康と活力、地位（もしかすると愛嬌さえも）は、子どもの数と繁栄に直接影響を及ぼす特質だった。だが、こんにちでは一般的に、社会的であれ職業上であれ人生の成功は、より多くの子孫を残すということを意味してはいない。このあとすぐ説明するが、成功している人のほうがむしろ子孫は少ないのだ！　それらの人々に重大な医学的問題や制限があって子の数が自然に低減しているわけではない。この傾向によって、自然選択の通常の力が大幅に中和されてきた。

したがって自然選択はもはや僕たちを形づくってはいないかもしれない。けれども、進化は依然として作用している。進化とは単純に言うと、時間を経るうちに起こる、種の遺伝学的な変化である。自然選択という生存と繁殖を通じて勝者と敗者を選ぶ現象は、ある種が進化する際の一つの方法にすぎない。自然選択は、進化の力として誰もがもっともよく思い浮かべるものだが、ほかにも同じくらい強力な進化の力は存在する。だから、そう、**ヒトは自然選択という災難は回避できるが、それで必ずしも僕たちの進化が終わったということにはならない**。

繁殖がランダムではないとき、その種は進化しうる。いくつか特定のグループがほかのグループより繁殖するとき、そのグループは次世代の遺伝子プールにより大きく貢献する。そのグループ内の固有の違いが遺伝的要素を有すると仮定すると、この人口統計学的変化は、その種にゆるやかな遺伝学的変化をもたらし、それによって、その種は否応なく進化する。

ヒトの集団でこれが起こっていることを、僕たちは知っている。一部のグループはたしかにほかのグループより多く繁殖しているからだ。第一に、先進国では出生率は非常に低く、しかも下がりつづけている。日本の人口は現在減ってきている。イタリアやフランス、オーストリアなど西欧のいくつかの国の人口は移民がいなければ、同じ道をたどる。これはつまり、日本人と中央ヨーロッパの少数民族や西ヨーロッパの人々が、将来のヒトの遺伝子プールに貢献する度合いがどんどん小さくなっていくことを意味する。

第二に、先進国であれ発展途上国であれ、一つの国のなかで一部の人たちは、ほかの人たちに比べてより多くの子どもを作る。これはランダムではない。社会経済的地位が高い人々は教育の機会が多く、受胎調節のための方法やツールも多く備えている。それらはどちらも、小さい家族サイズと相関する傾向にある。多くの人が概して繁殖を控えるほうを選ぶからだ。したがって、社会経済的地位が低い人のほうが、裕福でより教育を受けている人より多くの子孫を残す傾向になる。これも、一つの進化の形とみなすことができる。

経済のほかにも、宗教や学歴、キャリアの高さ、家族の素性、政治的な信条さえもみな、繁殖率に影響を及ぼす。欧米では、それらの繁殖に影響を及ぼす多くの要因は、さまざまな人種や民族グループに平等に振り分けられているわけではない。民族弾圧の長い歴史があり、不平等を強める社会的・政治的構造がいまもあるせいだ。つまり、北米と西欧では、アフリカ系とラテン・アメリカ系の人々は白人より多く子どもを持つ傾向があることを意味する。けれども、この傾向さえも一貫していないし、地域差が大きいため、それらの進化のプレッシャーによって、全体として種がどこに向かうかを予想するのは、不可能に近い。しかも、その傾向自体も流動的だ。

アジアでも、地域によって繁殖パターンに大きな違いがある。中国や日本、インド、東南アジアの大部分では、大家族はごくまれだが、パキスタンやイランやアフガニスタンなどの国は、出生率がきわめて高い。

時間がたつにつれて、それらの出生率の差が種のなかの人種の割合を変化させる。これは、それらのさまざまな民族グループの繁殖の成功が、ランダムではないことも示す（進化の前提条件）。〝生存〟の差が、少なくとも欧米の先進国では重大な現象ではないことはまちがいないが、〝繁殖〟の差はたしかに重大な現象だ。意識的な繁殖の選択によって生じている差であることは問題ではない。そうであったとしても、結果として繁殖に成功しているグループとしていないグループが不均衡だからである。それが進化なのだ。

これらをいろいろ合わせると、僕たちはいったいどこに向かっているのか？　この疑問に答えるのは難しいが、かつては互いに大半が孤立していた人種や民族グループが、現在はかつてないほど接触し、異なる人種間の婚姻が続々と起こっていることは、指摘するに値する。これによって、ヒトの種の融合が起こり、民族や人種が混じりあった一つの集団に戻る可能性がある。僕たちの種が数十万年前にアフリカの片隅で最初に始まって以来、おそらく起こったことがないだろうことが、起こるかもしれない。

可能性はともかく、ぜったいの確信をもって言えることが一つある。それは、**世の中でたった一つ変わらないことは、つねに変化するということだ。**これがどれほど的を射ているか知りたいなら、星を見上げてみればいい。

僕たちは本当に自然がなしえる最高のものなのか？

エンリコ・フェルミは現代核物理学界の非常に重要な人物のひとりだ。彼がかかわった多くのプログラムのなかに、マンハッタン計画がある。このなかでフェルミは、原子爆弾の重要な構成要素である持続的な核反応のための条件確立に携わった。ロスアラモスの米国立研究所で（この話の五、六年前にここで最初の原子爆弾が作られた）、フェルミは昼食のテーブルを囲むエドワード・テラーやその他の科学者と他愛のない会話をしていた。当時は一九五〇年代の宇宙レースが絶頂のころで、話題は光に近いスピードで移動する際の身体的な障壁と技術的な障壁についてだった。大半の科学者は、このような高速の輸送がいつかは発明されるだろうという方向で意見がまとまり、話題は、可能かどうかではなく、いつ達するか、という話に移った。テーブルを囲んでいる多くの人が、数世紀ではなく数十年の単位で成し遂げられるだろうと推定した。

突然、フェルミはナプキンですばやく計算をして、銀河系には地球に似た惑星が何百万もあることを示した。恒星間の旅が理論的に可能であるとすると――「異星生命体は、みんなどこにいるんだ？」とフェルミはふいに声を上げた。

その日、昼食を食べながら話しているときに、フェルミが気づいたことは、宇宙には、不気味なことに、自然発生以外の電波信号は存在しないということだった。彼はほかの科学者とともに何年間も宇宙の電磁波を解析していた。そして、何億、何十億光年離れたはるか彼方からの信号を検出していた。けれども、恒星とその他の天体からは規則的で反復的な信号だけが聞こえていた。彼らが知るかぎりでは、コミュニケーションの形態の可能性があるものはなにも聞いたことがなかった。

フェルミが気づいたのは六〇年以上前だが、僕たちはいまだ、恒星や惑星、準星や星雲の背景信号以外はなにも聞いたことがないし、（僕たちの知るかぎりでは）異星生命体から訪問を受けたこともない。そうすると、心地の悪い疑問が残る。**僕たちが宇宙でたった一つの知的生命体だとしたら、そもそも生命とはいったいなんなのか？　そして、僕たちはいったいなんだと言えるのか？**

フェルミが理解していたとおり、宇宙は何十億年も存在していて、何十億もの星雲で構成されている。ありふれた渦状銀河でしかない僕たち自身の天の川銀河でさえ、何億もの恒星があり、それぞれの周りを、知的生命体が住む惑星が軌道に乗って回っている可能性がある。さらに、化石の記録をみるかぎり、地球上の生命体は、望ましい条件が整ってほぼすぐに出現した。地球が冷えてからほとんど間をおかずに生命体が活動を開始し、着々と複雑な微生物へと進化する道を進んだ。このことは、生命体は進化するだけでなく、温度や化学的な構成物が適切であれば、生命の存在しない惑星でも出現することを示している。

宇宙の広大さに鼓舞されたフランク・ドレイクは、現在はドレイクの方程式として知られる数式を考案し、宇宙にどれほどの数の文明が存在するかを見積もった。ドレイクの方程式には、次のような多くの変数（項目）が含まれていた——宇宙のなかの銀河系の数や銀河系ごとの恒星の数、新しい星が生まれる率、惑星を持つ恒星の割合、居住に適した領域（液体の水がある）が存在する惑星の割合、生命体が発生するオッズ、生命体が宇宙に信号を送ることができるほど知性を備えるまで進化する可能性などなど。それらはどれも完全に認識できる変数ではなかったが、どれも、現在の知識と確率の法則を使って推定できるものだった。ドレイクの方程式の有用性については科学者のあいだで大きな意見の相違がみられるが、現在の推定のなかには、七五〇〇万の文明が存在するというものもある。この見積もりは、もちろん、僕たちの宇宙に関する知識が深まるにつれ、絶えず変化する。

ドレイクの方程式が作成される前でさえ、フェルミは膨大な数の恒星や惑星に基づいて、宇宙は生命体に満ちているはずだと論じた。さらに、ほかの星の文明は、技術の発展と言う面では僕たちよりずっと進んでいる可能性もある。大半のＳＦ映画は現在僕たちがいる場所からたった数百年の場所に異星生命体がいると想像しているが、宇宙はほぼ一四〇億年近く前からあり、恒星と惑星はその大半の期間に存在していた。僕たちの太陽系は比較的若くて、四六億年だ。だから、技術面で言うと、僕たちより数十億年進んだ文明がある可能性もある。彼らは、僕たちが街から街へ移動するように、とてつもない距離を移動できるかもしれない。

エンリコ・フェルミの疑問は、「フェルミのパラドックス」として知られるようになった。つまり、〝これほど広大で年月も経たこの宇宙で、異星生命体からの信号が聞こえないのはなぜか？〟という問いである。これについては、まだ答えが出ておらず、多くの可能性がある。

一つの可能性のある説明としては、異星文明が注意深くその存在を隠しているという可能性だ。この考え方の極端な表現が、プラネタリウム仮説で、これは保護領域のようなものが僕たちの周りに作られ、地球外の文明からのノイズがフィルターで取り除かれ、背景の宇宙信号は通過するというものだ。

進歩した異星文明が彼らからの信号を僕たちに聞かせないでいる能力（と意図）があったとしても、彼らは僕たちからの信号は聞こえるはずだ。僕たちは、一九三〇年代からずっと宇宙に無線電波を送信しつづけているのだから。あらゆる方向に光速で進む、僕たちの放った信号は数時間内で太陽系を出て、数十年でほかの恒星とその惑星に届く。地球から一〇光年以内に少なくとも九つの恒星があり、二五光年以内には、少なくとも一〇〇の恒星がある。それほど遠い星にたどり着くころには、僕たちが発した信号は非常に弱くなっているかもしれないが、進んだ文明があるなら、周辺の恒星や銀河からやってきた信号をモニターする能力も進んでいるだろうと僕たちは期待している。彼らは僕たちの存在だけでなく僕たちについても相当詳しく知っているのかもしれない。（だからこそ誰もやってこないのでは？　と僕は思う。）

別の理由としては、僕たちの推測がまちがっていて、生命体は宇宙のなかできわめてまれな存在だというものがある。おそらく、地球上の生命の迅速な進化は、信じられないほどのまぐれで、ほかにこれほど幸運な場所はごくまれにしかなくて、かつ非常に遠いところにあるのだ。だから、電波信号が往復するのに時間がかかっている。それでも、天の川銀河の周辺だけでも、地球上にみられるような化学現象が持続するのに必要な、適切な温度範囲にある惑星が何十万とあることがわかっている。地球と同じ化学組成を備え、ほぼ同じ温度範囲の惑星は、宇宙にごまんとある。そのような惑星がどういうものかについて検討できるほど十分な情報はまだ持ち合わせていないけれど、生命が誕生したときの地球が、あらゆる面で特別だったと考える根拠はない。

もしかすると、もっとも退屈だが可能性のある理由は、ＳＦ小説や映画はすべてまちがっていて、恒星間の移動を妨げる現在の壁はどうしても越えられないというものだ。恒星はそれぞれ非常に遠く離れているというのに、現時点で、僕たちは光速を超えるどころか、光速に近づく方法さえわかっていない。実際、フェルミが疑問を発した会話のきっかけは、一〇年以内に光速に近づく輸送手段を実現できるオッズについての議論だった。フェルミは一〇パーセントと予測した。それは六五年以上前のことだが、当時と比べていまのほうが、光速に近いスピードでの移動に近づいたとは言えない。解決策がなにもみつからず、標準的なジェット推進以上にいいものがこのさきも望めないなら、宇宙に存在する多くの文明は、永遠に互いに孤立したままの運命だ。僕たちが、うんざりしながら孤独な気分で星をみつめているとき、ほかの生命体もみつめ返しているのだが、けっして互いに会うことはないということになる。

だがそれにしても、彼らの信号くらい聞こえてもよさそうなものじゃないか？

もう一つ、僕を含め多くの科学者が心配し始めている、いくぶん憂鬱な理由がある。**生命体は、宇宙のなかで比較的ありきたりな存在ではあるのだけれど、はかりしれないほど巨大な時間の尺度のなかで、現れては消滅しているので、それらの生命が存在している時期がほとんど重ならないという可能性だ。**別の言い方をすれば、別の星の進歩した文明はもはや存在しないので、はるか彼方で発見されるのを待ってはいない。そしておそらく、彼らに起こった運命――つまり、発展的な内部崩壊は僕たちにも起こりうる。

人類は、このまま進みつづければ自身の工業化と衝突する進路上にいる。僕たちは、維持できないペースで再生できない（または非常にゆるやかになら再生できる）リソースを消費している。石炭や原油やガスは限りある資源だ。大量にまだ残っているとしても、無限ではない。僕たちは熱帯雨林を農業や住宅のための土地に変えている。だが熱帯雨林は僕たちの呼吸に適した酸素の大半を生みだし、二酸化炭素の大半を消費してくれる。人口があまりに急速に増加しているので、地球からあらゆる手を使ってよりいっそう食物を抽出しようという焦土作戦じみた取り組みが行われているにもかかわらず、一世代以内に、みなに食物を提供できなくなるのではないかという深刻な疑いが生じるだろう。その一方で、気候変動によって重要な海岸線の発展がおびやかされ、一部の海洋生態系が全面的に崩壊し、地球全体の生物多様性が急激に弱まっている。僕たちは、ほぼ自らの行動によって引き起こされた大量絶滅の危機の渦中にある。どん底に落ち込まなければ、どれほどひどい状況にいるのか、誰にもわからない。

しかも、まだこれは最悪の事態ではない。大量破壊兵器は、確実な破壊の恐怖を双方に増幅させる。それは一定期間なら巧妙な抑止力になったが、長期間の抑止にはならないかもしれない。また、急進的に救世主を唱道する者や黙示録的なイデオロギーの唱道者は抑止力に左右されないため、いつか最終兵器を手に取ることは、避けられないように思える。このような人々がそれを使わないようにするにはどうすればいいのだろう？　さらに、世界のリソースが不足すれば、争いが増えるだろう。争いは僕たちに最悪の事態をもたらし、経済戦争と冷戦が武力戦争に発展するのは、ほぼ確実なようにもみえるし、その可能性はこれまでになく高まっている。

それらの危険に加えて、感染症の世界的大流行（パンデミック）はいつ起こってもおかしくない。現在の人間は、野火のように感染症が広がりやすい密度で暮らしている。これに加えて、世界中の旅行が簡単になっているいま、この世の終わりのシナリオを想像するのは難しくない。

これらのすべての要因が、ほかの要因と組み合わさると、悲劇のどれかが起こる危険性が高まる。農作地の不足で食物価格が高騰する。エネルギー・リソースの引き締めはすべての価格を上昇させる。物価の上昇は争いや暴動を引き起こし、支配者の出現を支持する傾向になる。地球温暖化は開発途上地域にもっとも大きな圧力を与え、彼らの問題を悪化させる。熱帯雨林の連続的な侵害は、以前に制圧したウイルスの眠りを覚まし、密集して暮らしている僕たちが新たな宿主になる。これらがすべて起こると、恐ろしい状況が生じる。僕たちは終末へと通じる道に立っているのだろうか?

きたる世紀に、僕たちの種がもろもろの問題にいかに悩まされるかは文字どおり、何千とおりも想像がつくけれど、いまの時点で、ホモ・サピエンスの絶滅の可能性は非常に低い。人間が基本的にこの地球上のどこにでも生きていることを考慮すると、たとえどのような危機が迫ってきても、用心深さとねばり強さと運で、その危機を乗り越える人々がつねに存在するだろう。たしかに、僕たちの種の軌道を大きく切り替えなければ、重大な経済崩壊や政治的崩壊が起こる可能性は高いかもしれない。とはいえ、破壊的な内部崩壊によって膨大な数の人が死亡し、技術や発展の大規模な後退に苦しんだとしても、黙示録的なシナリオを生き延びる人はいるだろうから、僕は種の存続をほとんど疑っていない。

現在僕たちが直面している、種としての危険（自分自身の野心に完全に起因していると考えられる危険）は、まさしく、宇宙の生命体がいつも歩む道なのかもしれない。生命が別の惑星に出現しているとすれば、自然選択によって生命は多かれ少なかれ、僕たちが進んだのと同じ道を進むだろうとしか思えない。これは、自然選択が、生き延びて子を作る者はそうでない者より多くの子孫を残すという単純明快なロジックの延長だからだ。ほかの惑星の生命体が、どれもこれも（誰も彼も）外見上は僕たちとまったくちがってみえるとしても、別の方法で活動していると想像するのは難しい。とはいえ、抑制された自制心や、長期的な先見の明や、熱い献身の心や、寛大な無私の精神や、またはシンプルな意志の力などと進化は結びつかないし、残念ながらこれからもその結びつきをみることはなさそうだ。**進化は一、二世代よりさきの計画を立てる能力を示したことはない。**

進化は僕たちをすっかり利己的にさせる。もちろん、社会性のある種として、僕たちは子どもや兄弟、親や密接に属しているグループの人々などまで拡大した自己感覚を持っている。僕たちは、自分たちの一部としてみなしているので、我が子のために犠牲を払う。けれども、この拡張された自己の感覚には限界がある。兄弟や友達さえも〝われわれ〟になりうるが、ある種の見知らぬ人はそうならない。さらに拡大して、自分たちの民族や、宗教、国の人々を含めて〝われわれ〟と言うことはありうるが、それでも、そこにはそれ以外の〝彼ら〟がいる。**ヒトは親の愛情を感じるよう進化したのと同時に、〝われわれ〟ではない者を嫌ったり恐れたりするよう進化してきた。**これはすべての社会的な哺乳類に通じるので、別の惑星の生命体が同じロジックに従っていると考えるのは妥当だ。

僕たちが異星人をみたことも、聞いたことも、接触したこともないのは、その文明が、彼らの太陽系から出る能力を得る前に、彼ら自身の利己心や技術の進歩やほかの多くの要因による重圧で崩壊したからかもしれない。僕たち自身は、宇宙旅行の秘密を解明し、太陽から無限にエネルギーを利用し、身体をいつまでも健康に保てる状態に、じりじりと近づいているけれども、壊滅的な崩壊にも近づいているのかもしれない。もしかすると、宇宙の歴史では、同じシナリオが繰り返し起こっているのかもしれない。発展しては崩壊するという無限のサイクルのなかで、一つの文明が決定的な次のステップを踏むと、その文明は崩壊し、（運が良ければ）農耕時代に逆戻りして、また一から始まるのだ。

僕たちの進化上のデザインを考えると、差し迫った崩壊は避けられないかもしれない。僕たちの欲求や本能、衝動は自然選択の結果だ。自然選択は長期計画を立てない。混沌《こんとん》と死と破壊は、宇宙や僕たちを含む全生物の真に自然な状態なのかもしれない。ここに、伝説的なSF作家アーサー・C・クラークの言葉を引用しておく――〝二つの可能性がある。宇宙にいるのは、わたしたちだけか、わたしたちだけではないのか。いずれも同じくらいゾッとする〟

不死はもうすぐそこに？

死は、生きとし生けるものにとって生命の一つの事実で、ヒトも例外ではない。それでも人類は、その歴史が始まって以来、死とそれを回避する（またはせめて遅らせる）方法に憑《と》りつかれてきた。世界で最古の記録された物語、〈ギルガメシュ叙事詩〉は、永遠の命を探し求める英雄についての物語だ。西洋の賢者の石や青春の泉や聖杯の伝説は、不死の秘密がテーマになっている。東洋では、ヒンズー教の万能薬のアムリタや中国漢方薬の神秘的なキノコ霊芝《れいし》、ゾロアスター教の神聖な飲み物ソーマにまつわる物語などで、永遠に続く命を約束する魔力が中心にすえられている。ギリシャの言葉、ネクター（nektar）も、神の飲み物の伝説に由来していて、文字どおり翻訳すると〝死（nek）〟を〝克服する（tar）〟となる。

死を食い止めることができないとしても、少なくとも命が消えていくという作用を否定することはできる。大半の神話や宗教は来世を中心にすえている。あの世とは、この世の生がすべてであることや、愛する人を失ったら二度と会えないことを信じられない、非常に人間らしい否定から引きだされる抽象概念だ。けれども、皮肉なことに、あの世という広く共通した考え方は、永遠の命への探究を止める役にはほとんど立っていない。（ファン・ポンセ・デ・レオンの〈若返りの泉〉をみつけたいという欲求は、彼の献身的なカトリック信仰、つまりすでに永遠の命が約束されているという確信があってもなお、けっして弱まらなかったのは、奇妙なことだろう？）

ヒトの技術――その当時の医学と錬金術、現代の工学とコンピューターの使用――は、寿命を延長させることに焦点が絞られてきた。不死はつねに最大のご褒美で、無数の予言者や王、英雄や神や冒険家が、それを求めて大きな危険を冒した。そして現在、**永遠の命が初めて実現可能になる可能性がある。**

老化の基本的なメカニズムを明らかにするために、科学研究が熱心に行われてきた。生物学におけるすべてのことと同じく、そのプロセスは考えていたよりずっと複雑だった。老化に関する初期の研究によって、老化は、DNAとタンパク質のランダムな損傷の蓄積によって引き起こされるという残念な真実が明らかになった。〝残念〟と言ったのは、ランダムな損傷は予防するのがとても難しいからだ。現代医学の損傷組織を修復する能力は、身体が自身を癒《いや》す能力に比べると笑ってしまうほど未熟だ。自分の身体が、分子損傷の蓄積という猛攻撃を止める方法をみつけられないとき、脳にはほとんど望みがない。その損傷はミクロスケールではなくナノスケールなので、僕たちの洗練されていない装置では修復はおろか、みつけることさえおぼつかない。

それでも、命を延長するためのまったく新しい戦略が生まれつつある。一例を挙げると、賢明にも科学者らは、医者が細胞の損傷を修復できるという考えを捨てた。その代わりに、幹細胞がいかに作用するかを理解し、それらを利用できるかどうかを判断することに焦点を絞った取り組みを行っている。幹細胞は体内に組み込まれた組織の再生システムだ。この細胞は数こそ少ないが、ほとんどの器官に戦略的に分散していて、通常は要求されるまで休止状態になっている。分化した細胞が、ケガや病気、変異などで失われたとき、幹細胞は活動を開始して増殖し、代わりの細胞を作る。その細胞は特定の細胞に分化して、機能し始める。

科学者らは調べた組織のいずれでも幹細胞を発見している。だから、人体はいままで考えられていたより自己再生能力が高いと言える。かつては、ヒトはみな持って生まれたニューロンをずっと使いつづけなければならず、年を取るにつれて徐々にニューロンを失い、元には戻せないと一般的に信じられていた。それが、脳にはニューロン幹細胞があり、特定の条件で、失ったり損傷したりしたニューロンと入れ替わっていることがわかった。元のニューロンが蓄積していた情報はそのニューロンが失われれば、おそらく永遠に失われてしまうが、脳は新たなニューロンを育てられるらしい。

この結果、生物医学者は、ヒトの命を永遠に延ばそうという試みで、幹細胞を一つの方法として用いている。研究者たちがヒト幹細胞を増やす方法を解明することができれば、細胞の損傷に対するレースに負けずに済み、いまよりずっと長生きできる現実的な可能性が生まれる。

だがほかの、もっとSF小説じみた方法で寿命を延ばす取り組みも進行中だ。組織と器官の移植に関する技術は非常に急速に発展していて、医者はそのうちヒトの頭部の移植を試みるようになるだろう。じつを言うと、この前提はまちがっている。個性や個人の記憶や意識は完全に脳に格納されているのだから、この手技は、本当は身体の移植とみなすべきだ。これらの移植が成功し、脳組織を活性化し機能させつづける取り組みが成功した場合、身体から身体へ自分の頭部を移植することで、人は永遠に生きられる。(その身体はどこからやってくるのか、なんてことを心配するのは、やめにしよう。)

より未来的だが、ひょっとするともっと現実的な可能性を秘めているのが、生体外物質の移植と、合成生物の工学的移植の継続的な開発だ。古代の、傷を閉じるために使われたウマの毛の縫合糸から始まり、中世の、失われた四肢に代わる木製や鉄製の義手や義足など、ヒトは長いあいだ、人工の代用物で生物学的な限界を克服しようとしてきた。以前は、障害のある心臓の弁の代わりに、ブタの身体のパーツを用いていたが、最近は移植した患者が確実に長生きできる人工弁を用いるようになった。そしていまでは、患者の心臓と完全に入れ替えられる人工の心臓が開発された。

現在の人工心臓には、患者が心臓移植という永続的な解決策を待たねばならないという制限があり、人々は待っているあいだ左心補助装置と呼ばれるもので何年も過ごさねばならないのだが、この装置はほぼ完全に心臓のポンプ機能を引き継いでいる。ほんの数十年前までは、自分の心臓がほとんど機能しなくなったあとも無期限に生きられるなど、誰も想像していなかっただろう。しかもほぼなんの症状にも悩まされないのだ。元米副大統領ディック・チェイニーは最終的に心臓移植を受けるまで、まさにこの手技を受けていた。

生物工学的インプラントに関するこれまで集積されたデータを眺めていると、一九八〇年代に読みふけったSF小説を読んでいるみたいな気がしてくる。人工内耳移植は現在では通常の処置になっているし、動脈ステントや人工股関節や人工膝《しつ》関節、インスリン・ポンプと対になった血糖監視装置なども同様だ。さらに、ドラマ〈新スタートレック〉のジョーディ・ラ＝フォージみたいに、視覚情報を直接脳に送達する義眼も現れそうな様子だ。組織再生についての僕たちの理解とナノテクノロジーを組み合わせることで、こうした画期的な進歩が現実になる可能性が高まる。老化した細胞を取り除いて、その代わりに新鮮な幹細胞を導入するためのごく小さな修理ロボットを設計するのに必要な知識や道具は、ほぼすべてそろっている。いまや時間の問題だ。

そのうち、僕たちはわざわざそんな手間暇をかける必要さえもなくなるかもしれない。クリスパー・キャス9（CRISPR/Cas9）という新たな（ゲノム編集）技術は、科学の限界に革命をもたらした。なんと、これは生きている細胞のＤＮＡを安全に編集できるのだ。最近まで、遺伝子治療は実用が難しかったために、将来性には限界があるとされていた。つまり、不可能と思われており、実際、初期に行われた治療は安全ではないことが示されていた。ところが、クリスパーがすべてを変えた。ゲノムをスライスし、さいの目に切る方法は、もう間近に迫っているようだ。あらゆる分野の生物医学者がさきを争って、疾患を治療し、損傷を修復し、組織を再生するために、クリスパーを使えるか、または、いかに使うべきかを検討している。

これに関して、遺伝学的検査とカウンセリングは、すでに人の進化に影響を及ぼし始めている。ある種の遺伝学的疾患を患っている家族や人種的なバックグランドがある人の多くが、遺伝学的カウンセリングを受けることを選ぶ。そして、両方が深刻な遺伝学的疾患のキャリアであることがわかったカップルは、別々の道を歩むことを選択したり、生物学的な子ども（血のつながった子ども）を諦めたり、胎児がこの恐るべき病気を持っていないかどうかを調べるために羊水穿刺《せんし》を受けたりする。この取り組みの影響によって、その集団のそれらの疾患の有病率が低下する。この現象は、クリスパーによってさらに促進される可能性が高い。子どもを持ちたいカップルはいつか、卵子と精子を分析できるだけでなく、受精前に修理できるようになるかもしれない。クリスパーは疾患を引き起こすタイプの遺伝子を切りだして健康なタイプに差し替えることができる。ほら、ジャジャーン！　これを行うための技術はすでに存在しているのだから、そのうち不妊治療科で試験される日が来るのはまちがいない。

さらに信じがたいことに、遺伝学的疾患を治せるだけでなく、精子と卵子内でクリスパーを使うことで、生まれてくる子どもの遺伝的性質を変え、その子の寿命をさらに延ばすことができるかもしれない。老化の遺伝学的なコントロールに対する理解が進むにつれ、いつか未来の世代の遺伝子を微調整して、そもそも年を取らないようにできる可能性はある。

もちろん、前に述べたとおり、本当のご褒美は不死の秘密だ。細胞の老化と組織再生の全体像が明らかになれば、老化し始める前に損傷した細胞を修復するためにクリスパーを備えたナノロボットを配置することができるかもしれない。これは無謀な推論ではない。このアプローチに向けた最初のステップは、すでに動物モデルで構想されている。そう、最初の試みはささやかなものだが、これが成功すれば、このランプの精は二度とランプに戻らないだろう。

ここで述べた技術はどれも、実用はほぼ間近で、数十年もすれば、あなたが通っている病院にも導入されるかもしれない。たしかに、寿命を延ばすための医療技術は従来の標準技術でも急速に発達していて、それらの新たな方法が導入されるまでは、どうにか生きていようとする人々のために、医者は時計の針を止めるか少なくとも遅らせることができるだろう。技術が発達しつづけるにつれ、きっとそうなるだろうが、医者は老化の作用を（ただ止めるだけでなく）逆戻りさせることさえできるようになるかもしれない。そうすれば人々は二〇代かそこらの若さのまま、永遠に生きられるようになる。この概念は、僕を含め、人生の半ばに近い人々の多くに、健康を保って長生きしようという気にさせる。二〇〇四年に出版された本の、先見の明のあるサブタイトルにあるとおり、〝永遠に生きられるよう長生き〟しようというわけだ。

僕たちがこれらの新たな不老の人々をどこに住まわせるのかは、また別の問題だ。けれども、僕たちの種が大量殺戮《さつりく》をしあう傾向を考慮すると、その問題は、リソースが不足してきたときに（忌わしい方法だが）解決するかもしれない。もう一つの可能性は、太陽系や近くの別の太陽系の惑星や衛星に植民地を作ることだ。航空宇宙技術が生物学的技術ほど急速に発展していないため、これはありそうもないように思えるかもしれないが、僕たちはその領域でも分岐点に近づいているのかもしれない。

結論：自らの欠点を埋め合わせる科学と僕たち種の能力を過小評価しないこと。多くの人類学者は過去二〇〇万年にわたるアフリカ、ヨーロッパ、中央アジアで起こった劇的な気候変動に対してヒトがさまざまな工夫を行ったことを認めている。生物学のみでは、ヒトはけっして氷河時代を生き延びられなかっただろう。僕たちには分別も必要だった。そして現在、おそらくこれまで以上に決定的に、なにがなんでもその分別が必要とされる。

結び：剣か鋤《すき》か？

人類の未来になにが待っているのかは、誰にもはっきりわからないけれど、過去を振り返ることでヒントを得ることはできる。僕たちは美しいが不完全な生き物だ。過去に定められたことが未来も左右する。骨折りと惨めさに満ちた物語は勝利と繁栄に道を譲っているから、未来も同じことがあてはまる見込みはある。骨折りは明らかだ。人口増加、環境破壊、天然資源のお粗末な管理は僕たちが追い求めてきた繁栄をおびやかす。

骨折りの答えはなんだろう？　どうすれば、迫りくる運命を輝かしい平和に転換させられるのか？　答えはシンプルそのものだ。過去の問題を乗り越えるときに有用だった道具やプロセスを用いることだ。最初に繁栄と豊かさをもたらしたのと同じ道具、つまり**科学を使えばいい**。

あなたはこう思っているかもしれない。もしかしたら科学自体が問題ではないかと。科学と技術に頼っているとことが、僕たちの究極の欠陥なのかもしれない。そう疑いたくなる気持ちはわかる。けれども僕は、そうは思わない。

科学的な進歩は、大気の炭素バランスを崩す石炭と石油に基づくエネルギー工業の発展につながったことは事実だ。とはいえ、科学は問題の解決法も提供した。風力、水力、地力、そして太陽光による発電がそれだ。農業技術と織物技術は大規模な森林破壊と工場からの膨大な大気汚染を導いた。けれども、科学は、いつか大気を汚染する先達の製造物にすっかり置き換わるべきクリーンな農作物や人工的な代替物も徐々に作りだしている。石炭による蒸気エンジンを魔法のように作りだした科学的進歩に傾けたのと同じ熱心さで、太陽光発電で飛ぶ航空機を開発した。これまで作られたプラスチックの多くのかけらが埋め立て地に眠っているか、いまから眠ることになるが、化学者は生物分解できるプラスチックを作りだし、生物学者はプラスチックを食べる細菌を作製した。科学が生みだした問題はみな、科学で解決できるのだ。

これがひどく楽観的に聞こえるなら、こう考えてみてほしい。環境対応ビルがあちこちに建てられ、持続可能な環境に配慮したエネルギーや原料の需要がどんどん満たされている。米国にある平均的な住宅の一平米あたりの年間電力量は、二五年前の二分の一だ。一リットルあたりの新車の平均走行距離は三五年前の二倍だ。住宅であれ自動車であれ、太陽光発電やほかの炭素循環型発電がますます、燃焼用エネルギーの供給を押しさげている。ヨーロッパ諸国の陽光は南半球の発展途上国にあふれている陽光ほど豊富ではないが、それでも、いくつかの国が炭素循環型社会を目標にすえている。

より良い未来は僕たちの手の届くところにある。問題は、それをつかめるかどうかだ。あるいは別の言い方をすると、僕たちの高度な知性は、果たして僕たちの大いなる遺産と証明されるか、とんでもない欠陥であることが明らかになるのか？

僕たちはすでに自らの欠陥から自分たちを救うことのできる科学を手にしている。あとは意志の問題だ。地球の崩壊を防ぐのに間に合うよう、覚悟を決めることができないのなら、けっきょく人体はお粗末なデザインだったと証明することになるだろう。

謝辞

本書は、本当なら表紙に名前を載せるべき多くの人々の尽力によって形になった。マーリー・ラソフはこのプロジェクトに命を与えてくれた。タラ・ヴァン・ティメレンは、前作で共に作りあげたように、本書でも毎回最初のパスを投げてくれた。彼女が形を整えて磨きをかけてくれて初めて、僕はみんなに原稿を送る勇気が湧いてくる。初めて朝食を食べながら会議をしたとき、僕は〝この人だ〞と直感したので、原稿を送るつもりだったエージェントの一覧をすぐにゴミ箱に投げすてた。きみは、僕のとっちらかった考えをまとめ、そこから首尾一貫した原稿を作りだす手伝いをしてくれた。ブルース・ニコルズとアレキサンダー・リトルフィールド。ふたりは驚くほど洞察に満ちたエディターで、ふたりの貢献によって本書は一〇倍は良くなった。この四名の才能あふれるエディターみんなが、このプロジェクトを信じてくれたこと、思いつきを洗練された本へと変換するのに必要なスキルとプロ根性を発揮してくれたことに深く感謝する。トレーシー・ルーも、とめどない称賛を受けるに値する人だ。彼女は本書のために土壇場になってすばらしい貢献をしてくれて、原稿をはかりしれないほど補強してくれた。本書はまさに、チームの努力の結晶だ。このような知性あふれる人たちと一緒に仕事ができたことに感謝する。

お茶目でしかもわかりやすい絵でページを飾ってくれた、才能に満ちたアーティストの作品にも感謝しなければならない。ドン・ガンリーが僕のあいまいでわかりにくい指示から、すてきなイラストを描きあげるさまを見ているのは、快い驚きだった。彼の絵によって本書に生気が宿った。ぜひ、これらのイラストをじっくり眺めてほしい。どれも、多大な時間と多くの修正の賜物《たまもの》だ。一三ページのイラストにある頭蓋骨の上唇に影をつけて完成させるのにドンは三時間ほどかけた。これはひょっとすると、いままでの彼の作品のなかでも最高のものかもしれない。

僕の教え子や、友人、家族にも感謝する。何年間にもわたってこのトピックを何度も語らせてくれて、本当にありがとう。僕はいつも、友人との愉快な会話をできるだけ再現した文章にしようと努めている。つまり、きみたちと会話しているように書こうとしているのだ。これらのトピックのいずれかについて、存分に話をさせてくれたきみたちは、僕が本書を執筆する手伝いを無意識にしてくれていたことになる。これについては、いくら感謝してもしたりない。

僕がしているほかのすべてのことと同様に、本書は家族のサポートがなければ形になっていなかった。欠陥の多い人々のなかでもとくに欠陥だらけの僕が本書に取り組んでいた何年ものあいだ、よくぞ忍耐強く付き合ってくれたものだ。オスカー、リチャード、アリシア、そしてもちろんブルーノ。励ましをありがとう。みんな大好きだ。

訳者あとがき

本書はネイサン・レンツの著書〝Human Errors〟の全訳です。レンツはニューヨーク市立大学ジョン・ジェイ・カレッジの生物学の教授で、科学者としてテレビやラジオにも多数出演しています。

本書は、ヒトの身体的な構造や機能の、すばらしい優れた部分ではなく、むしろイケてない残念な部分に光を当て、なぜそうなったのかを、進化の歴史を紐解きながら語っています。やたら小さな骨が寄り集まった足首や、後ろ向きの網膜、必要な栄養素を自分で作りだせずさまざまな食物を摂取しなければならない面倒な食生活、DNAに収まりつづけている遺伝子の残骸、記憶を書き換えたり誤解したりする脳など、足の先から頭のてっぺんまで、人間はムダなものや不合理な機能を多く抱えています。

その一例が、声帯の動きを司るという大役を果たしている反回神経です。この神経は脳から伸びて喉の筋肉につながっている神経なのですが、脳から喉へという比較的短い行程ではなく、脊髄を通って胸まで下り、心臓の周辺にある大きな血管の下をくぐって折り返し、喉にたどりついています。つまり、かなり無駄に遠回りをしているわけです。なぜこうなったのかという解説は本文に委ねますが、この構造のおかげで、心臓や肺の手術時に、外科医はこの神経を傷つけないよう気を配らねばなりません。また、ループ状の神経構造は人間だけでなく、脊椎動物全体に共通してみられるため、キリンやダチョウなど首の長い動物の反回神経は、何メートルもの距離を無駄に旅しています。ということはつまり、恐竜もこの神経を備えていたと思われますので、その長さは一〇メートル以上になることもあったでしょう。

なんとも奇妙なこの神経が教えてくれることは、「進化はたいてい後戻りできない」ということです。進化は、前進しかできない探検家みたいなもので、数々の分かれ道を選びながらわき目もふらずに突き進み、途中で変だと気づいても、来た道を引き返してやり直すことができないのです。そうやって進化してきた結果、ときには無駄に長い道のりを進んでいる神経のように、合理的とは言いがたい、妙なデザインや機能が生まれます。

本書を通じてこのようなダメなデザインや機能について知るうちに、人間は決して完璧ではないという思いをしみじみと抱きました。さまざまな不備は、厄介で、面倒で、ときに死の危険さえ引き寄せる恐ろしい部分もありますが、こっけいで愉快な一面もあり、たとえば奇妙な飛び跳ねる遺伝子のおかげで思いがけない進化を遂げることもあるようです。それらを思うと、ヒトという不完全な動物全般に対して、愛おしさと、さらなる好奇心が自然と湧いてきました。

ところで、原書が出てからこの訳書が刊行される一年ちょっとのあいだに、科学界に大きなニュースがありました。エピローグで取りあげられたクリスパー・キャス9を使ったゲノム編集技術によって、二〇一八年一一月に中国で、HIVに罹りにくい形質に編集された遺伝子を持つ双子が生まれたという発表があったのです。この行為が報告されて以来、時期尚早で倫理的に問題があるという非難が殺到し、この中国人研究者は所属していた大学を解雇されました。この赤ちゃんたちは一般より寿命が短くなる可能性があるという別の研究も発表されています。

本書のなかでは、将来の予想として、なかば夢物語のように描かれたゲノム編集ベビーが、こんなに早く現実になったことについては、とにかく驚きですし、恐ろしくもあります。本書でも述べられているとおり、進化とは、何かを得たら何かを失う、トレード・オフの繰り返しのはず。そもそもの倫理的な問題もありますが、編集された元の遺伝子に、まだ知られていない有益な役割があったとしたら、その子たちは〝人為的に〟不利益を被ったことになるのではないでしょうか。そのようなことがないことを祈りますが、問題が明らかになるのは何年も何十年も先かもしれません。

科学は両刃の刃といわれています。ゲノム編集という新たな科学技術が比較的簡単に実現できるようになったいまだからこそ、本書で著者が語っているとおり、私たち皆に〝これまで以上に決定的に、なにがなんでも分別が必要となる〟でしょう。

なんだか説教くさくなってしまいましたが、本書には、おもしろくて誰かに話したくなるようなエピソードがたくさん詰まっています。くすりと笑いながら、ときにじっくり考えたり驚いたりしつつ、人間の、生物の、進化の不思議を味わっていただけましたら、訳者として大きな喜びです。

最後になりましたが、興味深いこの本を訳す機会を与えてくださり、欠陥だらけの拙訳を丁寧に整えていただいた株式会社化学同人の浅井歩さんをはじめお世話になったみなさまに、お礼を申しあげます。本当にありがとうございました。

二〇一九年七月

久保　美代子

索　引

【さ】

【た】

【な】

【は】

【ま】

注　記

1章　余分な骨と、その他もろもろ

【p.3】 人口の 30 ～ 40 パーセント：Seang-Mei Saw et al., “Epidemiology of Myopia,” *Epidemiologic Reviews*, **18** (2), 175 (1996).

【p.5】 渡り鳥は目で南北の極点を検知している：Thorsten Ritz, Salih Adem, Klaus Schulten, “A Model for Photoreceptor-Based Magnetoreception in Birds,” *Biophysical Journal*, **78** (2), 707 (2000).

【p.6】 ヒトがごく弱い光のひらめきを意識的に知覚するには：Julie L. Schnapf, Denis A. Baylor, “How Photoreceptor Cells Respond to Light,” *Scientific American*, **256** (4), 40 (1987).

【p.20】 竜脚類の反回神経の長さ：Mathew J. Wedel, “A Monument of Inefficiency: The Presumed Course of the Recurrent Laryngeal Nerve in Sauropod Dinosaurs,” *Acta Palaeontologica Polonica*, **57** (2), 251 (2012).

【p.38】 日本の漁師が小さな後ろビレのあるイルカを捕らえた：Seiji Ohsumi, Hidehiro Kato, “A Bottlenose Dolphin (*Tursiops truncatus*) with Fin-Shaped Hind Appendages,” *Marine Mammal Science*, **24** (3), 743 (2008).

2章　豊かな食生活？

【p.47】 *GULO* 遺伝子が変異し：Morimitsu Nishikimi, Kunio Yagi, “Molecular Basis for the Deficiency in Humans of Gulonolactone Oxidase, a Key Enzyme for Ascorbic Acid Biosynthesis,” *American Journal of Clinical Nutrition*, **54** (6), 1203S (1991).

【p.48】 たとえばオオコウモリ：Jie Cui et al., “Progressive Pseudogenization: Vitamin C Synthesis and Its Loss in Bats,” *Molecular Biology and Evolution*, **28** (2), 1025 (2011).

【p.54】 ああそうだよ。じゃあ、：V. Herbert et al., “Are Colon Bacteria a Major Source of Cobalamin Analogues in Human Tissues?,” *Transactions of the Association of American Physicians*, **97**, 161 (1984).

【p.72】 ダイエット本は、あふれるほどある：このセクションは初の自著の8章から抜粋した。“Not So Different: Finding Human Nature in Animals,” New York, Columbia University Press (2016).

【p.75】 活発に運動した人は：Amy Luke et al., "Energy Expenditure Does Not Predict Weight Change in Either Nigerian or African American Women," *American Journal of Clinical Nutrition*, **89** (1), 169 (2009).

3章 ゲノムのなかのガラクタ

【p.90】 複数の科学者が推定している：David Torrents et al., "A Genome-Wide Survey of Human Pseudogenes," *Genome Research*, **13** (12), 2559 (2003).

【p.91】 ヒトとアフリカ類人猿の同系：Tomas Ganz, "Defensins: Antimicrobial Peptides of Innate Immunity," *Nature Reviews Immunology*, **3** (9), 710 (2003).

【p.108】 むかしむかし：Jan Ole Kriegs et al., "Evolutionary History of 7SL RNA-Derived SINEs in Supraprimates," *Trends in Genetics*, **23** (4), 158 (2007).

4章 子作りがヘタなホモ・サピエンス

【p.129】 2014年現在：All statistics from Central Intelligence Agency, "The World Factbook 2014–15," Washington, DC: Government Printing Office (2015).

【p.134】 チンパンジーの平均的な出生間隔：Biruté M. F. Galdikas, James W. Wood, "Birth Spacing Patterns in Humans and Apes," *American Journal of Physical Anthropology*, **83** (2), 185 (1990).

【p.145】 ある研究によると：Lauren J. N. Brent et al., "Ecological Knowledge, Leadership, and the Evolution of Menopause in Killer Whales," *Current Biology*, **25** (6), 746 (2015).

【p.149】 祖母の投資がそれほどすばらしいものなら：この件についてはいくつか意見が分かれている。霊長類やその他の哺乳類のうち、野生ではない集団では生殖に関する老化がいくつか報告されているからだ。とはいえ、それらの突発的な事例は、綿密に時限化され、一般化している、ヒトの閉経の性質からはほど遠い。

5章 なぜ神は医者を創造したのか？

【p.164】 中世のヨーロッパにあったサナトリウム：Norman Routh Phillips, "Goitre and the Psychoses," *British Journal of Psychiatry*, **65** (271), 235 (1919).

【p.172】 侵入者を中和：ワクチンは次のようにして作用する――死んだウイルスや力を弱められたウイルスが注射されると、あなたの免疫系はそのウイルスと戦う方法を学びはじめ、万事うまくいけば免疫ができる。免疫系は、次にその抗原を見つけたとき（実際の毒性ウイルスにさらされたときなど）、最初に出会った

ときより何百倍も速く、より強力にその抗原に応答する。

【p.176】 食物アレルギーとぜんそくは：Susan Prescott, Katrina J.Allen, “Food Allergy: Riding the Second Wave of the Allergy Epidemic,” *Pediatric Allergy and Immunology*, **22** (2), 155 (2011).

6章 だまされやすいカモ

【p.203】 各試験の質と妥当性の格付け：Charles G. Lord, Lee Ross, Mark R. Lepper, “Biased Assimilation and Attitude Polarization: The Effects of Prior Theories on Subsequently Considered Evidence,” *Journal of Personality and Social Psychology*, **37** (11), 2098 (1979).

【p.203】 政治的にホットな二つのトピック：Charles S. Taber, Milton Lodge, “Motivated Skepticism in the Evaluation of Political Beliefs,” *American Journal of Political Science*, **50** (3), 755 (2006).

【p.203】 確証バイアスとして、もう一つみられる現象：Bertram R. Forer, “The Fallacy of Personal Validation: A Classroom Demonstration of Gullibility,” *Journal of Abnormal and Social Psychology*, **44** (1), 118 (1949).

【p.210】 過剰な記憶：Steven M. Southwick et al., “Consistency of Memory for Combat-Related Traumatic Events in Veterans of Operation Desert Storm,” *American Journal of Psychiatry*, **154** (2), 173 (1997).

【p.210】 はじめとする研究者ら：Deryn Strange, Melanie K. T. Takarangi, “False Memories for Missing Aspects of Traumatic Events,” *Acta Psychologica*, **141** (3), 322 (2012).

【p.218】 連敗の最中なら：カジノでこれが当てはまらないのは、ブラックジャックのテーブルで、絵札の数に限りがあり、その数がわかっているときだけだ。絵札以外のカードが続いて出たときは、たしかに、まだ使っていないカードの山のなかに絵札が多く残っていることになる。これはもちろん、ギャンブラーにとってプレイのヒントになるが、ディーラーにとってもそれは同じだし、カット・カードに到達してカードがシャッフルしなおされる前に絵札が出てくるという保証はない。それでも、出たカードを覚えてプレイする〝カウンティング〟ができるプレイヤーは、一日じゅうプレイして過ごせば、賭場より少し有利になり、儲けが得られるかもしれない。とはいえ、賭場側はカウンティング行為を見つけだす方法を知っていて、見つけたときはカット・カードを山の浅い位置に差しこんでシャッフルする回数を増やし、カウンティングに対抗する。そして、その対策でも効果がないときは、店のマネージャーが、カウンティングしているプレイヤーに出口をさし示す。そう、いつだって勝つのは賭場なのだ。

【p.226】 進化心理学者でもあるローリー・サントス：M. Keith Chen, Venkat Lakshminarayanan, Laurie R. Santos, "How Basic Are Behavioral Biases? Evidence from Capuchin Monkey Trading Behavior," *Journal of Political Economy*, **114** (3), 517 (2006).

エピローグ：人類の未来

【p.265】 この概念は、僕を含め：Ray Kurzweil and Terry Grossman, "Fantastic Voyage: Live Long Enough to Live Forever," Emmaus, PA: Rodale (2004).

■著者紹介■

ネイサン・レンツ（Nathan H. Lents）

ニューヨーク市立大学ジョン・ジェイ・カレッジ教授。生物学を教える。『Not So Different: Finding Human Nature in Animals』の著者。科学の専門家として、「トゥデイ」、ナショナル・パブリック・ラジオ、「アクセス・ハリウッド」、「48時間」、「アルジャジーラ・アメリカ」など全国メディアに出演している。ニューヨーク、クィーンズ在住。

■訳者紹介■

久保美代子（くぼ・みよこ）

翻訳家。大阪外国語大学卒業。おもな訳書に『ダウントン・アビー 華麗なる英国貴族の館』（共訳、早川書房）、『科学捜査ケースファイル』（化学同人）、『そこそこ成長する人、ものすごく成長する人』（双葉社）、『芸術家のための人体解剖図鑑』（共訳、エクスナレッジ）、『NO HARD WORK!――無駄ゼロで結果を出すぼくらの働き方』（早川書房）などがある。

人体、なんでそうなった？

余分な骨、使えない遺伝子、あえて危険を冒す脳

2019年 8月16日 第1刷 発行
2019年 11月15日 第4刷 発行

訳 者 久保美代子
発行者 曽根 良介
発行所 （株）化学同人

検印廃止

〒600-8074 京都市下京区仏光寺通柳馬場西入ル
編集部 TEL 075-352-3711 FAX 075-352-0371
営業部 TEL 075-352-3373 FAX 075-351-8301
振 替 01010-7-5702
E-mail webmaster@kagakudojin.co.jp
URL https://www.kagakudojin.co.jp

印刷・製本 シナノパブリッシングプレス（株）

ISBN978-4-7598-2010-2